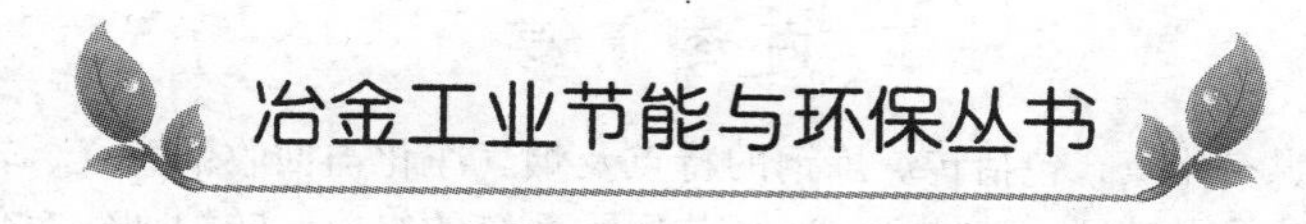

转炉烟气
净化与回收工艺

马春生　编著

北　京
冶　金　工　业　出　版　社
2014

内 容 提 要

本书共分十章，包括转炉炼钢的特点及烟气净化与回收的意义、转炉烟气与烟尘的产生及特征、转炉烟气净化与回收系统的组成、转炉烟气净化与回收工艺的发展、转炉烟气收集及余热回收部分的主要设备、转炉烟气净化的理论及主要设备、转炉煤气回收部分主要设备、煤气回收的工艺、转炉水质净化及污泥回收系统、典型转炉烟气净化与回收工艺流程等内容。书中对各种转炉烟气净化与回收工艺进行了较系统的介绍和详细的对比，收集了大量的现场数据和生产规程及文件，既有基础理论知识，又有现场实际操作经验。

本书可供从事转炉炼钢生产的工程技术人员和操作者参考，也可用作大中专院校、职业技术学院的教材。

图书在版编目(CIP)数据

转炉烟气净化与回收工艺/马春生编著．—北京：冶金工业出版社，2014.3
（冶金工业节能与环保丛书）
ISBN 978-7-5024-6517-9

Ⅰ.①转…　Ⅱ.①马…　Ⅲ.①转炉炼钢—烟气—净化②转炉炼钢—烟气—回收　Ⅳ.①X75

中国版本图书馆 CIP 数据核字(2014)第 044172 号

出 版 人　谭学余
地　　址　北京北河沿大街嵩祝院北巷 39 号，邮编 100009
电　　话　(010)64027926　电子信箱　yjcbs@cnmip.com.cn
策划编辑　任静波　责任编辑　李　梅　李　臻　美术编辑　吕欣童
版式设计　孙跃红　责任校对　禹　蕊　责任印制　牛晓波
ISBN 978-7-5024-6517-9
冶金工业出版社出版发行；各地新华书店经销；北京慧美印刷有限公司印刷
2014 年 3 月第 1 版，2014 年 3 月第 1 次印刷
169mm×239mm；16 印张；309 千字；237 页
46.00 元

冶金工业出版社投稿电话：(010)64027932　投稿信箱：tougao@cnmip.com.cn
冶金工业出版社发行部　电话：(010)64044283　传真：(010)64027893
冶金书店　地址：北京东四西大街 46 号(100010)　电话：(010)65289081(兼传真)
（本书如有印装质量问题，本社发行部负责退换）

节能环保

当务之道

殷瑞钰

2013.12.12.

出版者的话

当前，全球能源资源紧缺已成为人类经济社会发展面临的重要挑战。以应对气候变化等全球性问题为契机，各国都在推行绿色经济、低碳经济，来抢占未来科学技术的制高点，节能环保则成为调整经济结构、转变经济发展方式的内在要求。我国正处在经济结构调整的关键时期，在追求低碳与经济协同发展的背景下，节能环保无疑具有巨大的优势和发展前景。冶金工业是国民经济的基础产业，是国家经济水平和综合国力的重要标志。近十年来，我国冶金工业发展迅速，钢生产量、消费量名列世界第一。但同时，冶金工业也是一个高耗能、高污染的产业，是节能与环保潜力最大的行业之一。“十二五”规划时期，我国经济仍将持续增长，工业化、城市化步伐进一步加快，是冶金工业优化升级，发展节能与环保，实现由大变强的重要时期，必须紧紧抓住国内国际环境的新变化、新特点，顺应世界经济发展和产业转型升级的大趋势，着眼于满足我国节能减排、发展循环经济和建设资源节约型环境友好型社会的需要，推行清洁生产，促进节能降耗、环境保护和资源综合利用，推进冶金、焦炭、化工各产业间融合发展，提高产业关联度，实现可持续发展。

近年来，我国高度重视节能环保工作，陆续出台了推进节能环保的一系列政策措施，《中华人民共和国国民经济和社会发展第十二个五年规划纲要》明确提出“节能环保产业”作为七大战略性新兴产业发展之首，重点发展高效技能、先进环保、资源循环利用关键技术装备、产品和服务。《工业节能“十二五”规划》中将钢铁行业的节能减排放在首位，虽然近十几年来，钢铁工业在粗钢产量逐渐增加的情况下，吨钢能源逐年下降，钢铁行业在节能与环保方面取得了令人瞩目的成绩，但同时我国钢铁行业能耗、环保与国外先进水平的差距依然较大。因此，采取有效措施，进一步实现钢铁行业的节能与环保迫在眉睫。中央和地方也投入了大量资金，为节能环保产业加快发展创造了良好的外部环境，发挥了积极推动作用。

但是我们不难发现，我国节能环保工作存在的问题也日益凸显，如产业政策、法律法规标准体系不够完善，创新能力不足，企业发展不平衡，相关企业没有给予足够重视等，这些问题必须妥善解决，否则将会阻碍我国节能环保工作的健康发展。为此，冶金工业出版社策划出版《冶金工业节能与环保丛书》，组织冶金工业节能与环保方面的专家、学者，有针对性、系统性地对该领域的最新科研进展以及技术成果进行归纳总结，拟分别陆续出版《烧结过程二噁英类排放机制及其控制技术》《烧结烟气排放控制技术及工程应用》《冶金渣资源化——选择性析出分离技术及其应用》等一系列图书。本套丛书力争做到技术先进，有实用性和针对性，实例具有代表性，层次结构科学、合理，语言通俗易懂。我们期望这套丛书的出版发行能为广大读者提供高水平的、有指导和参考价值的著作，同时也能进一步促进我国冶金工业节能与环保的发展。

由于《冶金工业节能与环保丛书》内容涉及面较宽，编写工作量大，且经验不足，不妥之处在所难免，请读者批评指正。

序

氧气顶吹转炉炼钢是当今世界最主要的炼钢方法（以下简称转炉炼钢），我国90%的粗钢是用转炉生产的。尽管这种炼钢方法诞生才60多年，但是技术不断完善和快速进步，使人们刮目相看。它已成为各种炼钢方法中的佼佼者。

炼钢工作者不仅要炼出国民经济建设中需要的合格钢种，而且也要同步做好在炼钢过程中的相关工作。转炉烟气净化与回收、余热回收等就是这一领域的具体工作。这一工作对转炉正常生产、节能减排、环境保护、余能利用、安全生产、循环经济等十分重要，因此，炼钢工作者历来就把它当做重中之重。正因为如此，此项工作的科技成果、科技进步也非常显著。作者马春生教授级高工就是从事这一工作的一员，他长期从事转炉炼钢工作，特别是对转炉烟气净化与回收、转炉余热回收等有几十年的工作实践，积累了丰富的经验，锲而不舍地进行理论探索，形成了自己的见解、工作思路，造诣很深，为这本书的编著奠定了坚实的基础。作者将本书共分成：转炉炼钢烟气净化与回收的意义，烟气产生及特征，烟气净化回收系统的组成，烟气净化与工艺的发展，烟气收集及余热回收系统的主要设备，烟气净化的理论及主要设备，烟气回收系统主要设备，烟气回收工艺，转炉水质净化处理及污泥回收系统，典型转炉烟气净化与回收工艺流程十个章节，完成了他对《转炉烟气净化与回收工艺》这本书的编写。本书内容丰富、全面、实践性强、有预见性（事故）、可操作性强等，作者把多年的工作经验进行了系统的总结和理论分析，对生产中可能发生的事故隐患进行了提醒和预测，因此，读者虽然有不同需求，但基本上都能够从书中找到自己需要的东西。

1985年作者在当时的冶金部组织下编写了《转炉烟气净化与回收工艺（中级本)》，至今已有近30年，如今那本书已不能满足现代转炉炼钢的要求，而目前对于“新OG法”“干法”“半干法”等一批新的科技成果，均没有系统介绍的专业书籍，使从事这方面的科技人员、高校师生、炼钢工作者无参考资料查阅，因此，本书的出版，无疑是件喜事和乐事。

作者作为炼钢专家，利用工作之余，把自己多年积累的工作经验进行了系统的梳理及分析总结，在原中级本《转炉烟气净化与回收工艺》的基础上与时俱进地进行了修改、补充、完善，使之更能满足广大读者的需要。我们应该学习作者这种小成于勤、中成于智、大成于德、终成于道的进取精神，把自己总结的工作经验毫无保留地奉献给同仁，使从事这方面的设计人员和高校及职业技术学院师生，特别是炼钢厂的工程师们，有了一本可查阅的资料，他们也与我一样从内心感谢作者。

众所周知，写书不容易，而写专业书更不容易！由于科学性、数据的真实性、可靠性不仅要经得起实践的考验，也得经得起时间的考验、理论的推敲与验证，难免有其局限性或争议性，作者水平再高也难免在广大读者面前“现丑”，所以我真诚地吁请广大读者，以感谢、包容的心情去阅读！形成一种大家愿意写书、肯写书，尽管辛苦、劳累，也愿意把自己积累的知识留给后人的社会风气。

2013年12月31日

前　言

目前，我国的产钢能力已达到9亿吨，其中90%以上是转炉钢。转炉烟气净化与回收系统是转炉炼钢工艺系统中的重要组成部分，它的工艺流程形式和设备运行状态直接关系到转炉炼钢的生产效率、能源消耗、生产安全、环境保护、循环经济和生产成本。在当前钢的产能过剩、环保要求严格、能源十分紧张、市场竞争激烈的形势下，选择合理的烟气净化与回收工艺是炼钢工作者的重要课题。

从20世纪70年代开始，我国的转炉炼钢就蓬勃发展起来了。随着转炉炼钢技术的不断进步，转炉烟气净化与回收工艺也在不断地改进。但是，有关转炉烟气净化与回收工艺的书籍却很少，只有一本1975年冶金工业出版社出版的《氧气转炉烟气净化与回收设计参考资料》，在有关转炉炼钢的教材和丛书中仅有个别章节简单地描述了一些转炉烟气净化与回收工艺和设备。作者本人1985年在当时冶金工业部组织下编写并出版的一本《转炉烟气净化与回收工艺(中级本)》,也早已过时。对于近年来开发出的“新OG法”“干法”“干湿结合法”等转炉烟气净化与回收工艺，更没有系统介绍的书籍，特别是缺少适合于现场工程师和操作者使用的书籍。

本书是作者在1985年出版的《转炉烟气净化与回收工艺(中级本)》基础上,根据转炉烟气净化与回收工艺的发展现状，查阅了大量的文献和资料，考察了国内许多炼钢厂的烟气净化与回收工艺及操作实践之后编成的。特别是突出了现场的实用性，以望在指导现场生产实践中尽微薄之力。

本书在编写过程中充分考虑到不同类型转炉炼钢厂的需要，特别是那些为满足严格的环保要求而进行系统改造的老厂的需要，对当今流行的烟气净化方式进行了认真的探讨。在如何提高煤气回收热值和回收量以及充分回收和利用尘（泥）等方面也提出一些可供选择的方法。本书考虑到现场工程技术人员和操作者的需要力求做到深入浅出，通俗易懂，理论联系实际。

编写本书时参阅了有关转炉烟气净化与回收工艺等方面的文献，在此向有关作者表示衷心感谢。

在本书审、校过程中，本溪钢铁集团公司张鑫工程师给予了大力帮助，在此一并致谢。

由于本人水平和经验有限，有不当之处，敬请读者批评指正。

作　者

2013 年 12 月

目　录

1　绪论 ······ 1

1.1　转炉炼钢的特点 ······ 1
1.2　转炉炼钢烟气净化与回收的意义 ······ 2
1.2.1　保证转炉炼钢工艺设备的正常运行 ······ 2
1.2.2　净化处理与环境污染的关系 ······ 2
1.2.3　回收蒸汽和煤气降低炼钢能耗 ······ 3
1.2.4　回收烟尘 ······ 4
参考文献 ······ 5

2　转炉烟气与烟尘的产生及特征 ······ 6

2.1　纯氧顶吹转炉炼钢的基本原理 ······ 6
2.1.1　转炉炼钢的基本任务 ······ 6
2.1.2　吹炼中熔池的温度变化 ······ 6
2.1.3　吹炼中熔池化学成分的变化 ······ 7
2.2　烟气的温度 ······ 8
2.3　转炉炉气量 ······ 9
2.3.1　炉气量的计算 ······ 9
2.3.2　影响炉气量的因素 ······ 12
2.3.3　烟气量变化的规律 ······ 13
2.4　烟气成分 ······ 13
2.5　烟尘的性质 ······ 15
2.5.1　烟尘的组成 ······ 15
2.5.2　烟气含尘量 ······ 15
2.5.3　烟尘的粒度 ······ 15
参考文献 ······ 16

3　转炉烟气净化回收系统的组成 ······ 17

3.1　转炉烟气净化与回收系统的基本工艺流程 ······ 17

3.2　烟气收集部分 …… 18
3.3　烟气冷却部分 …… 18
3.4　烟气净化部分 …… 18
3.5　余热回收部分 …… 19
3.6　煤气回收部分 …… 19
3.7　污水及泥浆处理部分 …… 20

4　转炉烟气净化与回收工艺的发展 …… 21

4.1　燃烧法 …… 21
4.2　未燃烧法 …… 21
4.3　燃烧法与未燃法的比较 …… 22
4.4　全湿式烟气净化回收的工艺 …… 23
4.4.1　IC 法 …… 23
4.4.2　OG 法 …… 23
4.4.3　新 OG 法 …… 24
4.5　干式烟气净化回收工艺 …… 25
4.5.1　鲁奇（LT）法 …… 26
4.5.2　西门子（DDS）法 …… 27
4.5.3　西马克第二代干式电除尘法 …… 27
4.6　干湿结合式转炉烟气净化回收系统 …… 28
4.7　湿法、干法、半干法转炉烟气净化回收工艺的对比 …… 29
参考文献 …… 31

5　转炉烟气收集及余热回收部分的主要设备 …… 32

5.1　烟罩 …… 32
5.1.1　活动烟罩 …… 32
5.1.2　固定烟罩 …… 37
5.1.3　烟罩的结构 …… 38
5.2　烟道 …… 38
5.2.1　汽化冷却烟道的作用 …… 38
5.2.2　烟道的结构 …… 38
5.2.3　汽化冷却器的组成 …… 38
5.3　除氧器 …… 41
5.3.1　除氧器的工作原理 …… 41
5.3.2　除氧器的构造 …… 41

5.4 汽包 …… 43
5.4.1 汽包的作用 …… 43
5.4.2 汽包的结构 …… 44
5.4.3 汽包的工作原理 …… 44
5.4.4 汽包的维护 …… 45
5.5 蓄热器 …… 46
5.5.1 蓄热器的作用 …… 46
5.5.2 蓄热器的工作原理 …… 46
5.5.3 蓄热器的构造 …… 47
5.6 水泵 …… 48
5.6.1 离心泵 …… 48
5.6.2 热水泵 …… 51
5.6.3 泥浆泵 …… 52
5.7 汽化冷却及蒸汽回收系统的循环 …… 52
5.7.1 循环的工作原理 …… 52
5.7.2 系统的排污 …… 53
5.8 转炉烟气收集及余热回收系统的生产准备 …… 53
5.8.1 系统保温 …… 54
5.8.2 挂“指示牌” …… 54
5.8.3 系统的清洗 …… 54
5.8.4 系统的水压试验 …… 55
5.8.5 余热锅炉煮炉 …… 56
5.8.6 余热锅炉洗炉 …… 57
5.9 转炉烟气收集及余热回收系统的运行操作 …… 58
5.9.1 运行前的准备 …… 58
5.9.2 运行中的操作 …… 58
5.9.3 蓄热器的运行操作 …… 59
5.9.4 给水泵的运行操作 …… 59
5.9.5 除氧器的运行操作 …… 60
5.9.6 软水泵和软水箱的运行操作 …… 60
5.9.7 运行中注意事项 …… 60
5.9.8 设备清扫 …… 61
5.10 转炉烟气收集及余热回收系统的事故处理 …… 61
5.10.1 循环水泵化汽 …… 62
5.10.2 给水泵化汽 …… 62

5.10.3 蓄热器满水 …… 62
5.10.4 除氧器减水 …… 63
5.10.5 锅炉轻微缺水和轻微满水处理 …… 63
5.11 紧急停炉事故 …… 63
5.11.1 锅炉严重缺水 …… 63
5.11.2 锅炉严重满水 …… 64
5.11.3 锅炉严重漏水 …… 64
5.11.4 紧急停炉原因 …… 65
5.12 锅炉漏水及处理 …… 65
5.12.1 锅炉漏水的危害 …… 65
5.12.2 锅炉漏水的原因分析 …… 66
5.12.3 锅炉漏水的事故处理 …… 66
5.13 转炉烟气收集及余热回收系统循环泵的维护和检修 …… 67
5.13.1 运行中注意事项 …… 67
5.13.2 汽化冷却系统设备维护规程 …… 67
5.13.3 泵检修规程 …… 68
参考文献 …… 70

6 转炉烟气净化的理论及主要设备 …… 71

6.1 烟气净化的理论基础 …… 71
6.1.1 密度差的利用 …… 71
6.1.2 利用凝聚方法促进烟尘颗粒长大 …… 71
6.1.3 利用重力沉降和离心沉降 …… 72
6.1.4 利用静电除尘 …… 72
6.2 文氏管 …… 72
6.2.1 文氏管除尘降温原理 …… 72
6.2.2 文氏管的结构及主要几何参数选择 …… 73
6.2.3 文氏管的分类 …… 74
6.2.4 定径文氏管 …… 75
6.2.5 可调喉口文氏管 …… 76
6.2.6 文氏管箱 …… 79
6.3 喷水装置 …… 80
6.3.1 喷嘴的分类 …… 80
6.3.2 常用的喷嘴 …… 82
6.3.3 喷嘴对水质的要求 …… 83

6.4 蒸发冷却器 …… 83
6.4.1 蒸发冷却器的工作原理 …… 84
6.4.2 蒸发冷却器的结构 …… 84
6.4.3 蒸发冷却器出口温度 …… 88
6.5 静电除尘器 …… 93
6.5.1 静电除尘器的工作原理 …… 93
6.5.2 静电除尘器的构造 …… 95
6.5.3 圆筒形静电除尘器本体的设计质量要求 …… 95
6.5.4 圆筒形静电除尘器的安装质量要求 …… 99
6.5.5 影响静电除尘效率的因素 …… 101
6.5.6 静电除尘器的主要技术参数 …… 106
6.6 离心除尘器 …… 107
6.6.1 旋风除尘器 …… 107
6.6.2 平面旋风除尘器 …… 107
6.7 脱水装置 …… 108
6.7.1 重力脱水器（灰泥扑集器） …… 108
6.7.2 撞击式脱水器 …… 109
6.7.3 离心脱水器 …… 111
6.7.4 平旋脱水器 …… 112
6.7.5 复式挡板脱水器 …… 112
6.7.6 叶轮旋流脱水器 …… 112
6.8 洗涤塔 …… 113
6.8.1 溢流快速洗涤塔 …… 113
6.8.2 快速空心洗涤塔 …… 114
6.8.3 低速空心洗涤塔 …… 114
6.8.4 湍动塔 …… 114
6.8.5 煤气冷却器 …… 115
6.8.6 高效喷淋塔 …… 115
参考文献 …… 117

7 转炉煤气回收部分主要设备 …… 118

7.1 煤气引风机 …… 118
7.1.1 D18-风机 …… 118
7.1.2 ID 风机 …… 120
7.1.3 风机的喘振 …… 123

7.1.4 风机转子的平衡 …… 125
7.2 液力耦合器 …… 126
7.2.1 耦合器的分类 …… 127
7.2.2 液力耦合器工作原理 …… 127
7.2.3 液力耦合器的调速方式 …… 129
7.2.4 调速比的确定 …… 130
7.2.5 常用液力耦合器的技术参数 …… 131
7.3 水封 …… 131
7.3.1 水封分类 …… 131
7.3.2 水封器的应用 …… 134
7.4 煤气切换阀（站） …… 137
7.4.1 球形阀 …… 138
7.4.2 双联三通蝶阀 …… 138
7.4.3 箱式水封三通切换阀 …… 139
7.4.4 干法除尘用杯形阀 …… 140
7.5 煤气柜 …… 143
7.5.1 煤气柜的作用 …… 143
7.5.2 煤气柜的分类 …… 144
7.5.3 煤气柜的结构 …… 144
7.6 放散烟囱 …… 146
7.6.1 放散烟囱的结构形式 …… 146
7.6.2 烟囱的点火与燃烧装置 …… 147
7.6.3 燃烧器 …… 148
7.7 转炉煤气回收系统烟气取样与分析 …… 148
7.7.1 转炉煤气取样分析系统 …… 149
7.7.2 烟气成分分析仪 …… 153
7.8 煤气回收系统的组成 …… 155
参考文献 …… 157

8 转炉煤气回收的工艺 …… 158

8.1 微差压调节及阻力平衡 …… 158
8.1.1 湿法除尘系统的炉口微差压调节 …… 158
8.1.2 干法除尘工艺系统的炉口微差压调节 …… 160
8.1.3 阻力平衡器 …… 160
8.2 煤气回收时间的确定 …… 161

8.2.1 确定煤气回收时间的要素 …… 161
8.2.2 煤气回收量和热值的关系 …… 162
8.3 煤气回收异常现象的分析 …… 163
8.3.1 煤气回收量低的原因及对策 …… 163
8.3.2 煤气回收热值低的原因及措施 …… 165
8.4 转炉煤气的毒性及防毒措施 …… 166
8.4.1 煤气中毒的机理 …… 166
8.4.2 影响中毒程度的因素 …… 166
8.4.3 引起煤气中毒的原因 …… 167
8.4.4 防止煤气中毒的措施 …… 168
8.5 转炉煤气的可爆性及防爆措施 …… 170
8.5.1 爆炸性 …… 170
8.5.2 系统中可能产生爆炸的原因 …… 171
8.5.3 转炉烟气净化回收系统的防爆措施 …… 172
8.5.4 关于煤气放散点火系统安全性的讨论 …… 174
8.5.5 转炉煤气事故的处理 …… 174
8.6 关于电除尘泄爆的讨论 …… 176
8.6.1 电除尘器泄爆的概念 …… 176
8.6.2 电除尘器泄爆的条件 …… 176
8.6.3 泄爆原因分析 …… 178
8.6.4 防止和减少电除尘器泄爆的应对措施 …… 179
参考文献 …… 180

9 转炉水质净化及污泥回收系统 …… 181

9.1 水质净化与污泥回收工艺流程 …… 181
9.1.1 浓缩池沉淀工艺 …… 181
9.1.2 斜管沉淀罐泥浆处理工艺流程 …… 182
9.1.3 干法除尘循环水系统 …… 183
9.2 污水净化、泥尘回收系统的主要设备 …… 185
9.2.1 旋流分级器 …… 185
9.2.2 浓缩池 …… 186
9.2.3 斜管沉淀罐 …… 188
9.2.4 过滤机 …… 191
9.3 污水磁净化设备和装置 …… 193
9.3.1 磁滤旋流器 …… 193

9.3.2　磁网捕集器 …… 194
9.3.3　磁滤沉淀池 …… 194
9.4　应用高分子絮凝剂净化转炉除尘污水 …… 195
9.4.1　絮凝机理 …… 196
9.4.2　影响絮凝的因素 …… 198
9.4.3　药剂的投入 …… 201
9.5　转炉净化循环水的水质稳定 …… 202
9.5.1　转炉除尘污水的状况 …… 202
9.5.2　水质稳定 …… 204
9.6　尘泥的应用 …… 204
9.6.1　顶替矿粉做烧结的原料 …… 205
9.6.2　制作转炉炼钢用造渣材料 …… 205
参考文献 …… 206

10　典型转炉烟气净化与回收工艺流程 …… 207

10.1　湿法烟气净化与回收工艺流程 …… 208
10.1.1　工艺流程 …… 208
10.1.2　湿法净化与回收系统设备的使用、维护与检修规程 …… 211
10.2　干法烟气净化与回收工艺流程 …… 218
10.2.1　干法烟气净化与回收工艺流程 …… 218
10.2.2　干法烟气净化与回收系统设备的使用、维护与检修规程 …… 219
10.3　半干法转炉烟气净化与回收工艺 …… 236
10.3.1　半干法转炉烟气净化与回收工艺流程 …… 236
10.3.2　半干法转炉烟气净化与回收工艺的设备 …… 237

1 绪 论

20 世纪 50 年代，奥地利联合钢铁公司在林茨（Linz）和多纳维茨（Dona witz）城首次实现纯氧顶吹转炉（简称 L-D 转炉）炼钢新工艺，开创了 L-D 转炉炼钢逐渐取代贝塞麦转炉炼钢的新纪元。特别是 20 世纪 70 年代以后，绝大部分的纯氧顶吹转炉都变为顶部吹氧、底部吹惰性气体搅拌的“顶底复吹转炉”，提高了生产效率，降低了原材料消耗。随着铁水预处理、溅渣护炉、钢水炉外精炼、连铸技术的大量开发和应用，转炉炼钢法在全世界范围内得到了迅速普及和飞跃发展，并日趋完善，从而成为当今时代生产钢的主要手段。特别是近年来由于电力、废钢价格的不断升高，在特殊钢的生产工艺流程中开始用转炉取代传统的电弧炉生产特殊钢。在我国，转炉钢的产量已占全部钢产量的 90% 以上。

在转炉炼钢的工艺系统中，烟气净化与回收系统是其重要的组成部分，该系统的工艺、装备水平直接关系到转炉炼钢的效率、质量、成本、安全以及环境友好等。

1.1 转炉炼钢的特点

转炉炼钢的特点是吞吐量大，周期短，冶炼强度高，烟尘浓烈。因此，烟气净化与回收是转炉炼钢工艺中不可忽视的重要组成部分。

氧气顶吹转炉炼钢的主要化学反应，是由喷枪从顶部向熔池吹入的氧气首先与铁水中的硅、锰、磷等进行氧化反应，加上从底部吹入的惰性气体的强烈搅拌，改善了熔池反应的动力学条件，加快了反应速度，使熔池温度迅速升高。当熔池温度升至 1470℃时，吹入的氧气开始与熔池中的碳进行激烈的氧化反应，生成一氧化碳，随着温度的逐渐升高，碳、氧反应越来越激烈，生成的一氧化碳越来越多。

这些一氧化碳从熔池中析出，其中一部分又与炉内的氧发生氧化反应生成二氧化碳，同时，由于熔池的高温，一部分铁也蒸发或被氧化成氧化铁微粒。氧化铁微粒、部分飞溅起来的细微渣粒和原材料中的小颗粒会随强大的炉气流一起冒出炉口，使烟气变成含有大量尘埃的“烟尘”。为研究方便，本书将转炉内气体称为炉气，进入收集，冷却及净化系统中的气体称为烟气，进入回收系统的气体称为煤气。

烟气的净化和回收工艺是保证转炉炼钢正常进行的必要条件，在环境友好、能源回收上更有可观的经济效益，并具有重大社会意义。

1.2 转炉炼钢烟气净化与回收的意义

1.2.1 保证转炉炼钢工艺设备的正常运行

转炉炼钢过程中产生的含有大量一氧化碳、铁及其他氧化物的高温气体和粉尘若不进行净化处理或处理得不好，不仅影响本系统设备的正常运行，还可能酿成设备和人身的安全事故甚至是恶性事故。

汽化冷却系统的漏水、系统的泄漏、系统管路的堵塞、煤气的燃爆、静电除尘器的泄爆等都会影响正常生产的进行，甚至造成停产。

烟气中的灰尘及其颗粒会加剧烟气管道的磨损，降低管道的使用寿命。灰尘过多时容易在管道的转弯处堆积，从而增加除尘系统的阻力，加大风机负荷，降低除尘效果，甚至会烧损设备。

这种温度和含尘量都高的烟气长期磨损风机的机壳和叶片会缩短风机的使用寿命。当高速旋转的风机叶片积灰过多时将破坏其动平衡，造成叶片在旋转中摆动，导致风机转子振动值升高，振动值较大时就必须停机对叶片进行清扫，严重的振动可能造成风机叶片撞击机壳，轻者会损坏叶片，重者会酿成“风机爆炸”之类的恶性事故。

因此，要想转炉炼钢稳产、高产，首先必须保证其烟气净化与回收系统运行正常及稳定。

1.2.2 净化处理与环境污染的关系

转炉炼钢过程中产生大量含有一氧化碳、铁及其他氧化物的高温粉尘，经过净化处理后进行煤气回收，在非回收期间通过烟囱向大气中排放。排放的烟气可在大气中飘散2 ~ 10km 远。烟气中所含粉尘不仅危害炼钢厂的工人健康，而且严重地污染了厂区周围的环境，危害着厂区附近人们的身体健康和农作物的生长，成为一大社会公害。

随着工业和科学技术的发展，环境污染问题越来越引起人们的重视，从1975年开始，我国和各地陆续建立起环保监测机构，规定了一系列排放标准。

1979年国家颁布了环境保护法，其中规定：防止污染和其他公害的设施，必须与主体工程同时设计、同时施工、同时投产；各项有害物质的排放必须遵守国家规定的标准。

根据1996年《工业三废排放标准》规定，炼钢炉排放烟气的含尘量三级标准为不大于 $200mg/m^3$，二级标准为不大于 $150mg/m^3$，一级标准为不大于 $100mg/m^3$。

近年来，环保要求的烟气排放标准越来越严格，目前国家规定的炼钢烟气排放的含尘量标准已降到不大于 $80mg/m^3$，至2015年将达到不大于 $50mg/m^3$，还有可能进一步严格。

而转炉炼钢时的实际含尘量约为80～150g/m^3（炉气），超出排放标准的上千倍，因此，转炉烟气必须经过净化处理达到排放标准以后方可排放。

人们环保意识的增强及环保要求的严格，促使转炉炼钢烟气净化与回收工艺的不断进步和发展。

1.2.3　回收蒸汽和煤气降低炼钢能耗

高温的烟气中含有大量的物理热和化学热，转炉炉气的温度很高，一般在1450～1800℃之间，平均为1520℃。进入烟道后由于炉气中的部分一氧化碳与从炉口进入的空气中的氧进行反应，使烟气温度进一步升高。采用未燃烧法时烟气为1720～1800℃，而采用燃烧法可高达2300～2800℃，如能将这些热量有效地回收，将节省大量的能源。

氧气顶吹转炉炼钢的特点之一是炉内反应激烈，产生的炉气量大，吹炼过程中铁水中的碳等元素发生激烈氧化，生成大量的一氧化碳和少量的二氧化碳。

在目前绝大多数采用"未燃法"工艺条件下，出炉口后的烟气中含有大量的一氧化碳。在不同的吹炼时间段，一氧化碳含量为20%～80%，平均为60%以上。如果将这些一氧化碳回收起来，将是一笔巨大的能源财富。

每炼1t钢可以回收一氧化碳含量为60%左右的转炉煤气100m^3左右，年产100万吨钢的转炉炼钢厂年回收一氧化碳含量为60%左右的煤气约1亿立方米，将节约大量能源，创造十分可观的财富。尤其在当前世界性能源紧张的形势下，搞好综合利用，节约能源更具有现实意义。

转炉炼钢的蒸汽和煤气回收是实现零能或负能炼钢的根本途径。

转炉煤气具有如下用途。

1.2.3.1　做燃料

转炉煤气是一种很好的燃料，可用于炼钢车间混铁炉保温，钢水包、中间罐及铁合金烘烤，耐火材料车间隧道窑、轧钢车间加热炉的加热等，也可以与高炉煤气、焦炉煤气、天然气、液化石油气等燃料混合并入煤气管网集中使用。

转炉煤气的发热值可按下式计算：

$$Q = 12624\varphi(CO) + 10753\varphi(H_2) \tag{1-1}$$

式中　Q——转炉煤气的低发热值，kJ/m^3；

$\varphi(CO)$，$\varphi(H_2)$——转炉煤气中CO、H_2的体积分数,%。

或

$$Q = 3020\varphi(CO) + 2570\varphi(H_2) \tag{1-2}$$

式中　Q——转炉煤气的低发热值，kcal/m^3；

$\varphi(CO)$，$\varphi(H_2)$——转炉煤气中CO、H_2的体积分数,%。

一般转炉回收的煤气中一氧化碳含量为30%～80%，氢气含量为1.5%时其热值为3729～10260kJ/m^3。

转炉煤气中CO含量与发热值的关系如表1-1所示。

表1-1 转炉煤气中CO含量与低发热值对应表

煤气中CO的含量/%	发热值/kJ·m^{-3}	煤气中CO的含量/%	发热值/kJ·m^{-3}
30	3728.9	60	7734.3
40	5210.37	70	8997.5
50	6472.7	80	10259.8

1.2.3.2 做化工原料

具体如下：

（1）制甲酸钠。甲酸钠是染料工业中生产保险粉的一种原料。以往均用金属锌粉作主要原料，为节约有色金属，工业上用发生炉煤气与氢氧化钠合成甲酸钠。后经有关工厂试验发现，用转炉煤气合成的甲酸钠制成的保险粉，经使用证明完全符合要求。用转炉煤气合成甲酸钠，要求煤气中的一氧化碳含量为60%左右（高一些更好），氮含量小于20%。其化学反应式如下：

$$CO + NaOH \longrightarrow HCOONa \tag{1-3}$$

每生产1t甲酸钠，需用600m^{3}转炉煤气。甲酸钠又是制草酸（COONa）的原料，其化学反应式为：

$$2HCOONa \longrightarrow NaOOC—COONa + H_2(450℃,搅拌脱氢) \tag{1-4}$$

（2）制合成氨，进而制各种氮肥。合成氨是我国农村普遍需要的一种化学肥料。由于转炉煤气中的一氧化碳含量较高，所含磷、硫等杂质很少，是生产合成氨原料气的一种很好的原料，国内已试制成功。其制作原理是利用煤气中的一氧化碳与水蒸气在触媒作用下转换生成氢气，氢气又与煤气中的氮气在高压（15198.75kPa）下反应生成氨（NH_3），其化学反应式如下：

$$CO + H_2O \longrightarrow CO_2 + H_2 \tag{1-5}$$

$$N_2 + 3H_2 \longrightarrow 2NH_3 \tag{1-6}$$

生产1t合成氨，需用转炉煤气3600m^3（标准状态）。用转炉煤气转换合成氨原料气时，对转炉煤气的要求如下[1]：

1）$(CO+H_2)/N_2$应大于3.2以上。

2）CO浓度要求大于60%，最好稳定在60%～65%范围内。

3）氧气含量小于0.8%。

4）含尘量小于10mg/m^3（标准状态）。

1.2.4 回收烟尘

转炉炼钢产生的烟气中含有大量的烟尘，其主要成分是氧化铁、氧化亚铁、氧化钙、二氧化硅、氧化镁及其他一些氧化物，其中以含铁料为主。

采用“未燃法”所得烟尘的大致成分为：全铁40%～60%，氧化钙12%～15%，氧化镁2%～5%，二氧化硅2%～4%。

全铁含量40%～60%的尘（或尘泥）和矿粉一样珍贵，是优秀的炼铁原料，而氧化钙、二氧化硅、氧化镁又是良好的造渣材料。这些都是可以充分利用的宝贵资源。

在转炉炼钢过程中，吨钢产生尘量为20～30kg，100万吨的炼钢产量就会有2万～3万吨的烟尘量，全部回收利用后可创造效益15～20元/吨钢以上。

因此，不管是除尘灰还是泥浆都可以而且必须回收利用。可以利用它作为炼铁烧结的含铁原料，也可以用它作为制造转炉炼钢造渣剂、化渣剂等，这是循环经济的重要内容。

参 考 文 献

[1]《氧气转炉烟气净化及回收设计参考资料》编写组. 氧气转炉烟气净化及回收设计参考资料[M]. 北京：冶金工业出版社，1975.

2 转炉烟气与烟尘的产生及特征

2.1 纯氧顶吹转炉炼钢的基本原理

顶底复吹转炉炼钢（以下简称“转炉炼钢”）是通过氧枪直接向炉内吹入氧气，与熔池铁水中的硅、锰、磷、碳等发生氧化反应，并且由于这些反应放热，熔池的温度升高。底部吹入的惰性气体的搅拌作用，改善了熔池化学反应的动力学条件，增加了反应物之间的接触机会，加速了熔池的化学反应。

2.1.1 转炉炼钢的基本任务

钢是由生铁炼成的。钢的许多使用性能如韧性、强度、热加工性能和焊接性能等均优于生铁。生铁一般只限于铸造用，而钢则能适应多种用途的需要，故得到广泛的应用。转炉炼钢的基本任务就是把铁炼成钢。

（1）脱碳。生铁和钢在性能上之所以会有这样大的差别，其根本原因是它们的成分不同，生铁含碳量高达3.5%～4.6%，而所有钢由于钢种的不同其要求的含碳量也不同，一般在0.003%～1.0%，最高也不超过2.0%。因此要把生铁炼成钢，首先必须脱碳。

（2）去除金属中的有害气体。铁水中含有较多的氮和氢，而且在冶炼过程中金属还会和炉气中的氮、氢（含水物料）接触。这些气体元素对钢的性能也有不利的影响，所以在炼钢时必须把它们脱除。

在吹入的氧气流股、底部吹入的惰性气体以及脱碳反应产生的一氧化碳等的强烈搅拌作用下，熔池产生激烈的“沸腾”，促使钢中的有害气体随炉气排除。

（3）脱去磷、硫。铁水中的硫、磷含量都比较高，它们都是钢中的有害杂质（少数钢种例外），炼钢过程通过加入石灰等造渣材料完成去除硫、磷的任务。

（4）升温。铁水温度一般仅有1300℃左右，而炼钢的出钢温度则应达到1600℃以上，所以转炉炼钢过程中通过铁水中的硅、锰、碳、铁的氧化产生大量的热量，使熔池温度上升到理想的状态。

（5）调整钢液化学成分。通过吹炼及出钢合金化使钢液的成分满足所生产钢种的要求。

2.1.2 吹炼中熔池的温度变化

转炉炼钢的热量来源与其他炼钢方法不同，主要来源于铁水的物理热和化学热。物理热是指高温（约1300℃）铁水本身带入的热量，它与铁水温度直接相关；化学热是指铁水中各元素氧化后放出的热量，它与铁水的化学成分直接相关。

转炉兑铁吹氧后，铁水中的硅、锰、铁、磷、碳与吹入的氧相继发生如下所述的氧化反应，放出热量，使熔池温度从1300℃左右升到约1600℃以上。

$$Si + O_2 \xlongequal{\quad} SiO_2 + Q \tag{2-1}$$

$$2Fe + O_2 \xlongequal{\quad} 2FeO + Q \tag{2-2}$$

$$2Mn + O_2 \xlongequal{\quad} 2MnO + Q \tag{2-3}$$

$$4P + 5O_2 \xlongequal{\quad} 2P_2O_5 + Q \tag{2-4}$$

$$2C + O_2 \xlongequal{\quad} 2CO + Q \tag{2-5}$$

$$2CO + O_2 \xlongequal{\quad} 2CO_2 + Q \tag{2-6}$$

$$C + O_2 \xlongequal{\quad} CO_2 + Q \tag{2-7}$$

根据计算，1%的元素氧化可使熔池升温数值如表2-1所示。

表2-1 1%的元素氧化可使熔池升温数值 （℃）

化学反应	熔池温度1200℃	熔池温度1400℃	熔池温度1600℃
$Si + O_2 = SiO_2 + Q$	142	142	132
$2Mn + O_2 = 2MnO + Q$	47	47	47
$4P + 5O_2 = 2P_2O_5 + Q$	190	181	173
$2Fe + O_2 = 2FeO + Q$	31	30	29
$2C + O_2 = 2CO + Q$	84	83	82
$C + O_2 = CO_2 + Q$	244	240	236

随着熔池温度的升高，炉气的温度也在升高。

2.1.3 吹炼中熔池化学成分的变化

在转炉吹炼的全过程中各元素含量的变化如图2-1所示。

在吹炼前期，铁水中的硅、锰、铁首先与氧反应，生成二氧化硅、氧化锰、氧化亚铁，放出大量热量，使熔池温度升高。这些反应生成的氧化物形成了低熔点的炉渣，促进了加入炉内的石灰、轻烧白云石等造渣材料的熔化，炉渣碱度不断提高，促进脱磷反应的进行。

在吹炼前期由于熔池的温度相对较低，碳氧反应进行得不多，脱碳速度很低，炉气中的一氧化碳含量很低。

大约吹炼3~5min以后，熔池的温度上升到1470℃时脱碳反应开始激烈地进行，脱碳速度加快，炉气中的一氧化碳含量迅速增加。

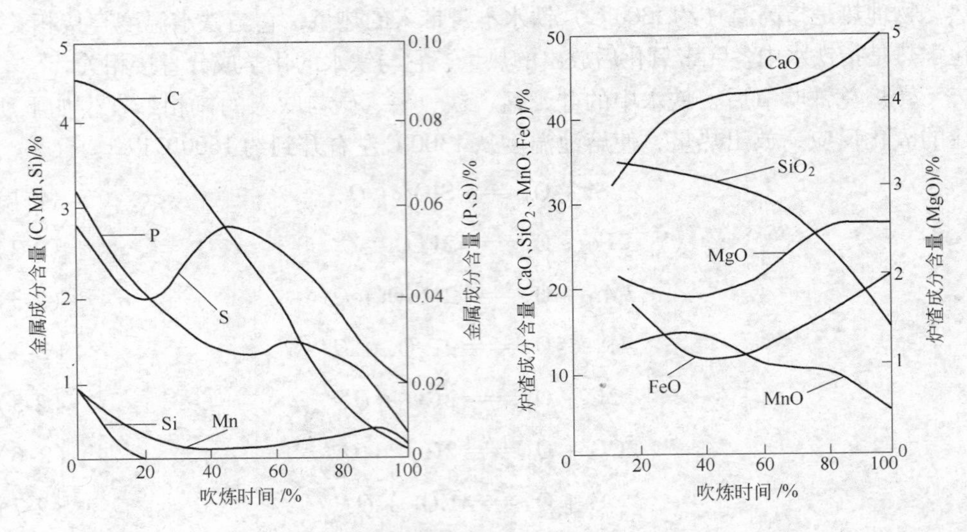

图 2-1 转炉吹炼过程中各元素的变化[1]

随着熔池温度和炉渣碱度的不断升高，发生脱硫反应。

$$FeS + (CaO) \xlongequal{} (FeO) + CaS \tag{2-8}$$

吹炼后期，由于熔池中的碳含量很低，碳和氧接触的机会变少，碳氧反应减弱，脱碳速度降低，熔池中氧含量和渣中氧化铁含量增加，炉气中的氧含量增加，一氧化碳含量减少。

由于在熔池中进行的这些反应的强弱随着吹炼时间及熔池温度的不断变化而变化，因此，在不同的吹炼时期，产生的炉气量和组成也是在不断变化的。

以上讨论的是熔池和炉气在整个吹炼过程中的变化情况。

2.2 烟气的温度

在 2.1 节已经叙述过熔池和炉气的温度变化。炉气的温度与炉内反应及工艺操作有关，其波动范围较大，一般在 1450～1600℃之间，其平均温度为 1520℃左右。炉气在炉口处可能与部分空气混合进入烟罩，我们称之为“烟气”。由炉气变为烟气时其组成的性质都发生了变化。

在讨论烟气的性质之前，有必要提出一个“空气过剩系数”的概念。“空气过剩系数”的大小直接关系着炉气出炉口变为烟气以后的量和组成的变化。

原始的转炉炼钢烟气净化与回收工艺分为“燃烧法”和“未燃法”两种。“未燃法”是利用活动烟罩下降的方法尽可能地避免空气从炉口处进入烟气系统，以防止炉气中的一氧化碳与空气中的氧发生燃烧反应，有利于多回收煤气，提高煤气热值。“燃烧法”是炉气从炉口进入烟罩时，使足够的空气进入烟气系统与炉气混合并使其可燃成分燃烧形成高温废气，经过冷却、净化后，通过风机抽引并放散到大气中。这种方法可增加烟道冷却系统的热能回收，只适用于确实无法实现煤气回收的地方。在能源日趋紧张的今天，“燃烧法”基本上被淘汰。

随着吹炼的进行，熔池的温度不断升高，炉气的温度也在不断增高。炉气进入烟罩内时它的温度也在发生变化，其变化程度取决于炉口与烟罩之间的缝隙吸入的空气量，从而引出“空气过剩系数”的概念。

“空气过剩系数”是指从烟罩进入烟气系统的空气量与燃烧炉气中全部一氧化碳所需的空气量的比例。定义“空气过剩系数”为 α（α = 实际吸入空气量/燃烧炉气中全部 CO 所需空气量），当 α 为 1 时，理论上表示炉气中 CO 全部燃烧成 CO_2。当 $\alpha > 1$ 时，多余的常温空气将降低烟气温度。当 $\alpha < 1$ 时，α 越大，烟气中的 CO 含量越低，CO_2 含量越高，N_2 含量越高，烟气量越大，烟气的温度也越高。

在“未燃法”中只吸入少量的空气，炉气中的 CO 大约有 10% 燃烧，使烟气的温度能从 1520℃升到 1650～1800℃。

在燃烧法中，从炉口喷出的高温可燃气体与大量的空气混合而燃烧，当 α = 1 时，烟气理论燃烧温度可达到 2500～2800℃。在用余锅炉回收烟气热量的情况下，按照现有的技术水平，空气过剩系数 α 最少可达 1.2，而一般为 1.5～2.0，这时烟气温度为 1800～2400℃。当空气过剩系数大于 1 以后，其大于 1 的部分空气没有一氧化碳与之进行氧化反应，故不能使烟气温度升高，相反由于吸入大量的冷空气反而起降温作用。因此只有当空气过剩系数为 1 时，烟气温度最高。在不回收余热的情况下，为了避免过高的烟气温度，一般要求较大的空气过剩系数，通常为 3～4，有时更大一些，这时烟气温度约为 1400～1100℃。

空气过剩系数与烟气温度的关系如图 2-2 所示。

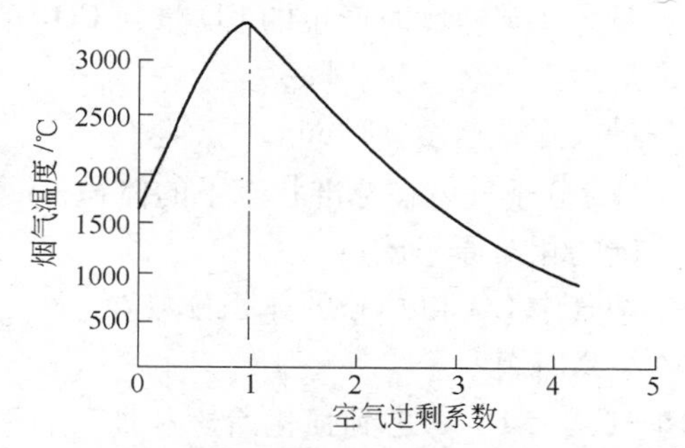

图 2-2　空气过剩系数与烟气温度的关系示意图[2]

2.3　转炉炉气量

2.3.1　炉气量的计算

从转炉炼钢过程中析出的炉气量是设计烟气净化与回收系统的基本参数之

一，因此我们必须对转炉吹炼过程中产生的炉气量、烟气量的变化规律有充分的了解。在转炉吹炼过程中，不管采用燃烧法还是未燃烧法，烟气量都是随着炉气量的变化而变化的，而炉气量又是随着碳氧反应的剧烈程度变化而变化的。炉气量的大小主要取决于转炉装入量、吹氧量及铁水碳含量的大小。炉气总量将决定煤气回收系统的工作和储存能力。

单位时间内产气量的大小主要取决于脱碳速度的大小，供氧越大，脱碳速度越快，产气量就越大。单位时间最大产气量将决定转炉烟气净化与回收系统能力的选择。

转炉炼钢最大炉气量的计算方法有多种，究竟采用哪种合适，需要根据生产实际及本单位具备的条件来决定。

2.3.1.1 按最大降碳速度计算

用该法计算时，首先必须测定出本厂的实际最大脱碳速度及 CO 和 CO_2 占炉气体积的百分数。

由式（2-6）、式（2-7）可知，不管反应生成 CO，还是 CO_2，消耗 1g 分子（12g）碳，就能生成标准状态下为 22.4L 的 CO 或 CO_2，也就是说，消耗 1kg 分子碳就能生成标准状态下为 22.4m^3 的 CO 或 CO_2，那么每小时由碳氧反应生成的一氧化碳和二氧化碳的体积为：

$$V(CO + CO_2) = GV_c \times (22.4/12) \times 60 \qquad (2\text{-}9)$$

每小时产生的炉气量为：

$$V_0 = GV_c \times (22.4/12) \times 60 \times [1/\varphi(CO) + \varphi(CO_2)] \qquad (2\text{-}10)$$

式中 V_0——最大降碳速度时产生的炉气量，m^3；

$V(CO+CO_2)$——最大降碳速度时产生的 CO 量与 CO_2 量之和，m^3；

G——最大铁水装入量，kg；

V_c——最大降碳速度，%/min；

22.4——1kg 分子气体在标准状态下的体积，m^3/kg（分子）；

12——碳的相对原子质量；

$\varphi(CO)$，$\varphi(CO_2)$——炉气中 CO 和 CO_2 的体积分数。

2.3.1.2 按经验公式计算

假定吹炼期平均炉气量为 1，考虑到强化冶炼和加矿石时炉气量突然增大的因素，取其最大可能系数为 1.8。

其计算公式[3]如下：

$$V_0 = G[w(C)_1 - w(C)_2] \times (22.4/12) \times (60/t) \times 1.8 \qquad (2\text{-}11)$$

式中 V_0——按经验公式计算的最大炉气量，m^3/h；

G——最大铁水装入量，kg；

$w(C)_1$——铁水中含碳量,%;

$w(C)_2$——终点钢水含碳量,%;

t——吹炼时间,min;

1.8——经验系数。

将根据上式计算的最大炉气量画出经验图,可供随时查找、使用。

2.3.1.3 按供氧强度计算

这种计算方法需假设两个条件:

(1) 炉气成分一氧化碳含量为100%;

(2) 铁水中的碳只与吹入的氧反应,不与渣反应。

在这样的前提下,根据反应式(2-6)可以认为炉气量是吹入氧气量的两倍,实际上这种假设对于以废钢为冷却剂的吹炼是比较符合的。但当以矿石作为冷却剂时,由于碳氧化所用的氧不仅来自吹入的氧,而且还来自于矿石中的氧,故计算时可能产生一定的偏差,为了纠正这个偏差,要考虑一下系数,一般取2.56。

对于废钢法:

$$V_0 = 2GK \tag{2-12}$$

对于矿石法:

$$V_0 = 2.56GK \times 60$$

式中 V_0——最大炉气量,m^3/h;

G——最大铁水装入量,t;

K——供氧强度,$m^3/(min \cdot t)$;

2.56——考虑加矿时的修正系数。

2.3.1.4 冶金部颁发的经验公式

冶金部颁发的《氧气顶吹转炉热平衡测定与计算方法暂行规定》中提供的计算炉气量经验公式[3]为:

$$V_0 = 187G\Delta C/[\varphi(CO) + \varphi(CO_2)] \tag{2-13}$$

式中 V_0——炉气量,m^3/h;

$G\Delta C$——参加反应的吨铁含碳量。

2.3.1.5 烟气量的计算实例

若空气过剩系数为α,计算的炉气量为V_0,烟气量为V,那么,在调节排烟量的"未燃法"中$\alpha = 0 \sim 0.15$,一般仅有10%以下的一氧化碳在炉口处燃烧,空气中氧气约占21%,根据化学反应平衡式可知,每燃烧1个体积一氧化碳就需要消耗0.5个体积的氧,同时将带入不足两个体积的氮气等其他气体(约1.88个体积),故此时的烟气量为:

$$V = V_0 + V_0 10\% \varphi(CO) \times 1.88$$

在采用燃烧法的工艺时，为了使一氧化碳完全燃烧，防止爆炸，α 值均大于1，国外所取的 α 最大值为4左右。α 值大于1以上部分的空气直接进入烟气中，增加了烟气量，故此时进入烟罩的烟气量为：

$$V = V_0 + \alpha[V_0 1.88\varphi(CO)] + V_0(\alpha - 1)\varphi(CO) \tag{2-14}$$

2.3.2　影响炉气量的因素

影响炉气量的因素很多，主要是铁水的含碳量、供氧的强度、氧枪孔数、枪位的高低、造渣材料的组成和质量、底吹气体的供气强度等。

（1）铁水成分。铁水中碳含量的多少直接影响转炉炼钢产生的炉气总量。

（2）供氧强度。供氧强度提高，单位时间内向熔池提供的氧气量增加，加剧了碳氧反应，使最大脱碳速度增加，如图2-3c所示。由于脱碳速度增加，炉气量增加。

（3）喷枪孔数。采用单孔喷枪吹炼时，降碳不易平稳，最大降碳速度与平均降碳速度差别很大，一般最高降碳速度可达0.4%以上，而采用多孔喷枪时，可使供氧均匀，降碳平稳而供氧强度高，吹炼时间短。喷枪孔数对降碳速度及炉气量的影响如图2-3a、b所示。

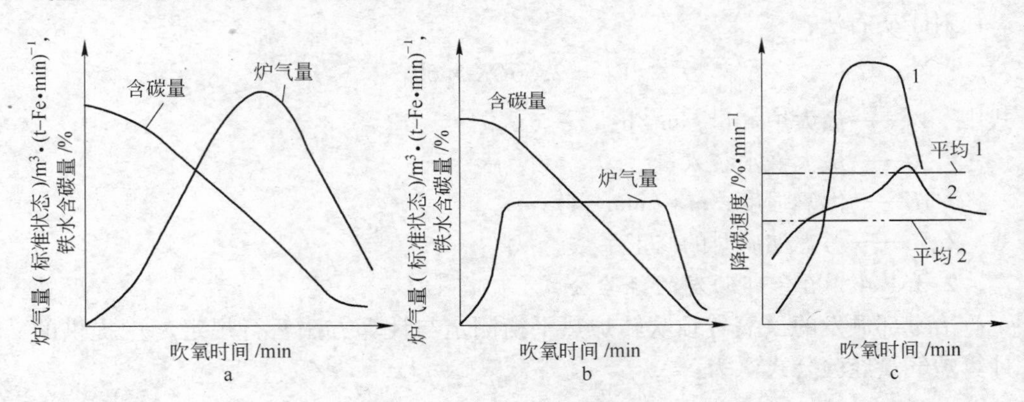

图2-3　喷枪孔数、供氧强度对炉气量的影响[4]

a—单孔氧枪炉气量变化；b—多孔氧枪炉气量变化；c—供氧强度对炉气量的影响

1—供氧强度（标准状态）为 $4m^3/(t\text{-}Fe \cdot min)$；

2—供氧强度（标准状态）为 $5m^3/(t\text{-}Fe \cdot min)$

（4）枪位的影响。氧枪喷头到熔池面的高度被称为枪位。枪位低，冲击面积小，冲击深度大，钢、渣搅拌能力强，最大降碳速度相应增加，炉气量增加。反之，枪位高，钢、渣搅拌能力减弱，最大降碳速度相应减少，炉气量减少。

（5）造渣剂及冷却剂加入的影响。当将矿石或铁皮作为冷却剂加入炉内时，对最大降碳速度和最大炉气量影响较大。铁矿石中一般含有80%左右的三氧化二铁，在炼钢炉内约90%的三氧化二铁与钢熔池中的碳发生氧化反应，其余

10%的三氧化二铁与碳反应，还原成氧化亚铁。

$$Fe_2O_3 + 3C \xlongequal{} 2Fe + 3CO \tag{2-15}$$

显然，加入矿石可以使降碳速度提高，提高了瞬间产气量。

加入的造渣剂、降温剂中含有大量的碳酸钙、碳酸镁，或者直接采用石灰石、白云石进行造渣，碳酸根在炉内发生分解反应产生大量二氧化碳，部分二氧化碳还会与熔池中的碳反应生成一氧化碳，从而产生大量的CO和CO_2，使炉气量剧增。

如果造渣剂中粉尘（粒度小于5mm）量大，在加入过程中会随烟气一起进入系统，增加烟气的量和烟气中的含尘量。

（6）底吹搅拌气体对炉气量的影响。目前绝大部分转炉采用顶底复合吹炼工艺，底部搅拌气体的流量为0.04～0.06m^3/(min·t)，不论是前期吹氮气，还是后期吹氩气，都使炉气量增加0.04～0.06m^3/(min·t)，同时对炉气中氮气、氩气的含量也有所影响。但由于吹入的惰性气体量毕竟很小，讨论时可以忽略。

底吹的搅拌作用改善了熔池化学反应的动力学条件，提高了脱碳速度，增加了单位时间产生的炉气量。

2.3.3 烟气量变化的规律

在吹炼前期，熔池温度较低，铁水中的硅、锰首先被氧化，碳的氧化速度比较低，产生的炉气量比较少，炉气中的一氧化碳含量相对来说比较低。随着各种元素氧化而大量放热，熔池温度升高。吹炼到中期，熔池温度大于1470℃以后出现剧烈的碳氧反应，炉气中一氧化碳含量逐渐增加，炉气量随之增加而达到最大值。吹炼后期，铁水中碳含量逐渐减少，脱碳速度降低，炉气量减少，炉气中一氧化碳含量亦相应减少，氧含量有所增加。

每一次加料时由于大量的原料粉进入烟气中，导致烟尘量突然增加。

由此可知，在整个吹炼过程中，炉气量是不断变化的，如图2-4所示，图中Q表示炉气量随吹炼时间变化的规律。

最大炉气量受到转炉吨位、最大降碳速度等因素的影响，如25t转炉的最大烟气量约为16000m^3/h（标准状态），120t转炉约为54000m^3/h（标准状态），150t转炉约为69000m^3/h（标准状态）。但是随着复吹工艺的不断完善，顶部吹氧强度的不断提高，最大炉气量也在增加，各生产厂应根据本单位的设备、工艺的具体情况进行计算和标定。

2.4 烟气成分

因为所有转炉炼钢的烟气净化回收工艺基本上都采用“未燃法”，所以，以后的讨论中不再涉及“燃烧法”工艺。

吹炼过程中炉气中一氧化碳、二氧化碳的变化规律如图2-4中一氧化碳、二

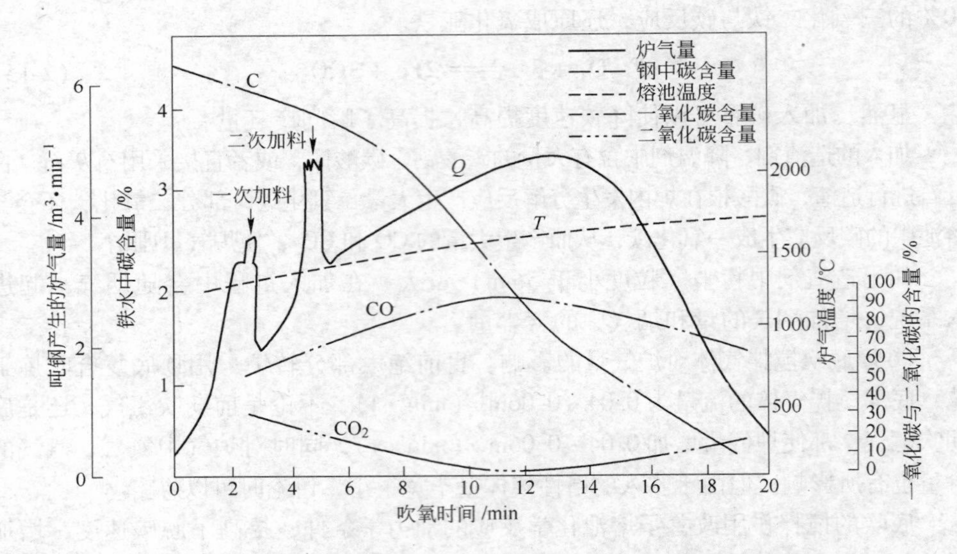

图 2-4　炉气量、炉气成分、熔池温度随吹炼时间变化的规律[5]

氧化碳两条曲线所示，成反比例关系。

如 2.3.3 节描述得那样，吹炼前期（吹炼开始至 3 ~ 5min）熔池的温度低（1300 ~ 1470℃），从氧枪吹入的氧气基本不和铁水中的碳反应，主要是和铁水中的硅、锰、磷、铁等进行氧化反应，放出大量热量，提高了熔池的温度，形成低熔点炉渣，促进石灰等造渣材料的熔化。前期烟气中一氧化碳的含量在 30% 以下，二氧化碳、氧的含量较高。由于底吹氮气，炉气中氮的含量也较高。

吹炼中期（吹炼 3 ~ 5min 以后）熔池的温度已经上升到 1470℃ 以上，脱碳反应开始激烈进行，炉气中的一氧化碳含量迅速增加，达到 60% ~ 90%，二氧化碳含量急剧降低，到了底吹气源切换的时候，炉气中的氮含量也开始降低，加之转炉煤气回收期间的降罩操作，从炉口进入系统的空气减少，烟气中氮气含量呈现由高向低变化。

吹炼后期熔池中的碳含量已经很低，碳在熔池中扩散很困难，碳氧反应不易进行，炉气中氧含量增高。尽管要求在转炉煤气回收中炉口处应处于微正压状态，但是由于系统的结垢、阻损的变化、微差压调节的滞后等原因，炉口处仍有负压现象，必然有少量空气进入系统。故吹炼后期烟气中的一氧化碳含量降低，二氧化碳含量增高，氧含量有所升高。

原材料中的水分及系统中渗漏的水在高温状态下分解为氧气和氢气，烟气中有 1% 左右的氢存在。

在同一座转炉中，随着供氧强度变化烟气成分也发生变化，供氧流量增大时氧气中的一氧化铁含量降低，二氧化碳含量增加。这是因为多余的氧和一氧化碳反应生成了二氧化碳，如表2-2所示。

表2-2　供氧强度与烟气成分的关系[6]

氧气流量/$m^3 \cdot h^{-1}$	$\varphi(CO)$/%	$\varphi(CO_2)$/%	$\varphi(O_2)$/%	$\varphi(H_2)$/%
43000	10.5	25.6	1.2	0
36000	35.1	19.2	1	0
24000	64.2	1.1	0	0

2.5　烟尘的性质

在向金属熔池吹氧的过程中，在氧射流与熔池直接作用的反应区内，局部温度可高达2500～2800℃，造成一定数量的铁和铁的氧化物的蒸发。蒸发的铁和铁的氧化物随炉气逸出，使炉口排出的烟气带有浓密的烟尘。除此之外，由于喷溅和喷射的原因，在炉气中还包含着一些由炉气机械夹带出的渣粒。在下料的过程中一些散状料（如白灰、萤石、矿石、铁皮、白云石等）的细粒、粉末、灰尘也被炉气带入系统，这些固态物质组成了烟尘。

2.5.1　烟尘的组成

氧气顶吹转炉炼钢产生的烟尘主要是铁的氧化物，含铁量高达60%以上，在未燃烧法中烟尘的主要成分是低价铁（氧化亚铁），少量高价铁（三氧化二铁），还含有一些炉渣及原材料的成分，如氧化钙、二氧化硅、氧化镁、氧化锰、石墨碳及金属铁粒等。某些炼钢厂转炉烟尘的实测成分如表2-3所示。

表2-3　某些炼钢厂转炉烟尘的实测成分

组成/%	FeO	Fe_2O_3	ΣFe	SiO_2	CaO	MgO	P_2O_5	MnO	C
A厂（未燃法）	67.16	16.2	63.4	3.7	9.04	0.39	0.57	0.7	1.68
B厂（未燃法）			51～86		12～15	2～6			

当然，由于铁水条件、原材料条件、造渣工艺、供氧强度的不同，烟尘的组成会有较大的变化。

2.5.2　烟气含尘量

工业废气的含尘量，通常是以每标准立方米含尘量的质量来表示的，如g/m^3、mg/m^3等。氧气顶吹转炉中的烟尘量一般为金属料装入量的2%～3%，烟气中的含尘量平均为80～150g/m^3，在吹炼中期或加料瞬间含尘量最高达200g/m^3以上，比其他炼钢方法产生的烟尘量大。

2.5.3　烟尘的粒度

尘粒的大小用尘粒的直径表示，叫做烟尘的粒度，单位为μm。通常把粒度在5~10μm之间的尘粒叫做灰尘，由蒸汽凝聚成的直径在0.3~3μm之间的微粒，呈固体的称为烟尘，呈液体的称为雾。粒度越小，除尘越困难。当粒度小于1μm时，烟气进入布朗运动，不受外力影响，除尘更困难。

燃烧法尘粒小于1μm的约占90%以上，接近烟雾较难清除；未燃法尘粒大于10μm的达70%（小于2μm为1%，10~40μm为53%，大于40μm为16%），接近于灰尘，其除尘比燃烧法相对容易些。这就是氧气顶吹转炉除尘系统比较复杂的原因之一。

综上所述，氧气顶吹转炉的烟气量大且波动范围大，炉气的产生是间歇式的；炉气的温度高，出炉口遇空气燃烧后温度更高；含尘量高且粒径小；是一种易燃、剧毒、易爆性气体。由于烟气具有这些特点，烟气净化比较困难复杂，人们为了达到净化烟气的目的，采取了许多种工艺措施。

参考文献

[1]《氧气转炉烟气净化与回收设计参考资料》编写组．氧气转炉烟气净化及回收设计参考资料[M]．北京：冶金工业出版社，1975.

[2] 戴云阁，等．现代转炉炼钢[M]．沈阳：东北大学出版社，1998.

[3] 马春生．转炉烟气净化与回收工艺[M]．北京：冶金工业出版社，1985.

[4] 冯聚和．炼钢设计原理[M]．北京：化学工业出版社，2005.

[5] 王永良．供氧强度对转炉烟气成分的影响[J]．应用科学，2009.

3 转炉烟气净化回收系统的组成

顶底复吹转炉在吹炼过程中产生大量含有一氧化碳和烟尘的高温气体，这就是通常所称的“烟气”。将这些烟气冷却、净化并回收其内含的热量、煤气及烟尘的一整套工艺设施被称为“转炉烟气净化回收系统”。

3.1 转炉烟气净化与回收系统的基本工艺流程

随着转炉炼钢工艺的发展，转炉烟气净化回收的工艺和设施也在不断地完善和发展。目前，世界上已经出现许多转炉烟气净化回收工艺，我国各转炉炼钢厂的烟气净化回收形式也是多种多样的。由于形式不同，烟气净化回收的工艺设施和组成也不一样。但基本的工艺流程是没有改变的，如图 3-1 所示，包括以下七部分，即：烟气收集部分、烟气冷却部分、余热回收部分、烟气净化部分、煤气回收及烟气放散部分、污水处理部分及污泥（烟尘）处理回收部分。每个部分有各自的功能来完成各自的任务。

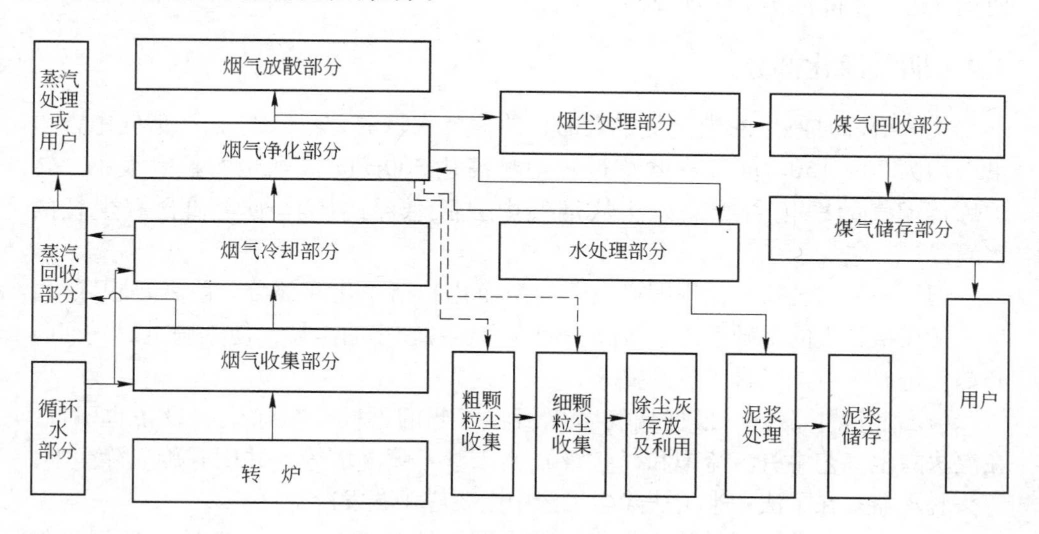

图 3-1　转炉烟气净化回收系统的组成

但是，每个组成部分的具体设备都在不断地改造、进步、创新。将采用不同设备的每个组成部分排列组合起来，就形成了不同的烟气净化回收的工艺流程。

3.2 烟气收集部分

烟气收集部分的主要设施是烟罩。由于系统有“未燃法”（回收煤气）与“燃烧法”（不回收煤气）之分，因此，烟罩的形式也不同。按大小划分为大罩与小罩，按数量划分为双罩和单罩，按形状划分为方罩、圆罩、锥形罩，按结构可以划分为管式罩、箱式罩等多种形式。但它的作用只有一个，就是收集转炉吹炼过程中产生的烟气，并有一定的储存能力。有的烟气净化回收系统还增加了副烟罩，其作用是对收集兑铁时、加料瞬间及吹炼过程中冒出主烟罩的烟气进行净化排放。

3.3 烟气冷却部分

由于转炉烟气温度很高，采用未燃烧法时可达到1650~1800℃以上。因此，烟气的冷却部分是净化回收系统的重要组成部分。烟气冷却方法大致有如下两种：

（1）烟罩和烟道间接冷却。采用水冷或汽化冷却形式冷却烟罩和烟道，可以吸入烟气中的部分物理热，使烟气温度稳定降到900~1050℃。

（2）水直接冷却。采用洗涤塔水冲洗法、溢流文氏管法、蒸发冷却器法等使烟气进一步降温至70℃或200℃左右。

3.4 烟气净化部分

转炉冶炼时产生的尘量是很大的，约为装入量的2%~3%，在烟气中含尘量平均为80~150g/m^3，在吹炼过程中最高达200g/m^3。烟尘的粒度很小。转炉炼钢烟气的净化主要是设法从烟气中去除悬浮的固体烟尘和含有尘粒的水滴。

烟气净化系统按净化程度可以分为粗净化和精净化两部分。前者是粗除尘，后者是在粗除尘的基础上进一步除去烟气中颗粒较小的尘粒，使其满足煤气回收和烟气排放时对烟气含尘量的要求。

（1）粗除尘设备。根据烟气净化回收工艺的不同，粗除尘的设备也不同。在湿法除尘工艺中有溢流饱和（一级）文氏管、喷淋塔等，并配有旋风除尘器、弯头脱水器；在干法和半干法除尘工艺中主要应用蒸发冷却器。

粗除尘设备的作用是除去烟气中较大颗粒的灰尘，约占总尘量50%以上的灰尘将通过粗净化系统与烟气分离，同时可熄灭火种、较大幅度地降低烟气温度。

（2）精除尘设备。在湿法和半干法除尘工艺中，精除尘的主要设备是可调喉口文氏管（二级）；在干法除尘工艺中精除尘的主要设备是电除尘器。

3.5 余热回收部分

高温气体进入烟罩和烟道后，其烟气内含的热量被烟罩或烟道的循环水带走产生蒸汽，余热回收部分是指回收并储存这些蒸汽的系统。因此，一般来说水冷烟道或汽化冷却烟道本身就是一台大型锅炉（在某些采用燃烧法的转炉厂都装备有辐射段和对流段的全锅炉）。转炉吹炼过程中，吨钢回收的蒸汽量平均为0.08~0.09t。

回收的蒸汽量和压力随转炉吹炼过程激烈波动，因此回收的蒸汽一般通过汽包和蓄汽器缓冲、储存再送往用户。由于管网压力及装备不同，回收压力为0.8~4.0MPa。

烟罩及烟道内的循环水是经过除氧处理的软化水，因此要设置除氧器。

软化水循环形式有强制循环和自然循环两种。对于强制循环部分还必须有循环泵系统。为了维持水的pH值，还要设置加药系统。

产生的蒸汽可直接并入工厂的蒸汽管网，也可以利用专用设施制成过热蒸汽供“真空系统”使用，亦可用于蒸汽发电。

3.6 煤气回收部分

煤气回收是转炉炼钢中一项节省能源、防止公害的重大措施。转炉烟气净化回收系统中的煤气回收部分主要包括以下设施：

（1）鼓风机。鼓风机是转炉烟气净化回收系统中的核心设施，机前的负压部分抽引转炉产生的烟气，机后的正压部分将净化好的烟气（煤气）送入煤气柜或送到放散烟囱点火放散。不同吨位的转炉选用不同吸气能力的鼓风机。湿法除尘时一般选用离心式鼓风机，目前国内烟气净化系统所应用的风机大体上为D型煤气鼓风机，干法除尘时一般选用轴流风机，为ID风机。

（2）水封装置。水封装置是严密可靠的安全措施，在氧气转炉烟气净化回收系统中，利用它的各种结构形式，可以分别用以防止煤气外逸或空气渗入系统，阻止各种污水排出管之间的窜气，防止煤气逆向流动，也可用作调节高温烟气管道位移，同时起一定程度泄爆作用的弹性连接器。根据其工作原理可分为正压水封、负压水封和连接水封等三种。

（3）冷却脱水装置。通过冷却塔、除雾器等装置进一步降低煤气的温度和含水量。

（4）煤气柜。在转炉煤气回收过程中，煤气柜是主要设备之一，它可以起到贮存煤气、稳定压力、均匀混合三个作用。

（5）加压机。为了使用户得到有一定压力的煤气，在煤气柜和用户之间设置煤气加压站，将煤气经加压机加压之后再送往用户。

（6）其他设施。在吹炼前期和后期由于煤气中的一氧化碳含量低，氧气含量高，不能回收，因此需设置三通切换装置，放散烟囱，以便控制煤气的回收与放散。

3.7　污水及泥浆处理部分

干法烟气净化工艺产生的灰尘处于干燥状态，只要收集起来就可以。

湿法烟气净化工艺产生大量含尘的污水，为收集尘泥、净化水质以便循环使用及防止超标排放污水，造成环境污染，必须对污水进行处理。污水的净化和沉淀的方法主要有斜板沉淀池法和旋转浓缩沉淀池两种。为了更好地促进尘粒絮凝，加快尘水的分离，必须向水中加入絮凝剂等，因此要设置专用的加药间，强化污水的絮凝效果并进行水质稳定处理。

经过沉淀处理后的泥浆含水量在50%～70%左右，必须进行脱水处理，使其含水量不大于30%，以便存放和运输。

4 转炉烟气净化与回收工艺的发展

自氧气顶吹转炉炼钢技术问世以来，如何处理其冶炼过程中产生的大量烟气一直是冶金工作者们研究的重点课题。随着科技进步和转炉炼钢工艺的不断完善，转炉烟气净化与回收工艺也有突飞猛进的发展。特别是近年来由于人们环保、能源、资源、成本循环经济意识的增强，在转炉烟气净化与回收工艺方面做了大量工作，开发了许多新设备、新工艺，取得了良好的效果，促进了该领域的技术进步。

4.1 燃烧法

20 世纪 50 年代普遍采用的是“燃烧法”。当时人们畏惧一氧化碳的毒性和爆炸性，就希望从转炉溢出的炉气可以与空气中的氧迅速反应生成二氧化碳，从而消除一氧化碳中毒和爆炸的隐患，于是就采用外部是板式水冷装置内衬耐火材料的烟罩和烟道。炉气逸出炉口之后，与由烟罩及炉口之间缝隙吸入的空气相混合而全部燃烧。这时的废气温度可高达2400℃以上。对于这样高的温度，一般的烟罩、烟道是难以承受的，所以要通过二次、三次送风等形式混入大量过剩空气将烟气温度降低，以适应烟罩、烟道的热强度。显然，这种方法使烟气中的物理热和化学热全部浪费，而且增加了二氧化碳向大气中的排放量。

后来，人们采用了板式、管式水冷烟罩，将部分的热能回收，但由于水冷烟罩的热交换效率较低，仍然将绝大部分的能源白白浪费掉。

燃烧法系统简单，操作安全，维护方便，因此早期建设的 L-D 转炉得到普遍应用。随着科学技术的进步和人们环保、能源意识的增强，这种方法已被淘汰。

4.2 未燃烧法

为了解决转炉煤气的回收工艺，早在 20 世纪 60 年代初法国钢铁研究院（IRSID）和卢尔锻造公司（CAFL）首先发明了未燃回收煤气的 IC 法。同时期日本也开发并应用了 OG 法。IC 法和 OG 法是当时未燃法处理转炉烟气的代表工艺。由于未燃法设法使炉气中的一氧化碳尽量不与空气接触，因此只有极少量的一氧化碳（约 10%）燃烧，而绝大部分的一氧化碳经过净化后加以回收，经回收的煤气可用作燃料和化工原料。

这种处理方法用可以升降的活动烟罩和控制抽气量的调节装置等，使炉气在收集过程中尽可能不燃烧或燃烧量处于低限，以回收煤气，综合利用。

未燃法的优点正好与燃烧法的缺点相对应。由于一氧化碳基本没有燃烧，烟气量比燃烧法小好几倍，和燃烧法相比具有设备和管道尺寸小、水电耗量小、烟尘颗粒大、净化容易等优点；未燃法采用汽化冷却烟道，不易堵塞，运行简单。

但是，为了回收一氧化碳，必须配备一定水平的控制检测仪器和必要的煤气回收设施，操作上，回收、放散切换频繁，管理维护较复杂，还需设置必要的防毒防爆设施。

进入20世纪80年代，OG法转炉烟气净化回收工艺已显示出巨大的优越性和旺盛的生命力，不但新建的转炉厂应用OG法，一些老厂也逐渐改为OG烟气净化回收工艺。

进入21世纪以来，随着防止大气污染等环保意识的增强，一种新型的静电除尘方法逐渐兴起，该方法也属于“未燃烧法”的“限制燃烧法”。

限制燃烧法是未燃法的一种特定条件，未燃法必须根据煤气发生量的大小，控制炉口烟罩处于微正压状态，必须使风机的抽风量随时根据炉气发生量的变化而变化，这种变化是由自动调节器控制的，由于配置了复杂的调节设备，维护管理过于麻烦。而限制燃烧法的抽气则是恒定的，并规定当脱碳达到高峰时，可将炉气中的一氧化碳燃烧掉10%～25%。限制燃烧法既能达到回收煤气的目的，又省掉了复杂的调节设备，但是回收的煤气质量要比未燃法差。实际上，未燃法也不是炉气中的一氧化碳绝对一点不燃烧。

4.3　燃烧法与未燃法的比较

比较燃烧法与未燃法可以看出，未燃法在能源利用、尘泥回收、烟气净化等方面有巨大的优势，随着烟气净化技术的进步，已全部取代了燃烧法。

（1）能源利用。在能源利用上，“燃烧法”中以废热锅炉吸收热量，因工艺操作的断续性，其热效率要比普通锅炉低20%（包括化学能转变为热能）。

“未燃法”不但能吸收热能中的物理热，还能回收平均热值为7600kJ/m^3左右的煤气，故利用前景更为广泛。

（2）烟气性质。由于“燃烧法”中一氧化碳已经完全燃烧，烟气中主要是二氧化碳、氮等气体，系统运行安全性好。“未燃法”的烟气中一氧化碳含量高，不安全因素相对增加，系统中的防爆防毒措施都有严格要求。

（3）烟气体积。由于“燃烧法”和“未燃法”中一氧化碳燃烧程度不同（“燃烧法”中为100%，“未燃法”中约为10%），其体积增长倍数亦显著不同，通常“燃烧法”中生成的单位烟气体积要较“未燃法”大2～5倍。因此“燃烧法”的设备管道庞大，如装有废热锅炉，则厂房建筑更为高大。与“燃烧法”相比，“未燃法”的设备管道、电耗量、占地面积、投资费用等相应减少，但若回收煤气，尚须配备一定水平的控制检测仪表和必要的煤气回收设施，如贮气柜、煤气加压机等。

（4）净化难易。燃烧法中因燃烧充分，氧化剧烈，烟尘中高价铁（三氧化二铁）成分多，烟尘粒度细微，较难净化。"未燃法"中一氧化碳少量燃烧，烟尘中低价铁（氧化亚铁）含量较多，烟尘粒度相对较大，净化相对容易。

在净化标准上，"燃烧法"仅需符合排放烟气中尘含量的标准，而"未燃法"还需要满足煤气综合利用所需要的净化要求（一般低于放散标准中规定的含尘浓度）。

（5）操作区别。"燃烧法"的抽气量比较稳定，仪表装备少，操作管理也比较简单。"未燃法"则需要控制烟罩与炉口交接处的进气量，回收与放散的切换比较频繁，仪表设备多，操作管理也相当复杂。

从20世纪60年代开始，燃烧法逐渐被淘汰。从70年代开始转炉烟气净化与回收工艺的研究重点落在强化转炉煤气的回收利用和降低烟尘与污水中的含尘量上，也就是说，致力于研究、开发和应用烟气净化除尘系统新工艺和新设备。故相继出现了根据从烟气中分离出来的烟尘是干燥状态还是泥浆状态而命名的全湿式烟气净化除尘系统、干式烟气净化除尘系统、干湿结合式烟气净化除尘系统三种工艺形式。每一种系统中的各个组成部分也在不断进行着改造和创新。

4.4 全湿式烟气净化回收的工艺

全湿式烟气净化回收的工艺从20世纪50年代末伴随着转炉煤气回收而诞生，经历了从IC法、OG法直到当今被人们青睐的新OG法等50多年来的完善、发展和变革，已经成为转炉炼钢界普遍应用的转炉炼钢烟气净化与回收工艺。

4.4.1 IC法

20世纪50年代末期法国率先由法国钢铁研究院（IRSID）和卢尔锻造公司（CAFL）共同开发了转炉未燃法转炉烟气净化回收工艺，取其两个单词的字头而命名为"IC法"，实现了转炉煤气的回收。其工艺流程是转炉烟气经烟道（余热锅炉）冷却到900～1050℃，进入冷却器、喷淋塔灭火、除尘并冷却至67℃，再将饱和的烟气经文氏管箱除尘，此时烟气的温度已达67℃，再经除雾装置除雾后进入风机。因IC法目前已很少有人应用，故不详细介绍。

4.4.2 OG法

20世纪60年代初日本应用了"OG"（Oxygen Converter Gas Recovery）法氧气顶吹转炉煤气回收工艺，其典型代表为"二文一塔"式转炉氧气净化回收工艺流程。该流程是转炉烟气经烟道（余热锅炉）冷却到800～1050℃，进入溢流定径文氏管（一文）灭火、除尘并被冷却至72℃，经重力脱水器等脱水后进入可调喉口文氏管（二文）精除尘并降温至67℃，再经弯头脱水器脱水后进入除雾器除雾及将烟气冷却至60℃后进入风机。系统流程如图4-1所示。

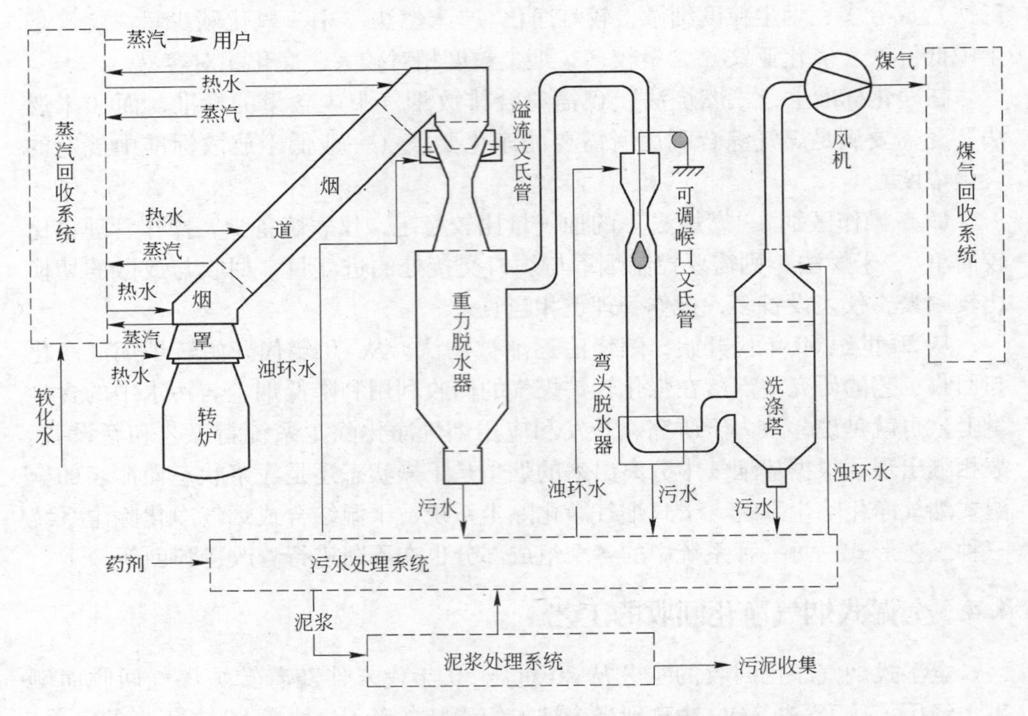

图4-1　全湿式烟气净化回收的工艺系统流程图

OG工艺的出现使转炉烟气净化回收工艺有了飞跃发展，在煤气回收的质量和数量、烟气净化除尘效果等方面取得划时代的成果。

我国从1964年开始在上钢三厂首次应用了“二文一塔”式转炉氧气净化回收工艺，实现了转炉煤气回收。此后，我国转炉炼钢迅速发展，转炉的数量和钢产量均跃居世界首位。直到20世纪末绝大部分转炉的烟气净化与回收系统都是采用全湿法的“二文一塔”工艺流程。

全湿法烟气净化与回收系统的运行实践表明，运行安全可靠。能够通过二文喉口的调节和活动烟罩的升降实现炉口微正压操作，提高回收煤气的质量和数量。随着烟气收集和冷却系统的不断改进，余热锅炉回收蒸汽的量和稳定性也不断提高。这些都为实现转炉的零能或负能炼钢做出了历史性的贡献。在排烟含尘量和排放污水含尘量方面也基本上能够满足当时国家的环保要求。

4.4.3　新OG法

OG法在应用过程中存在着系统阻力大，动力消耗大，水耗量大，污水和尘泥处理的负担沉重，容易造成污水和泥浆的二次污染，净化后烟气含尘量较高等缺点。为此，人们对一级溢流文氏管和二级可调喉口文氏管进行了许多改进，这些改进旨在进一步降低系统的阻力，降低风机的能源消耗；提高自动化控制水平，提高回收煤气的质量和数量；降低净化用水的消耗，提高水力资源的利用率；减轻污水和尘泥的处理负担；减少系统设施的占地面积，节约建设投资等。从而派生出“肖比林法”、“双塔一文”式等新 OG 法。

典型的新 OG 法的流程是：高效喷淋塔—环缝装置(文氏管)—冷却器（脱水器)。新 OG 法系统阻力下降，应用效果明显。其流程如图 4-2 所示。

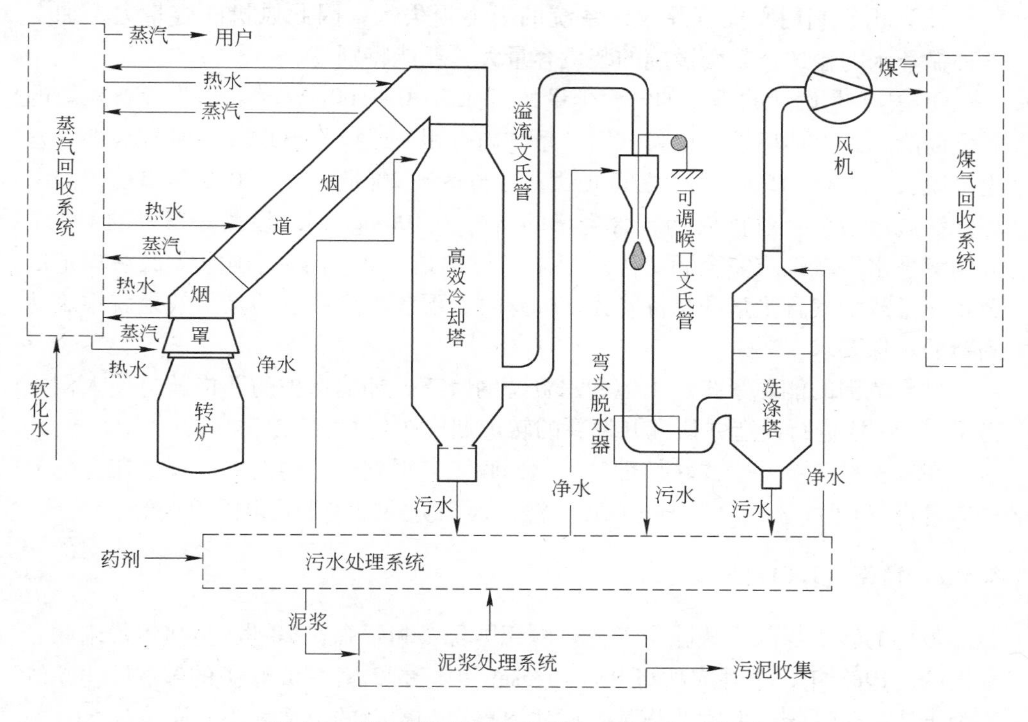

图 4-2 新 OG 法氧气净化系统工艺流程示意图

采用高效喷雾洗涤塔除尘效率较高，有的可将烟气含尘量从入口处的 80～120g/m^3 降到出口的 8～12g/m^3，除尘效率可达 90% 左右。对原重砣式环缝可调喉口文氏管进行了改造，延长了扩张段的长度，改造并增加了内喷水的喷头，取得良好的效果，排放烟气含尘量可降到 40～70mg/m^3。

这些新 OG 法的出现，使全湿式烟气净化除尘的工艺技术又向前迈进了一大步，为原始 OG 法转炉烟气净化与回收系统工艺的改造提供了很好的借鉴。

4.5 干式烟气净化回收工艺

顾名思义，所谓干式烟气净化回收工艺是指利用该工艺从烟气中分离出来的烟尘是干燥状态。

全湿式烟气净化回收的工艺确实是开创了转炉煤气回收的新纪元，但是由于受到当时技术水平的限制，仍然存在着许多缺憾，跟不上科技进步的步伐，满足不了社会上日益严格的能源和环保要求。主要表现在以下几个方面：

（1）全湿式烟气净化回收系统有庞大的水处理和泥浆处理系统，设备较多，占地面积很大。

（2）系统耗水量多，在水资源越来越紧张的今天，显然是不合时宜的。

（3）由于利用文氏管除尘，系统的阻力损失大，因此风机的容量大，加上各种循环水的输送，整套设施的装机容量大，耗能特别高。

OG 法工艺设计的排放烟气含尘量的指标为 80～100mg/m^3。除尘设备较新的时候尚能达到上述标准，设备陈旧、系统内有积灰或操作出现偏差时排放烟气含尘量就会在 100～150mg/m^3 之间波动，甚至达到 200mg/m^3。2008 年以前，国家环保法规定冶金企业排放烟气含尘量的指标为 100mg/m^3，显然，当时的 OG 工艺的除尘水平就很难完全满足国家要求。特别是 2008 年以后国家环保法规定冶金企业排放烟气含尘量的指标降为 50mg/m^3，湿法除尘系统的除尘效果就很难达到新的环保要求。

世界范围的能源紧张、土地和水资源的匮乏、环境保护的严格就迫使人们不得不对 OG 法进行改造并研究开发新的转炉烟气净化回收工艺。

在这种形势下，干式转炉烟气净化回收工艺得到迅速的发展。现在流行的方法有鲁奇（LT）法、西门子（DDS）法、西马克第二代干式电除尘法等。

4.5.1 鲁奇（LT）法

最早的转炉煤气干法除尘工艺是由德国鲁奇和蒂森在 20 世纪 60 年代末联合开发的。1983 年，蒂森成功将 Bruckhauseri 钢厂的 2 座 400t 转炉的湿法除尘系统改为干法除尘系统，并回收煤气。此法取鲁奇和蒂森的英文字头，简称为 LT 法。

整个系统主要包括烟气收集系统、冷却系统（气动烟罩、汽化冷却烟道）、除尘系统（蒸发冷却器、静电除尘器）及回收系统（风机、煤气冷却器、切换站、煤气柜）。干法烟气净化系统的工艺流程如图 4-3 所示。

转炉烟气经活动烟罩、汽化冷却烟道回收蒸气后降温至 800～1050℃，进入蒸发冷却器，经过汽雾处理后，40%～50%左右的粗颗粒烟尘通过沉降去除；粉尘浓度由 80～150g/m^3 降至 40～55g/m^3，烟气温度降至 180～300℃；然后煤气进入静电除尘器进行精除尘，除尘后煤气中的粉尘浓度达到约 10mg/m^3，再经煤气冷却器冷却到 50℃，送至煤气柜或放散。蒸发冷却器及静电除尘器收集的干粉尘为干燥状态。

蒸发冷却器的温度控制、风机流量控制、切换站的切换控制等采用自动化控制。

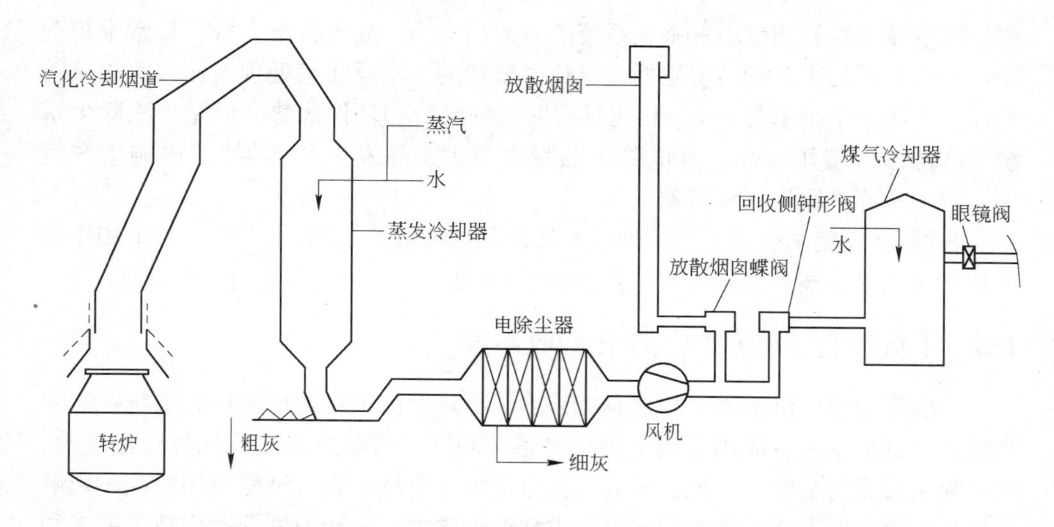

图 4-3　干法烟气净化系统的工艺流程示意图

4.5.2　西门子（DDS）法

西门子冶金技术部在 LT 法的基础上集成了富锌粉尘分离系统，形成 DDS 法，更好地兼顾了粉尘循环利用与一氧化碳回收。

随着回收粉尘中锌的富集，可能出现耐火材料寿命缩短及冷却塔氧化锌结块等问题，为此西门子冶金技术部在除尘系统中安装了在线激光测锌系统，当粉尘中锌含量超过 20% 时将其收集制成球团，外供制锌业使用。该系统已经于 1997 年应用于奥钢联林茨钢厂。

4.5.3　西马克第二代干式电除尘法

德国西马克公司（SMSSIEMAG）与瑞士埃瑞克公司的合资公司 SMSELEX-AG 共同推出了第二代干式电除尘器专利技术。在静电除尘器内部配置方面以及泄压阀上有所改进。静电除尘器（ESP）的阴极采用管式设计，保证了强度和振打效果。另外单点固定的悬挂系统允许电极热膨胀，保证了静电除尘器（ESP）效率可靠，维护和运行成本较低。另外静电除尘器（ESP）还配备了新型卸压阀，质量只有 155kg，结构紧凑，与现有的系统相比，维修和检查费用明显降低。

2011 年韩国浦项制铁和印度尼西亚 PT 喀拉喀托钢铁公司的合资公司 PT 喀拉喀托-浦项公司订购的 300t 转炉计划安装此套系统，预计于 2013 年年底投产。

转炉烟气干法除尘技术与全湿法除尘技术相比，除尘效率较高，而且稳定，受烟气量波动的影响较小；整个系统的阻力损失小，故风机压力低，日常维护费用低；水的消耗少，运转费用低；避免了繁琐的污水及泥浆处理工作。总之，转炉煤气干法除尘技术与 OG 法相比具有明显的经济和环保优势。但是干法除尘系统一次性建设费用较高，静电除尘器耗电量大，易发生“泄爆”，影响生产效率，对转炉炼钢操作要求苛刻。

我国 20 世纪末引进了转炉烟气干法净化回收技术。现在，全世界有 10% 的转炉采用该工艺技术，应用比较普遍的是 LT 法。

4.6　干湿结合式转炉烟气净化回收系统

干法除尘与全湿法除尘相比具有许多优点，但由于对转炉操作和系统控制要求较高，钢铁企业在应用过程中出现过各种问题。主要集中在系统投资额度大，静电除尘器设备复杂，占地面积大，耗电量大。事故率高、维修费用较高，影响转炉生产效率的发挥。特别是静电除尘器泄爆频繁、对转炉炼钢操作技术要求很高，蒸发冷却器内壁积灰，系统阻损不够稳定，虽然风机前烟气含尘量理论上可以达到 $10mg/m^3$，但是排放时一般在 $15 \sim 50mg/m^3$。为此，人们又在 21 世纪初开发了干湿结合式转炉烟气净化回收工艺。

干湿结合式净化系统就是从烟气中分离出来的烟尘，既有干灰，又有泥浆。它采用干法净化装置和湿法净化装置联合作业的净化系统。一般是以蒸发冷却器作为粗除尘（这与干法相同），以环缝可调喉口文氏管作为第二级精除尘（这与湿法相同），经脱水除雾器后烟气进入鼓风机。干湿结合式转炉烟气净化系统工艺流程如图 4-4 所示。

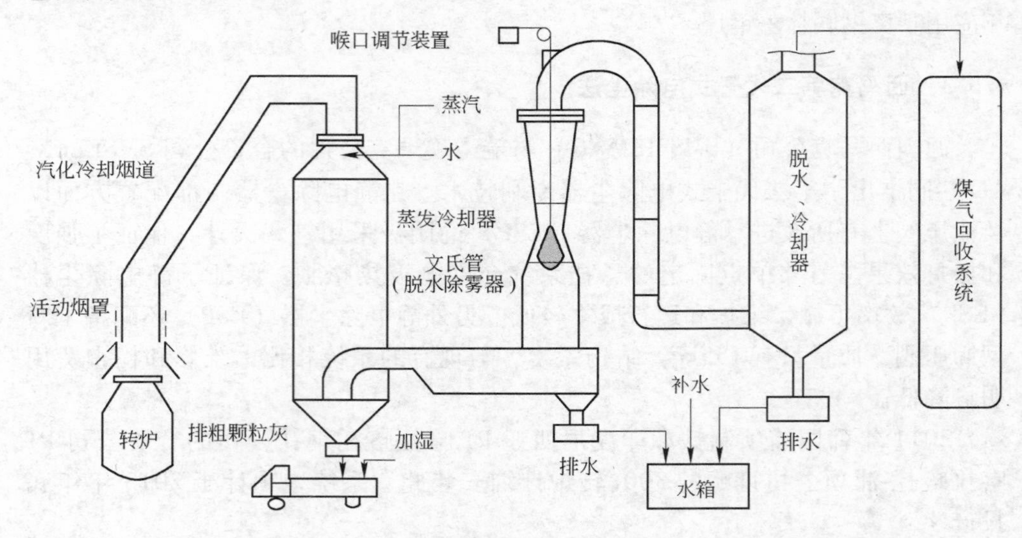

图 4-4　干湿结合式转炉烟气净化系统工艺流程示意图

在干湿结合式净化系统中也有采用平旋器进行粗除尘，它能除掉70%的粗颗粒，剩余的30%细颗粒灰尘主要是通过文氏管来凝聚。但是因为由平旋器进入文氏管的烟气温度有400℃左右，由于气温高，被凝聚了的灰尘会有一部分随着水的蒸发仍可返回到烟气中去，使文氏管的凝聚效率受到影响。如果在文氏管前增设溢流饱和喷淋段，则可以消除干湿交接而带来的堵塞问题，同时也能使烟气在饱和之后再进入文氏管，不仅可以减轻文氏管的除尘负荷，而且可以充分发挥文氏管对灰尘的凝聚作用，从而提高其净化效率。

烟气经过平旋器温度可降至400℃（低于一氧化碳的燃烧温度），而分离出来的灰尘温度又很高，如果系统不严密，容易引起爆炸，故加强系统的密封性是确保系统安全运行的必要条件。平旋器的卸灰方法是影响系统密封性的一个很重要的方面，同时它还严重地影响平旋器的净化效率。实践证明一般采用仅带有灰封的螺旋输灰机是不够严密的，必须在螺旋后边增设密封性能较好的灰仓。

精除尘采用环缝重砣调节式文氏管，出口烟气含尘量不大于80mg/m³。如果对环缝重砣调节式文氏管进行改进，如采用逆向雾化喷嘴，提高雾化效果、改善喉口扩张段净化效果，可使出口烟气含尘量达到50mg/m³甚至更低。上海普瑞喷雾系统（中国）有限公司也曾推荐湿法电除尘工艺，并提出可将最终烟气含尘量降到10mg/m³。

一些原来采用OG法或新OG法的炼钢厂都有排放烟气的含尘量超出国家规定的（现在规定不大于50mg/m³，将来要求可能更严）环保标准的问题。因此，烟气净化回收系统的改造是势在必行的，而干湿结合的烟气净化回收工艺应该是原有全湿法除尘工艺转炉炼钢厂改造时的一个选择方案。

目前国内研究开发干湿结合烟气净化回收工艺的人很多，不断地对系统中各部分设施进行改造、完善和升级，将来势必成为转炉烟气净化回收工艺中的主流。

4.7 湿法、干法、半干法转炉烟气净化回收工艺的对比

作者查阅了相关资料，摘录了一些较详细地对比湿法、干法、半干法转炉烟气净化回收工艺的有关内容。由于掌握资料有限，加之有关人员采用数据、观点的差异，下述内容仅供参考。中冶赛迪的技术人员对两台300t转炉的新OG法、LT法做出对比，见表4-1和表4-2。

表4-1 300t转炉的新OG法、LT法的对比[1]

序号	项　目	新OG法	LT法
1	主要设备组成	喷淋塔+环缝文氏管+脱水器	蒸发冷却器+静电除尘+冷却塔
2	风机风量(标准状态)/$m^3 \cdot h^{-1}$	20000	20000
3	风机全压/Pa	24000	8000

续表 4-1

序号	项　目	新 OG 法	LT 法
4	装机容量/kW	5000	2850
5	最终烟气温度/℃	65	70
6	系统耗电/$kW \cdot h \cdot a^{-1}$	2640×10^4	1364×10^4
	耗水量(浊环水)/$t \cdot h^{-1}$	1300	300
	耗水量(补新水)/$t \cdot h^{-1}$	40	110
7	耗水量(年耗水)/$t \cdot a^{-1}$	29	51.6
	耗水量(耗蒸汽流量)/$t \cdot h^{-1}$	20（每炉 1.5min）	11（每炉 15min）
	耗水量(年耗蒸汽流量)/$t \cdot a^{-1}$	8578	47174
8	总图面积/m^2	9175	7437
9	水处理占地面积/m^2	6400	484
10	塔楼布置	两个塔，塔楼布置较难	一个塔，塔楼布置较易
11	安全性	灭火很好	泄爆频繁
12	排放烟气含尘量/$mg \cdot m^{-3}$	≤40～70	≤10～20
13	风机噪声	大	低
14	风机叶轮清洗	不易清洗	很少清洗
15	净化系统密封	好	好
16	维护管理	重点风机清洗及系统排堵	重点电除尘器的维护，泄爆阀、电极极板更换

表 4-2　国产新 OG 法、引进新 OG 法和引进 LT 法的对比

项　目	（国产）新 OG 法	（引进）新 OG 法	（引进）LT 法
建设投资	1	1.5414	2.3179
总成本费	1	1.05	1.28
收　益	中	中	高
专家热量	1（含水处理）	1（含水处理）	0.5167（含压块）
电费/年	1	1	0.375
耗水比	1（补新水）	1（补新水）	1.175（补新水）
年运行费用	1	1	0.493
投资回收期/年	3.37	5.02	3.90

中冶东方工程有限公司对新建设的四座分别采用 OG 法和 LT 法烟气净化除尘系统的 210t 转炉进行了对比，其结构见表 4-3。

表 4-3　OG 法和 LT 法的对比

项　目	OG 法	LT 法
系统风量(标准状态)/$m^3 \cdot h^{-1}$	11.8×10^4	11.8×10^4
系统阻力/kPa	23 ~ 26	8.12
主风机电机容量/kW	4101	1150
其他电器容量/kW	945	14595
循环水量(净环水 + 浊环水)/$t \cdot h^{-1}$	1240	340
用气量氮气(标准状态)/$m^3 \cdot h^{-1}$	53167	36700
压缩空气(标准状态)/$m^3 \cdot h^{-1}$	2530	2150
焦炉煤气(标准状态)/$m^3 \cdot h^{-1}$	150	150
饱和蒸汽/$t \cdot h^{-1}$	9	
吨钢回收煤气(标准状态)/$m^3 \cdot h^{-1}$	≥70	≥85
回收煤气含尘量/$mg \cdot m^{-3}$	100 ~ 150	10 ~ 15
分尘回收方式	含水 30% 泥饼 4 万吨/年	干粉块 3 万吨/年
工艺操作	容易	要求高、泄爆频繁

转炉煤气干法、湿法和半干法除尘系统经济效益比较表见表 4-4。

表 4-4　转炉煤气干法、湿法和半干法除尘系统经济效益比较表[2]

项目内容	120t 转炉干法除尘			120t 转炉湿法除尘			120t 转炉半干法除尘		
	吨钢耗量	吨钢费用/元	全年费用/万元	吨钢耗量	吨钢费用/元	全年费用/万元	吨钢耗量	吨钢费用/元	全年费用/万元
备品备件(按 4%)		0.82	-123		0.56	-84		0.62	-93
新水耗量/m^3	0.2	0.96	-144	0.32	1.536	-230.4	0.26	1.248	-187.2
循环水耗量/m^3	1.1	0.33	-49.5	3.3	0.99	-148.5	2.3	0.69	-103.5
电耗/$kW \cdot h$	3.5	2.8	-420	7.2	5.76	-864	5.6	4.48	-672
蒸汽/t	0.02	1.6	-240	0	0	0	0	0	0
氮气(标准状态)/m^3	5	1	-150	5	1	-150	10	2	-300
操作人工成本/万元	28		-112	28		-112	28		-112
运行成本/万元			-1238.5			-1588.9			-1467.7
固定资产折旧/万元			-205			-140			-155
回收煤气/m^3	100	22	3300	90	19.8	2970	100	22	3300
效益合计			1857			1241			1677

参 考 文 献

[1] 巩婉峰．转炉一次除尘新 OG 法与 LT 法选择取向探析[J]．钢铁技术，2009，(4)：46 ~ 50.
[2] 邢文伟，徐蕾．转炉煤气半干法除尘系统工艺简介[J]．冶金动力，2012，(4)：22 ~ 25.

5 转炉烟气收集及余热回收部分的主要设备

如第 4 章所述，转炉烟气净化回收工艺发展到现在已有全湿法、干法、干湿结合法等多种方法，每一种方法的各个组成部分也有所不同。但是其中的烟气收集、烟气冷却、余热回收和煤气回收部分经不断改进，技术已比较成熟、稳定。无论什么样的烟气净化回收工艺，烟气收集、烟气冷却、余热回收和煤气回收部分（除风机外）的工艺设备都是基本相同的。

转炉烟气收集、冷却及余热回收部分的主要设备有烟罩（固定段及活动段）、烟道（余热锅炉）、除氧器、汽包、蓄热器和软化水循环系统。烟罩（固定段及活动段）、烟道的主要作用是收集、冷却高温烟气，将其热能转化为过热蒸汽。因此，烟罩（固定段及活动段）、烟道也被称为“汽化冷却器”或“余热锅炉”。除氧器的作用是除去水中的氧气，汽包的作用是收集烟罩和余热锅炉产生的蒸汽并向烟罩和余热锅炉供应热水，蓄汽器的作用是储存均匀蒸汽，系统组成如图 5-1 所示。

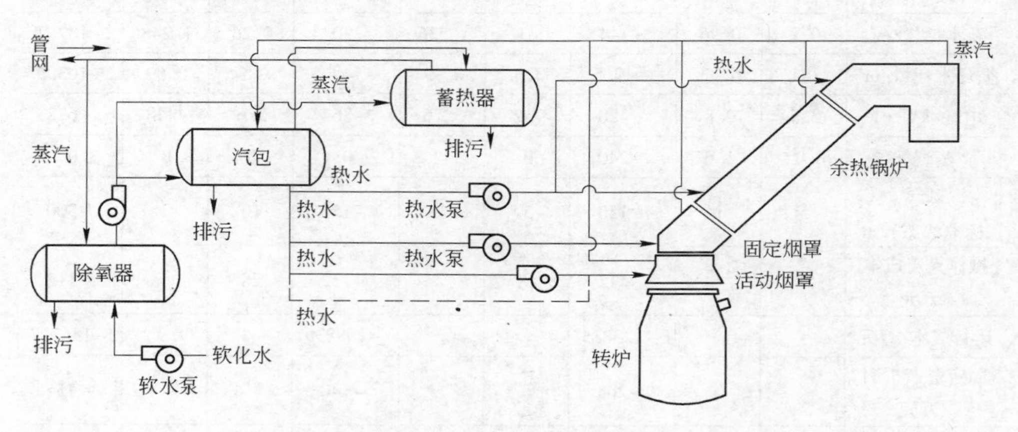

图 5-1　烟气收集与余热回收系统示意图

5.1　烟罩

5.1.1　活动烟罩

活动烟罩的作用是最大限度地捕集及短时间容纳从转炉炉口溢出的高温炉

气，并顺利地输送到固定烟罩、烟道等冷却和净化装置；通过活动烟罩升降配合二文喉口（或干法除尘系统的风机）调节来控制从炉口处吸入的空气量；对烟气能进行适当的冷却；并能妥善处理热胀冷缩和应力变形问题；延长使用寿命。

活动烟罩的结构形式有多种，按冷却方式可分为水冷烟罩和汽化冷却烟罩；按净化回收工艺可分为燃烧法烟罩和未燃法烟罩；按结构形式可分为单罩、双罩、大罩、OG 烟罩等，如图 5-2 所示。

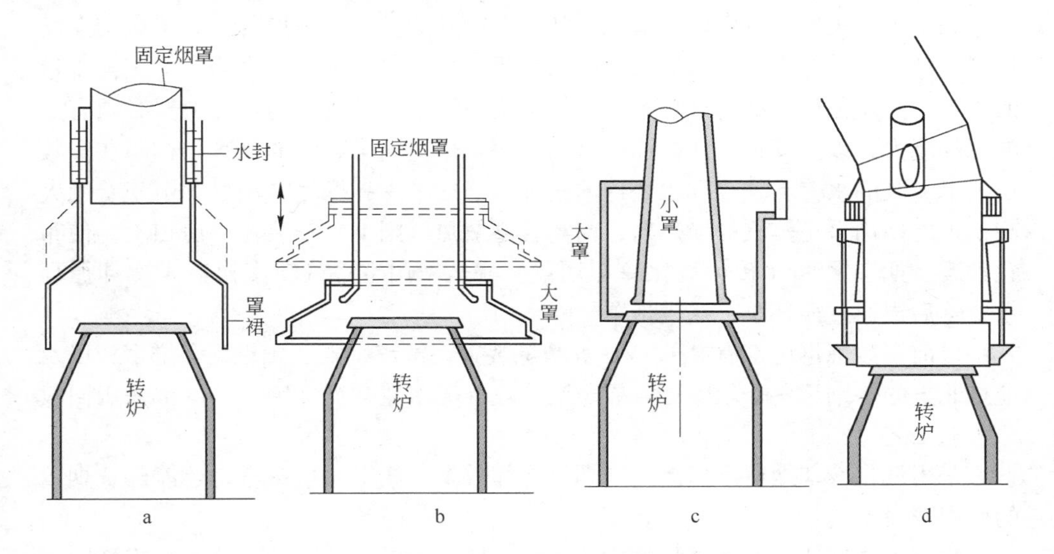

图 5-2 活动烟罩示意图

a—水封连接烟罩；b—大罩；c—双罩；d—OG 烟罩

5.1.1.1 活动烟罩分类

活动烟罩的种类繁多，下面分别按冷却方式、一氧化碳的燃烧量、本身结构进行划分并分别介绍如下。

A 按冷却方式划分

活动烟罩按冷却方式划分可分为水冷烟罩、汽化冷却烟罩。

a 水冷烟罩

水冷烟罩就是通过冷水变热水的方式对烟气进行降温。水冷烟罩可以是板式结构，也可以是管式结构。板式结构，就是采用相当宽而平的大断面水通道的结构，要求的水压低，水量大，温升低。由于蒸汽发生量极小，所以水质要求不严格。管式结构的水冷烟罩在外观上和汽化烟罩差别很小，但在烟罩内循环的水保持液态。水在高压高速下使用，通常有比板式结构更高的温升。这种设计的用水质量一定要好些，因为进入的水的压力较高，传热速度较快，对水垢腐蚀，悬浮固体沉积等的影响更大了。

b　汽化冷却烟罩

汽化冷却烟罩按定义需在与锅炉相同的原理上设计，但是，是把蒸汽回收到工厂的蒸汽系统中使用，还是在热交换器中冷凝下来返回烟罩，则是可以选择的。两种情况下使用的水必须具有典型的锅炉用水质量，并加强控制，确保它处于不易积垢、不易侵蚀的状态。还必须有控制装置，调节汽包里的水位，控制排水、排污，提供压力放散等。这些都是锅炉不可缺少的装置。

如果不为工厂用汽而回收蒸汽，就不需额外的供水处理设备。为了最初充满烟罩和补充由于漏水、修理等损失的水，仍然需要接一条补偿水路，但这样小量的水常常能从工厂已有的处理系统得到解决。用于冷凝蒸汽的热交换器必须有足够大的能力，以处理很大的高峰流量，一般采用空气至蒸汽的翼管结构。在多数情况下，泵的水管和热冷却水处理的设计都必须考虑高峰蒸汽流量，由于费用太高，不能使用水至蒸汽的换热器，而翼管型散热器则可以安装在厂房顶上，使布置紧凑。如宝钢300t 转炉汽化冷却烟罩，就是采用空冷式热交换器来冷却循环水，然后再通过循环泵，送入烟罩。

目前多数炼钢厂都有 RH、VD 等精炼装置，蒸汽发电装置也逐渐增多，以及地处北方的炼钢厂冬季取暖更需要蒸汽，故绝大多数转炉炼钢厂基本都采用回收蒸汽的工艺。

采用汽化冷却烟罩不但能提高烟气冷却效果，获得大量蒸汽，还能延长烟罩的使用寿命。

当烟罩或烟道中的水被加热成热水时，1kg 水需要 209J 的热量。而当烟罩或烟道中的热水被加热成蒸汽时，由于要吸收蒸发潜热，1kg 水需要 2090J 的热量，显然，汽化冷却对烟气的降温效果和热能回收效果比水冷烟罩好得多。

B　按一氧化碳的燃烧量划分

按一氧化碳的燃烧量划分烟罩可分为燃烧法烟罩和未燃法烟罩。

a　燃烧法烟罩

燃烧法烟气净化系统中，一般使用大烟罩，但有的可在烟罩下端设有可升降的密封圈。在设计中应注意的问题与未燃烧法中的固定烟罩相似，随着燃烧法烟气净化回收工艺的消亡，燃烧法烟罩也退出了历史舞台，故不再繁述。

b　未燃法烟罩[1]

未燃法烟气净化系统中使用的烟罩由活动烟罩和固定烟罩两部分组成，两者之间用水封等方式连接（见图 5-2a）。活动烟罩的主要作用是使转炉炉气顺利地进入烟罩，既不使烟气外溢又控制吸入空气的量，以提高回收煤气的质量。

活动烟罩的下缘直径应大于炉口直径，应使罩口下缘能降到炉口以下 80mm 处，当活动烟罩上升到最高位置时，应保证转炉倾动时炉口不碰烟罩下缘。活动烟罩的行程约 400～600mm，可采用液压或电动驱动，使其升降，并保持水平。

对于未燃烧法烟罩来说，其固定烟罩的直径要大于烟气射流进入烟罩时的直径，炉气从炉口喷出时可认为是自由射流，其中心张角在18°～26°之间，由此可求出烟气射流直径。此外也可根据最大烟气量和选定烟气在烟罩内的流速来确定烟罩直径（其流速一般可为20～25m/s），固定烟罩与炉口的距离应根据活动烟罩的高度及行程来决定。

决定烟罩全高时，应充分考虑到在吹炼最不利的条件下，喷出的钢渣不致带到斜烟道内造成堵塞，烟罩倾斜段的倾斜角越大越好，烟尘不易沉积在斜烟道内发生堵塞。但倾斜角越大，吹氧管水套的标高就越高，从而增加了厂房高度，因此倾斜角也不宜过大，一般为45°～60°。

C　按烟罩形状划分

按活动烟罩的形状可分为双烟罩、大罩、小罩和OG罩。

a　双烟罩

双烟罩以德国KRUPP烟罩为代表。如图5-2c所示，它是由主罩和副罩一起组成的，两罩同时升降。副罩用来收集由主罩溢出的烟气，并通过副系统净化后排入大气。通常该烟罩回收的煤气质量高，但回收率低，设备结构复杂，投资高，厂房高度需相应增加。我国在120t转炉上设置过双罩，但由于罩间易积渣而不受使用者欢迎。

b　大罩

典型的大罩是法国的IRS ID/CAFL法。它的特点是敞开口式，其下部做成有一定容积的伞罩裙，下降时可将全部炉口笼罩在其内部，如图5-2b所示。通常罩口直径为炉口内径的1.5～2.5倍，下沿过炉口200～300mm，故活动烟罩的容量较大，缓冲效果好，能防止或减少烟气的外溢，同时为炉子摆动提供了一定的活动空间，克服了非正位时烟气外泄的问题。

新设计的CAFL烟罩不仅容积有明显增大，而且增大的容积部分主要在炉口下沿的笼罩空间。据认为只有在增加炉口外侧“喉缝”以下的有效容积时才是有意义的。这样可以改善对微差压的调控效果，减少烟气外溢。

大罩的缺点是由于烟罩敞开，控制罩口吸气量需要较灵敏的调节装置。这种非密闭型烟罩，试图通过其特殊的罩型和严格的罩内微差压控制起到密闭烟罩的作用，但实际效果并不理想，加上所占空间大的缺点，故即使在法国，也仅有10%～20%的炉子在使用。单罩一般为大罩。

c　小罩

小罩的特点是当活动烟罩下降到最低位置时，使活动烟罩下缘与炉口之间处于最小间隙，也可安装在水冷炉口上。

小罩有利于闭罩操作，实现煤气回收，同时给炼钢自动化和定碳创造了有利条件，同时能抑制炉渣等喷溅，减少炉下的清渣量。

但目前，由于原材料，特别是铁水质量不稳定，工艺操作水平有限，喷溅和炉口积渣结瘤仍不可避免，有喷钢粘罩和不能抬罩的可能，在这种情况下闭罩操作有一定困难。双罩一般为小罩，如图5-2c所示。

d OG烟罩

如图5-2d所示，OG烟罩属小罩型，但其下部裙罩口径略大于水冷炉口的外缘，喉缝最小尺寸为50mm。这样做不仅改善了微差压的控制条件，也减少了闭罩操作引起的粘罩而使裙罩不能抬起的可能。但喉口50mm间隙会因积渣而影响扣罩，必须在吹炼过程中尽量避免喷溅的发生，以减少炉口结渣。

从各种烟罩使用情况来看，即使没有辅助排烟系统，如果炉口微正压操作正常，单罩也同样可以获得双烟罩所能取得的效果，因此目前国内外一般采用单烟罩者较多。

双罩与单罩相比，结构笨重、复杂，消耗钢材多，冷却水用量大。双烟罩层次多，其外罩为了与炉口相适应，又不易做得太大，迫使活动烟罩固定段内径相对缩小至在炉口处炉气自由射流之内。这样的结构将会导致炉渣等喷落并留在烟罩活动段与固定段之间的缝隙里，易产生烟罩卡死等现象。另外，为了看火方便，活动烟罩的下沿位置，双罩必须在炉口之上，而单罩就可以在炉口之下，这使双罩的高度增加。再加上双罩有一个副系统引出管，使双罩结构的高度更高。

使用双罩时的炉口冒烟情况较使用单罩时有所改善，但如果适当调整散状料投入制度，并对除尘设备略加改动，也可以使炉口冒烟现象减轻。随着汽化冷却工艺的发展并综合考虑各种因素，烟罩越来越受到重视。

5.1.1.2 活动烟罩的移动

A 活动烟罩的横移

活动烟罩的移动有可以横向移动和不可以横向移动两种。移动的方式分旋转台架式、台车开出式和小车侧面开出式。不论哪种形式，均要求定位准确，生产中不变形，确保与烟道连接处的密封性。目前多采用小车侧面开出式。

可以横向移动的活动烟罩在炉役修时将连接水管及连接蒸汽管解体，通过支架、滑道、驱动机构等将活动烟罩平移至炉口上方以外的地方。这样，有利于“上修炉”的操作，便于设置卷扬等起重设备，将炉衬砖、修炉设施从炉口处运到炉内。活动烟罩移动后，还方便固定烟罩、汽化冷却烟道的维修、解体和更换。活动烟罩的横向移动，要求平台上必须有足够的空间，来增设支撑和移动设备。

对于容量较小的转炉，也有采用活动烟罩在水平方向上不可以横向移动的方式。此时，固定烟罩、汽化冷却烟道的维修、解体和更换工作不方便，工作量大，检修程序复杂。转炉炉役修不能进行“上修炉”，只能通过炉体炉腹处的“人孔”进出和运输炉衬砖及必要的设施，修完炉后再封堵“人孔”，工作量大，炉役修时间长，对于单一转炉的工厂不易采用此种工艺。

B　活动烟罩的升降

因为能通过升降机构控制烟罩上下升降，故烟罩被称为活动烟罩。以此调整烟罩下沿与炉口之间的缝隙，从而控制从炉口处进入烟气系统的空气量。煤气回收时应保证较高的一氧化碳含量，放散时把一氧化碳含量尽量控制低一些。

升降机构驱动方式可以采用电力、汽缸和液压等，连接方式有硬性连接、钢丝绳连接或链条连接三种方式。

烟罩提升时通过动力驱动，下降时借助升降段烟罩的自重。

根据现场使用经验，活动烟罩升降机构以采用绳轮卷扬或链条的形式较好，丝杆、汽缸和液压等不易做到动作同步，使烟道升降不平稳，常卡住不能升降，影响煤气回收操作。

当活动烟罩升到最高位置时，应保证转炉倾动时炉口不碰到烟罩下缘。降到最低位置时应使罩口下缘能降到炉口以下 80mm 处，防止烟气外泄和空气进入，以保证炉口处的微正压，并提高回收煤气的质量。

活动烟罩的升降行程约 400 ~ 600mm。吹炼结束出钢、出渣、加废钢、兑铁水时，应保证烟罩升起后不妨碍转炉倾动。

对于活动烟罩在炉口上方的升降驱动装置的吊挂、链绳等，必须认真做好防护，以免受热变形或烧坏，从而保证烟罩升降机构的顺畅，防止活动烟罩卡死或坠落。

5.1.2　固定烟罩

固定烟罩是活动烟罩与烟道之间的连接部分。

5.1.2.1　固定烟罩的功能

固定烟罩具有以下功能：

（1）实现垂直烟罩向倾斜烟道的过渡。

（2）保证活动烟罩升降时固定烟罩与活动烟罩之间的密封。

（3）支撑氧枪口和副枪口。

（4）进一步冷却烟气。

5.1.2.2　对固定烟罩的要求

具体如下：

（1）为防止大块渣喷入，固定烟罩和活动烟罩之间缝隙必须小于 20mm，并采用水封、氮封等方式密封。

（2）固定烟罩的高度应保证在吹炼最不利的情况下，由炉口喷出的钢渣不至于被带到烟道内造成堵塞。

（3）固定烟罩的安装必须保证位置、角度准确，从而保证氧枪和副枪下到转炉内后其位置准确。

(4) 密封良好。在固定烟罩上，设有加料孔、氧枪插入孔、副枪插入孔等，每一处都必须设有密封装置，采用氮气等进行密封，保证烟气净化回收系统的密闭性。

5.1.3　烟罩的结构

目前普遍采用的汽化冷却烟罩的结构与烟道（余热锅炉）基本相同，将在下一节详细介绍。

5.2　烟道

烟道的冷却形式有两种。采用水冷却方式的叫水冷烟道，采用汽化冷却方式的叫汽化冷却烟道。水冷烟道因耗水量大，余热未充分回收利用，容易漏水且寿命短，目前很少采用。现在普遍应用的是汽化冷却烟道。

5.2.1　汽化冷却烟道的作用

汽化冷却烟道具有以下作用:

(1) 引导作用。转炉烟气经烟罩进入烟道，在后部风机的抽引下进入烟气净化系统。烟道对烟气有限制、引导作用。

(2) 冷却作用。尽管经过活动烟罩和固定烟罩的降温，此时转炉烟气的温度仍然很高（1400℃以上），为了保护设备和提高净化效率，必须通过烟道进一步冷却烟气。因此汽化冷却烟道承担着烟道降温的重担。

通过烟道（锅炉）的汽化冷却可将烟气冷却到800～1050℃左右。

5.2.2　烟道的结构

烟道的长度较长，从固定烟罩上端一直到除尘器（全湿法系统为一级溢流文氏管，干法系统为蒸发冷却器）的上端。可分为倾斜段、上升段、水平段和下降段。根据转炉吨位的大小，每一段可以作为一个整体或分为几个循环单元，每一个循环单元又可以分为若干个冷却片组，烟道的断面有圆形和多边形，如图5-3所示。

5.2.3　汽化冷却器的组成

汽化冷却烟罩、烟道统称为汽化冷却器或余热锅炉，它是由水冷壁、分水箱、进水集管、排污阀、集箱连接件、膨胀接管、上下接口加强箍、支座、吊箍、人孔等组成的。其中最关键部位是水冷壁，它的传热面积大小、结构形式等对烟气冷却效果、蒸汽发生量及其本身的使用寿命都有着很大的影响。为了冷却

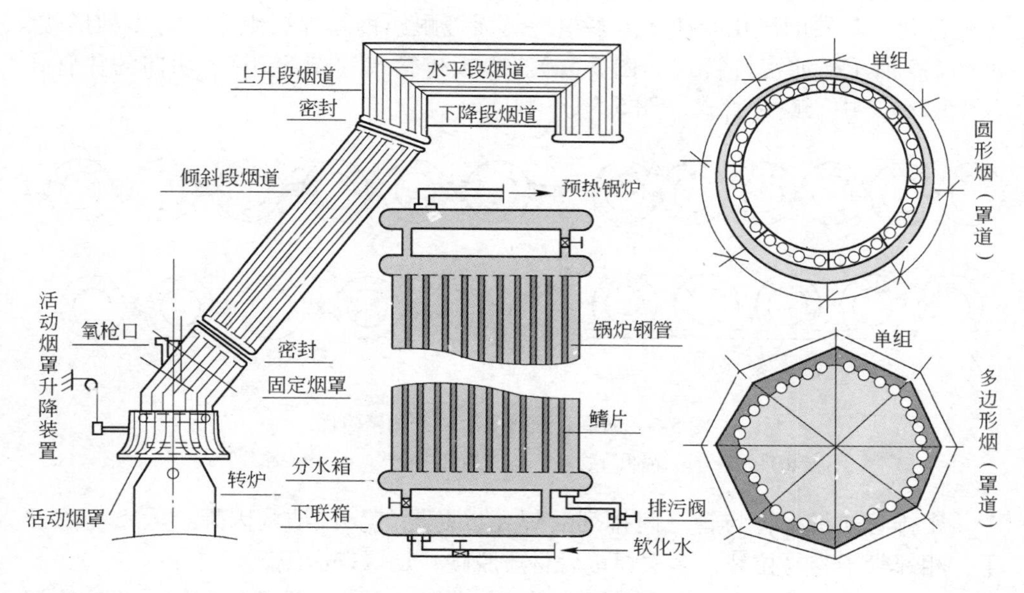

图 5-3 烟罩、烟道结构组合示意图

效果均匀及维修更换方便，每一个循环单元又可以分为若干个汽化冷却壁组，如图 5-4 所示。

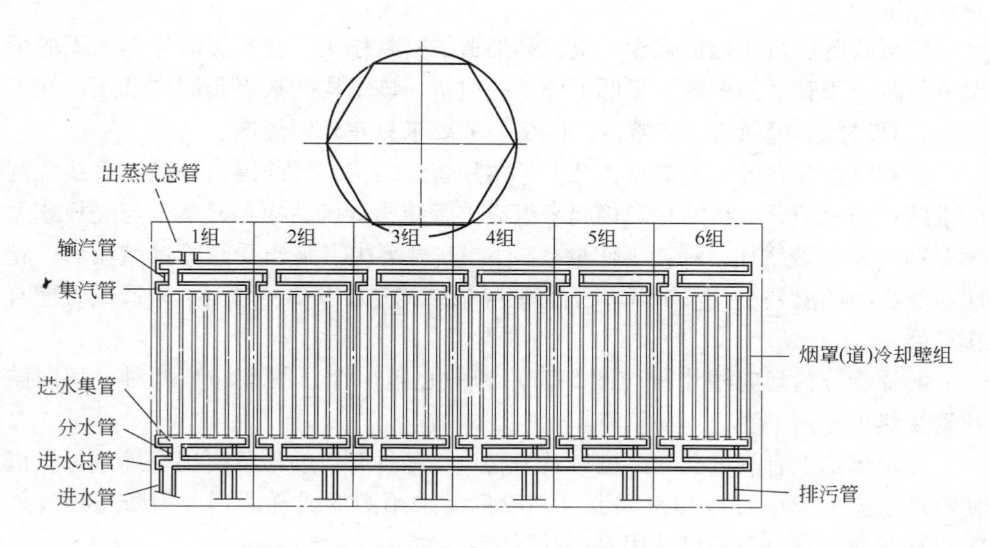

图 5-4 烟罩、烟道（每一个循环单元）展开图

5.2.3.1 汽化冷却壁的结构

汽化冷却壁的作用是控制烟气的流向，通过热交换的形式使烟气降温并将其转化为蒸汽进行回收。

汽化冷却器的汽化冷却壁由多根冷轧无缝耐压钢管焊接组成。有多种形式，如图 5-5 所示，如密排管式（图 5-5a）、隔板排管式（图 5-5b）、切向鳍片管式（图 5-5c）、中心鳍片管式（图 5-5d）等。

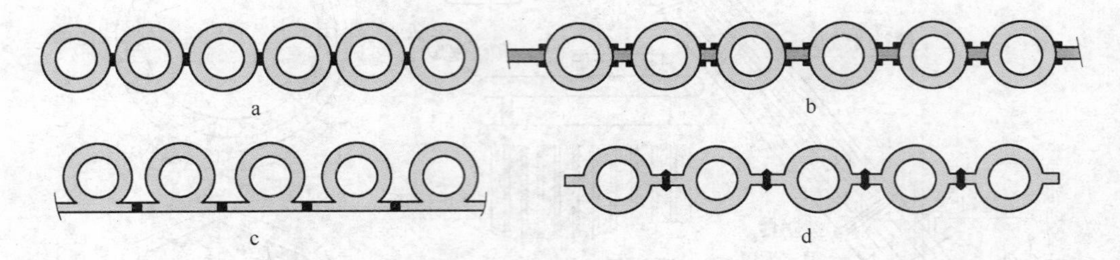

图 5-5 烟罩、烟道水冷壁结构示意图

a—密排管式；b—隔板排管式；c—切向鳍片管式；d—中心鳍片管式

密排管式是将管与管之间排列后焊死以防漏气。该结构因焊缝太多变形严重，相邻管子容易拉裂，多次焊接后材质脱碳，烟罩寿命短。

某炼钢厂曾采用密排管不焊接结构，每段约间隔 1m 设置加固圈。为解决漏气问题，在密排管外侧设置密封包扎层，故焊接工作量大为减少，且有利于消除热应力变形。该结构经实践证明能满足生产要求，但目前仅限于应用在汽化冷却直烟道部分。

隔板式既可增加烟道强度，也起到烟道的密封作用，在不影响导热面积的情况下，减小了管子的根数，降低了设备的质量。该结构的缺点是制作麻烦，施工量大，且增加焊缝热应力影响区。隔板一般要求只在外侧焊接。

针对隔板存在的上述缺点，开发了鳍片管式结构，目前国内外已能直接轧制的带鳍片的锅炉管，将鳍片焊接起来组成排管结构，该结构在成本上与隔板式无大差别（材料费增加，焊接工作量减少），其显著优点是当受热管壁结垢后，管底与筋板间的温差小，仅 18℃，而普通隔板结构达 119℃，因而不易造成管壁直接开裂。

鳍片管分为切向鳍片管（图 5-5c）和中心鳍片管（图 5-5d）两种。切向鳍片管受热工作面平滑，不易粘渣。

固定烟罩上有氧枪孔、副枪口及下料口，各种开口的形状要很好地选择，以便不产生应力集中及冷却水涡流，一般都是采用圆形或椭圆形。为防止炉气外溢，都要在氧枪口下料口处用氮气进行密封。

5.2.3.2 冷却壁的水、汽走向

从汽包送来的热水先进入冷却壁的总进水管，经分水管送到各个汽化冷却壁组的进水集管，由进水集管送至各条水管内，如图 5-4 所示。

由各个管子产生的高压蒸汽进入集汽管，通过输汽管进入出汽总管，最后进

入汽包。

5.2.3.3 排污管

不管软化水如何处理，其中仍然含有一定量的杂质和水垢，特别是在系统经过检修等施工之后，水里的杂质更多，这些杂质黏附在管壁上必然降低汽化冷却壁的热导率，降低冷却效果，加快无缝钢管的烧损速度。如果杂质堵塞了管路会使汽化冷却壁形成“干烧”状态，会很快将无缝钢管烧漏，造成生产事故。因此在生产过程中应该对烟罩、烟道的每个汽化冷却壁组以及后面讲到的除氧器、汽包、蓄热器等通过排污管进行定期排污，这是保证汽化冷却系统正常运行的重要措施。

5.3 除氧器

5.3.1 除氧器的工作原理

为了防止汽化冷却器及管道的腐蚀结垢，必须尽可能地减少锅炉软化水中的氧等气体的含量，故需要设置除氧器，对进入锅炉的水预先除氧。

众所周知，氧气以及二氧化碳、氮气、氢气等在水中的溶解度与它的分压成正比，与水温度成反比。当水面上部空间的氧气分压减少时，氧气就能从液体中跑出来，氧气在水中的溶解度随水温的升高而降低，当温度达到104℃时水中溶解的氧量最少。

进入汽包前的软化水，预先通过除氧器，使软化水与过热蒸汽逆向运动，这样蒸汽就将软化水加热。随着软化水温度的升高，氧气等气体在水中的溶解度降低，由水中跑出。这样就进行了软化水的除氧除气。

为了提高锅炉的使用寿命，额定工作压力在4.0MPa以上（包括4.0MPa）的锅炉均提倡使用除盐水。

5.3.2 除氧器的构造

目前国内所用除氧器大致可以分为塔式除氧器和卧式除氧器，本节将对这两种除氧器进行介绍。

5.3.2.1 塔形除氧器

塔形除氧器由除氧头、储水箱两大部分组成。除氧头安放在储水箱上边，如图5-6所示。

在除氧头内设有伞状挡板、波纹板、筛盘、汽室等。在软化水箱内设有蒸汽管，蒸汽管上接有若干根带有小孔的小管。由除氧头上部通入软化水及回收的蒸汽冷凝水（带有一定温度的纯水），通过各层筛盘由上至下流动。从除氧头下部通入的蒸汽先进入汽室。汽室为环状，内侧开有许多孔，进入汽室的蒸汽由内侧孔冒出，分布均匀，并通过各层筛盘作曲线上升。在这汽、水逆向运动的过程中，蒸汽逐渐将水加热。蒸汽温度由下到上逐渐降低，而水温则由上到下逐渐升

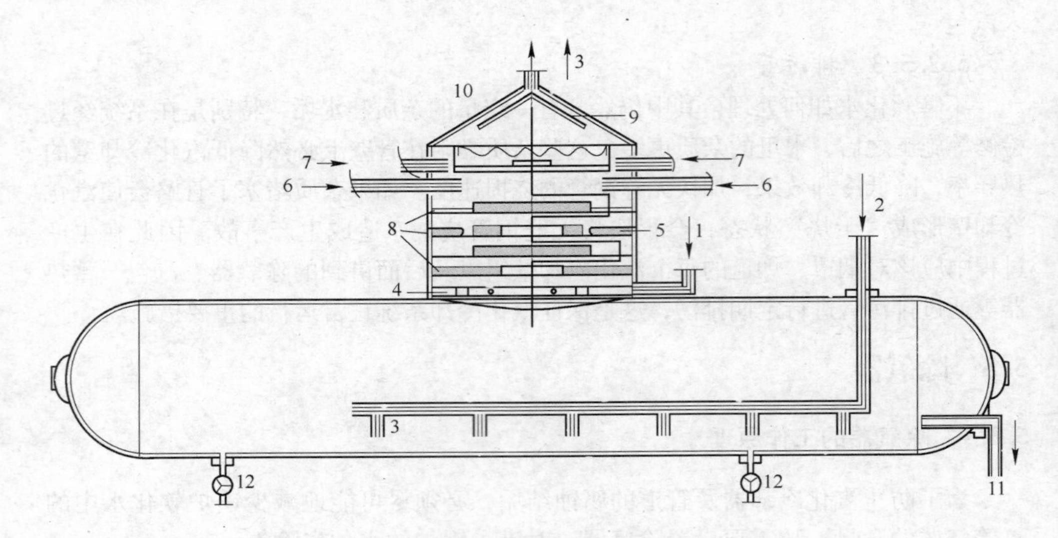

图 5-6　塔式除氧器结构示意图

1，2—蒸汽入口；3—排气口；4—汽室；5—除氧头；6—冷凝水入口；7—软化水入口；8—筛盘；9—伞状挡板；10—塔盖；11—出氧后的软化水；12—排污阀

高。当水运动到除氧头下部时被加热到 104℃，排出氧气后流入软化水箱。

到达除氧头上部的蒸汽温度较低，一部分变为汽凝水，经过波纹板，伞状挡板进行汽水分离，冷凝水随水流流下，一部分蒸汽和氧气一起由排汽出口排出。这是第一步除氧。

第一步除氧以后的水进入软水箱后，又被水下的蒸汽管排出的蒸汽加热到 104℃，又能排出一部分氧气，这是第二步除氧。第二步除氧以后的蒸汽又从除氧头底部向上部运动，作为第一步除氧的蒸汽使用。

除氧器上安装着水位表，随时监视水箱内的水位。一般水位应保持在水位表可见范围的三分之二高度。

这种除氧器的缺点是设备复杂，体积大，且除氧能力不高。主要是因为进入除氧头的软化水等成流而下，不像卧式除氧器那样水是雾状喷出的，从而减少了水、汽接触的表面积，达不到好的除氧效果。

5.3.2.2　卧式除氧器

除氧器为一卧式贮水槽，内装除氧装置，构造简单，如图 5-7 所示。

进入除氧器的水由喷雾装置喷出，被液面上的饱和蒸汽加热，落入水槽中，在水槽中又被带小孔的蒸汽管加热，经过二次加热把水中溶解的氧、一氧化碳、氮等分离除去。水槽中贮存水的蓄热量，对 OG 锅炉的负荷变动也起缓冲作用。

除氧器内部装有喷雾装置，蒸汽空间设有飞溅板，贮水部有蒸汽吹入管、挡板。槽本体上有给水入口、蒸汽入口、除氧水出口、均压蒸汽口、放空气管、排

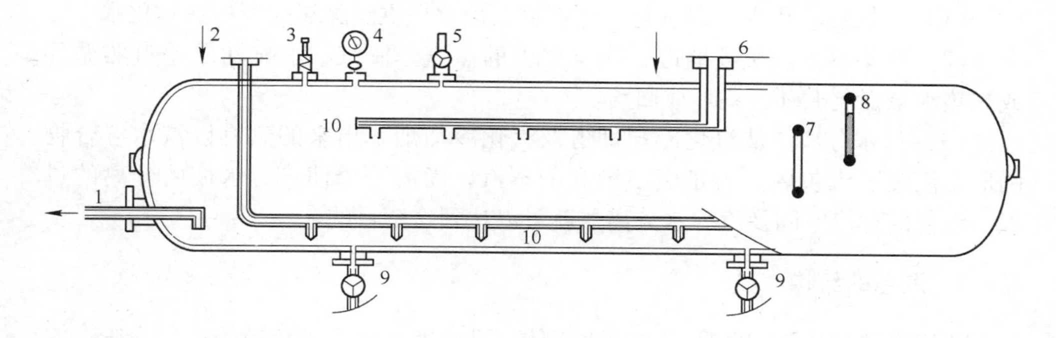

图 5-7　卧式除氧器的结构示意图

1—除氧水出口；2—蒸汽入口；3—安全阀；4—压力表；5—放空阀；
6—软化水入口；7—温度计；8—水位表；9，10—排污阀

水口等，并有压力计、温度计、水位调节计、水位计安全阀等计量安全设施。

卧式除氧器的特点是喷雾装置装在给水入口处，喷雾孔喷出的水压力按照负荷由弹簧来自动控制，从低负荷到高负荷，给水的喷雾状态都是稳定的。

喷雾装置喷出的水碰到飞溅板，变成细滴而落下。由于变成细滴，它的表面积增大，与液面的饱和蒸汽迅速进行热交换，被加热后温度上升到 104℃ 以上，水中的气体跑出，这称为一次除氧。

落到贮水槽水面上的水在贮水槽中被多孔的蒸汽管加热，直至饱和温度，由于蒸汽的搅拌作用，溶解的气体大量放出，这称为二次除氧。

二次除氧后的蒸汽逸出水面后又作为一次除氧加热软化水的热源。放出的气体带着少量蒸汽从放空阀排出。

这种除氧器有一套压力控制、水位控制、溢流放水以及发出警报装置，压力控制是先测出箱内压力，由压力调节阀自动控制加热蒸汽量使除氧器的压力保持一定。由水蒸气表可知，控制其压力也就控制了温度。

锅炉负荷的变动直接变为除氧器的水位变动，通常设定一水位，由水位调节阀自动控制给水量使之保持恒定。当水位控制装置发生故障并且负荷变动时，使水位高低异常，此时设上限、下限发信警报装置以及锅炉给水泵停止等保护装置。

当除氧器存水过多、水位过高时，设置的溢流放水装置把水放出。为了保温，在壳体外面用 25mm 矿棉保温，扎以金属网，抹 25mm 水泥。也可以矿渣棉保温之后，最外层用彩涂板包裹。

5.4　汽包

5.4.1　汽包的作用

汽包是转炉蒸汽回收系统中的主要设施之一。它的主要作用有以下几点：

(1) 提供热软化水。向汽化冷却烟道及烟罩提供经除氧处理的热软化水。

(2) 收集蒸汽。接收烟道、烟罩产生的蒸汽，使汽、水靠动压差自然循环或靠热水泵强制循环方式形成回路。

(3) 汽水分离。从汽化冷却烟道及汽化冷却烟罩出来的蒸汽以汽水混合物的形态汇集于汽包内，为了引出饱和的蒸汽，尚需一个使汽、水彼此分离的过程。汽包的存汽空间及汽、水分离器就可以达到这个目的。

5.4.2 汽包的结构

典型的转炉蒸汽回收所用汽包由壳体、进汽管、出汽管放散管、出水管、安全阀、压力表、水位表、平衡容器、加药管、排污管以及在汽包内设置的挡板、汽水分离器、孔板等组成。汽包的结构如图 5-8 所示。

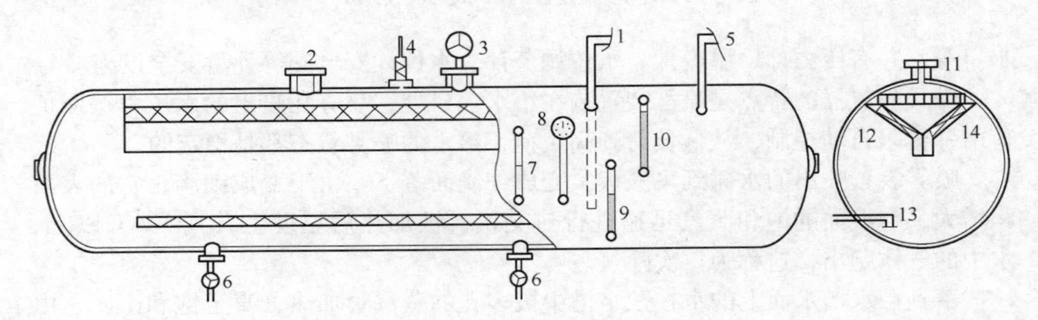

图 5-8 汽包的结构示意图

1—进汽管；2—蒸汽出管；3—放散阀；4—安全阀；5—上升管；6—排污阀；
7—衡管；8—压力表；9—低位水表；10—高位水表；11—孔板；
12，14—汽水分离器；13—加药管

一般来讲，汽包的使用压力在 4MPa 左右，常用温度在 250℃左右，水位高度在汽包高度的 1/2 以上、2/3 以下。由于转炉产生的汽量波动性大，蒸汽压力变化快，因此在汽包的尺寸和耐压强度上都要有充分的考虑。现将国内采用未燃法的 120t、300t 转炉汽包的主要参数列于表 5-1 中。

表 5-1 120t、300t 转炉汽包的主要参数

转炉吨位/t	内径/mm	长度/mm	容积/m^3	耐压/MPa	蒸汽最高温度/℃
120	2100	7550	25	2.6	225
300	1800	13516	33	4.0	250

5.4.3 汽包的工作原理

5.4.3.1 汽水分离

由汽化烟罩或汽化冷却烟道产生的汽水混合物形态的蒸汽，经上升管进入汽包，由于汽流直接冲击挡板，一部分水滴挂在挡板上并顺挡板滴下进入水中，做到了初步汽水分离。同时由于挡板的存在也减少了汽流的冲击力，避免在汽包内引起汽水搅拌。当进入汽包的蒸汽经由出汽管输出时，首先要经过汽水分离箱和多孔板，多孔板上钻有许多小孔，这时与转炉烟尘净化系统中的挡板脱水器和丝网除雾器的脱水原理相同，蒸汽中的水滴要挂在脱水器及孔板上并顺倾斜底板经沟槽流入泄水管，从而保证排出的饱和蒸汽中含水量极少。

在有的汽包中，为了加强汽水分离效果，在多孔板上面再加上波纹板。以多层多孔板作为粗水粒分离，以波纹板作为细水粒分离。

5.4.3.2　水位控制

汽包水位控制是极为主要的一项工作。汽包内水位过低，可能造成汽压急剧升高，甚至引起汽包爆炸；水位过高，可能造成汽化烟罩或汽化烟道产生的蒸汽排不出来，导致管道、烟罩或烟道压力增高，也有可能发生爆炸。不管哪种现象的出现，都会造成重大事故，影响安全和生产。特别是汽包的水位高低反映着汽化冷却烟罩和烟道的满水与缺水，而汽化烟罩和汽化烟道的满水和缺水都将会对设备安全造成严重危害。这里以玻璃管式水位表为例进行说明。

当汽化冷却器严重缺水时，汽包水位表白而亮，水位表看不见水位，操作室里水位表无显示，蒸汽流量明显增大，给水流量明显减少。

当汽化冷却器严重满水时，汽包水位表发暗，看不清水位，操作室水位表指示最高位置，给水量增大，蒸汽流量减少，汽包压力指示值波动，汽包、蒸汽管路会发生严重冲击振动。每当发现汽包水位表异常时都要及时处理。

当需要补充水时，启动软水泵。将除氧后的软化水经入水管打入汽包内。由于汽包内的入水管是一个钻有许多小孔的长管子（如图 5-8 所示），能够使给水通过节流小孔沿汽包长度均匀分配。

为了随时监视汽包的水位，在汽包上安有水位表（也有称为液面计）。有低读水位表和高读水位表。因为转炉车间生产条件等原因，在汽包现场观察是很困难的，可通过摄像头把水位表的图像直接传输到操作室随时监控。在先进的控制系统中，也可将水位数据直接传输到操作室计算机画面上进行监控。

为了安全起见，要安装水位报警装置，有水位高报警和水位低报警。汽包的水位在吹炼期由水位、蒸发量和给水量三冲量控制，在非吹炼期由水位、给水量二冲量控制。在吹氧炼钢之前，汽包中的水位应保持在40% ~55%状态，在吹炼过程中通过电动给水阀控制汽包水位在55% ~70%状态。汽包水位的高极限为80%，低极限为30%。新建的转炉厂的汽包多采用水位自动连锁控制。

5.4.4　汽包的维护

为了使汽包安全运行，在汽包上装有压力表和安全阀，一旦汽包内压力超过设定值时，安全阀就会自动打开，放汽减压。同时，还安有放散阀，将蒸汽直接放空。

在汽包下部设有排污管和加药管，排污管的作用是为了排除汽包内的沉积物及含盐较高的锅炉水。排污时汽包内的水位应在50%以上。

为了防止汽化冷却器管内壁的腐蚀，必须定期分析水质，并通过加药进行调节。水质分析项目包括有机磷含量、总硬度、总碱度、钙硬度、氯根、电导率、pH值、SS值等。

一般对水质的要求是：磷酸根15～20mg/L；pH值大于10.3；碱度7.0；氯根200～400mg/L。

调节水质药剂一般为工业磷酸盐，其成分为：$Na_3PO_4 \cdot 12H_2O$ 含量大于92%，不溶性残渣小于0.5%，磷酸盐溶液浓度不超过5%。加药量应根据本厂生产实际通过试验来确定。

5.5 蓄热器

5.5.1 蓄热器的作用

转炉汽化冷却产生的蒸汽量和蒸汽压力是间断的、波动的。在冶炼周期中吹炼时才产生蒸汽，非吹炼时就无蒸汽产生。即使是在吹炼期间产生的蒸汽量也是忽高忽低。然而，用户需要的蒸汽用量均匀，压力稳定。如果这种汽量间断、压力波动的转炉汽化冷却产生的蒸汽直接送往用户，将会造成用汽设施极不稳定，甚至损坏。

为了解决产汽与用汽之间经常变化着的矛盾，就应该设置一个具有一定容积的蓄热器，以便储存蒸汽，调节压力，并均匀地将蒸汽输送到主管网（用户）。蓄热器就是这样一种保证转炉汽化冷却蒸汽有效利用，并将周期性产汽汽源变为连续稳定的汽源的关键设备。

5.5.2 蓄热器的工作原理

蓄热器以相当小的空间储存大量的蒸汽，其原理就是增加压力将蒸汽液化，被引出使用时压力降低，使之再蒸发成蒸汽。

目前在转炉蒸汽回收系统中采用的多半是湿式变压蓄热器。所谓湿式，就是内部充有大量的热水，只留一部分为蒸汽空间。所谓变压式，就是吹炼时多余的蒸汽被引入蓄热器内，蒸汽在蓄热器内将水加热，一部分蒸汽凝结成水，容器压力渐渐升高，并使水达到该压力下的饱和温度，最高压力可达到汽包的压力。

非吹炼斯，由于向外供蒸汽，蒸汽压力降低，蓄热器压力也降低，热水被蒸发，热水热焓降低。蓄热器内压力的变化. 改变着蓄热器内的饱和水焓，并以此来实现热能的储存和放出。由于从蓄热器内放出来的蒸汽很接近饱和状态，一般在使用之前，必须另外加以过热或者与其他过热蒸汽混合。

5.5.3 蓄热器的构造

蓄热器是由进汽管、出汽管、进水管、排污管、空气阀、安全阀、压力表、水位表、调节器等组成的，其结构如图 5-9 所示。

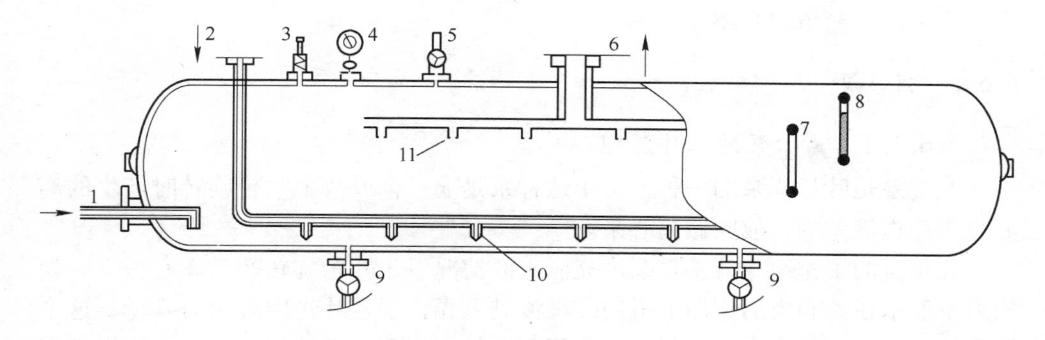

图 5-9 蓄热器结构示意图

1—进水管；2—进汽管；3—安全阀；4—压力表；5—放散阀；6—蒸汽出管；7—平衡器；8—水位表；9—排污阀；10—进汽喷嘴；11—（出汽）集汽管

由汽包出来的蒸汽经进汽管通过进汽内管的进汽喷嘴进入水中，将水加热到该压力下的饱和温度。当向管网输送蒸汽时，蓄热器内的蒸汽进入集汽管，通过出汽管送出。集汽管是一根位于蒸汽空间上部的管子，上边开有许多小孔，便于汽水分离。

当蓄热器的压力异常上升时，为放出系统中的过剩蒸汽，设置排放阀，把蒸汽排入大气。

当蓄热器的压力超过安全阀设定压力值时，安全阀自动打开，排汽降压。

排污阀用于定期排出蓄热器内沉淀物。

蓄热器上安装有水位表，便于现场观察蓄热器内的水位。有的为了控制液面还设有液面计等，便于随时观察蓄热器的内部状态。

由于蓄热器内水面上有蒸汽释放出来，水面有波动，为了防止有假水位，故水位计结构是带补偿的真空水位计。蓄热器的水位应保持在水位表可见范围之内，为了安全，设有水位低报警和水位高报警的装置。

国内 120t、300t 转炉蓄热器参数见表 5-2。

表 5-2 120t、300t 转炉蓄热器的基本参数

转炉吨位/t	长度/mm	直径/mm	工作压力/MPa	工作温度/℃	容积/m^3
120	1020	2500	2.6	225	42
300	2100	2500	4.0	250	99

5.6　水泵

在氧气顶吹转炉烟气净化回收系统中，有许多水的循环回路，这些循环都是通过水泵的运转实现的。而且系统中所用泵的种类繁多，有清水泵、泥浆泵、给水泵、热水泵等。本节将对水泵，特别是离心泵的工作原理、性能、特点、操作、维护等作简单的介绍。

5.6.1　离心泵

5.6.1.1　离心泵的工作原理

离心泵是叶片式泵的一种，由于这种泵是靠一个或数个叶轮旋转时产生的离心力来输送液体的，故叫做离心泵。

离心泵的工作原理就是在泵内充满水的情况下，叶轮旋转产生离心力，叶轮槽道中的水在离心力的作用下甩向外围流进泵壳，于是叶轮中心压力降低，这个压力低于进水管的压力，水就在这个压力差的作用下由水源流入叶轮。这样水泵就可以不断地吸水不断地供水。

除了叶轮的作用之外，螺旋形泵壳起的作用也是很重要的。从叶轮里获得了能量的液体流出叶轮时具有较大的动能，这些液体在螺旋形泵壳中被收集起来，并在后面的扩散管里把动能变成压力能。

5.6.1.2　离心泵的分类

离心泵的分类方法很多，一般按以下几种方法来分：

（1）按叶轮的个数和级数划分。按叶轮的个数和级数可分为单级泵和多级泵。泵中只有一个叶轮的叫单级泵，泵中有多个叶轮的叫多级泵，有几个叶轮就叫几级泵。级数越多，扬程越高。

（2）按叶轮吸入液态方式划分。按叶轮吸入液态方式可分为单吸泵和双吸泵。液体从一侧吸入叶轮的叫单吸泵，液体从两侧吸入叶轮的叫双吸泵。

（3）按导叶机构的形式划分。按导叶机构的形式可分为蜗壳式泵和导叶式泵。泵体像蜗牛壳形状的离心泵叫蜗壳式泵。单级泵大多是这种泵。在叶轮外围安有几个导叶片的泵叫导叶式泵，早期也称为透平泵。多级泵大多是这种泵。

（4）按泵体接缝形式划分。按泵体接缝形式可分为水平接缝的泵和垂直接缝的泵。具有水平接缝的泵叫中开式泵，是通过泵轴中心线的水平面上开有泵体接缝的泵。垂直于泵轴中心线的面上安装泵盖的泵垂直接缝的泵。单级泵和分段式多级泵多采用这种形式。

（5）按输送液体的性质和用途划分。按输送液体的性质和用途还可分为一般离心泵、离心式水泵、离心式油泵、冷凝水泵、锅炉给水泵等。

5.6.1.3 离心泵的主要参数及性能曲线[2]

离心泵的主要参数有扬程、流量、轴功率、效率等。

扬程是指单位质量液体通过水泵后获得的能量。扬程又叫总扬程、全扬程或总水头，用 H 来表示，单位为“m”。水泵扬程可近似地用下式表示：

$$H = (p_c - p_s)/\gamma \tag{5-1}$$

式中 p_c，p_s——泵出入口绝对压力，Pa；

γ——所抽送液体的密度，kg/m^3。

流量就是指单位时间内水泵供出的液体数量，单位为“m^3/h”或“L/s”。

轴功率指由原动机传给水泵泵轴上的功率，用 N 表示。

水泵的轴功率不是全部用来供水，其中有一部分消耗，表达式如下：

$$N_e = \gamma Q H \tag{5-2}$$

式中 N_e——有用功，kg · m/s；

Q——所抽送液体流量，kg/s；

H——所抽送液体扬程，m。

水泵的效率即有用功与轴功率之比为：

$$\eta = N_e/N \tag{5-3}$$

5.6.1.4 离心泵的性能曲线[3]

离心泵在工作时，当泵转数为某一定值时，用来表示流量、扬程、功率和允许吸上真空高度之间相互关系的曲线叫做离心泵的性能曲线或特征曲线。

通常在转数不变的情况，每台离心泵都有三条曲线，即流量-扬程（Q-H）性能曲线、流量-功率（Q-N）性能曲线和流量-效率（Q-η）性能曲线。其中流量-扬程性能曲线是离心泵最基本的性能曲线。利用这些曲线，可以使我们了解泵的性能，对于正确地选择和合理地使用泵都起着很重要的作用。

离心泵的 Q-H 性能曲线与风机性能曲线类似，一般情况下有三种形式，即驼峰性能曲线、平坦性能曲线、陡降性能曲线，如图 5-10 所示。

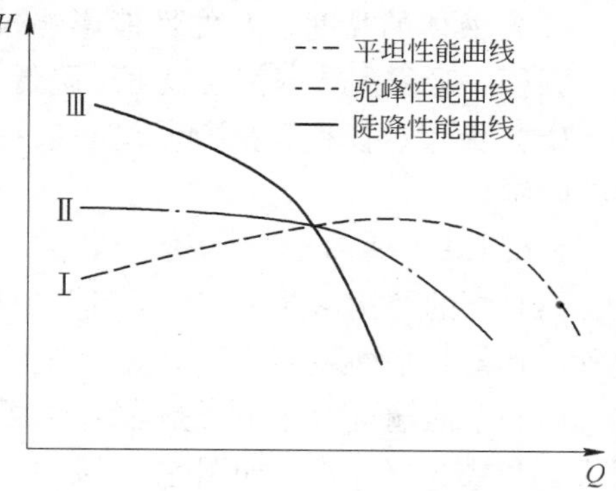

图 5-10 离心泵 Q-H 性能曲线

Q-H、Q-N、Q-η 三条曲线到目前为止尚不能用计算方法准确求得，一般都通过试验方法测得。制造厂出厂的离心泵都要在厂内进行试验并绘出性能曲线，供用户选择和使用时参考。如果泵的转数、叶轮直径、输送液体发生了改变，性能曲线也就改变了。

离心泵具有流量范围大，转速高，

操作方便可靠，调节和维修容易，并易实现自动化和远距离操作，结构简单紧凑，体积小，质量轻等优点，因此得到广泛的应用。

离心泵在小流量、高扬程的情况下应用时受到一定的限制。

5.6.1.5　离心泵的吸上高度

从离心泵的工作原理可知，泵之所以能吸上液体，主要是依靠叶轮中心压力降低，再依靠贮液槽液面在大气压作用下使液体沿吸入管进入泵的叶轮中心。在通常情况下，0.1MPa 相当于 10.3m 水柱高度，如果泵的中心为真空并不计吸入管阻力阻损，那么外界大气压也只能将水升高 10.3m 水柱高度，可见泵的吸入高度是有限的。因此规定用允许吸上真空高度来表示泵吸上高度。

5.6.1.6　汽蚀

如果泵离液面过高，超出允许吸上真空高度减去吸入管阻力损失后的值，则当泵叶轮中心压力降低到等于液体在当时温度下的饱和蒸汽压力时，那么液体就开始沸腾汽化，在液流中形成气泡，气泡中充满着蒸汽和自液体析出的气体。当气泡被液流带入叶轮内压力较高的区域时，气泡中的蒸汽突然凝结，而使气泡破裂。由于气泡破裂得非常快，因此周围的液体就以极高的速度冲向气泡原来所占的空间，产生强烈的水力冲击，即水锤作用，其频率达每秒钟两三万次，使叶轮表面受到严重损伤。这种液体汽化、气泡产生和破裂的过程中所引起的一系列现象叫做汽蚀。汽蚀对泵起着严重的破坏作用，轻者使叶轮表面出现麻点，影响泵的效率、流量和扬程，重者击穿叶轮盖板和叶片。在汽蚀猛烈的时候，泵就完全中断工作。在汽蚀发生的时候，泵还会发出振动和噪声。因此，严格地说，泵是不允许在汽蚀状态下工作的。

5.6.1.7　离心泵的缺点

离心泵具有以下缺点：

(1) 启动前应先灌水。在一般情况下，离心泵启动前应先灌泵或用真空泵将泵内空气抽出。自吸离心泵使用前虽不必灌泵，但目前使用上还有局限性。

(2) 液体的黏度对泵的性能影响较大。当液体的黏度增加时，离心泵的流量、扬程、吸程和效率都会显著地降低。

(3) 流量、扬程有限制。离心泵在小流量、高扬程的情况下应用时受到一定的限制。

5.6.1.8　离心泵的构造

离心泵的结构形式很多，但其一般构造主要是由叶轮、泵体、密封环、轴封装置、托架和平衡装置所组成的。图 5-11 为一般的离心泵示意图。

离心泵能输送液体主要是靠装在泵体内叶轮的作用，它的形式有三种，即：闭式、开式、半开式，如图 5-12 所示。

泵体又叫泵壳，它的主要作用是将叶轮封闭在一定空间中，汇集由叶轮甩出

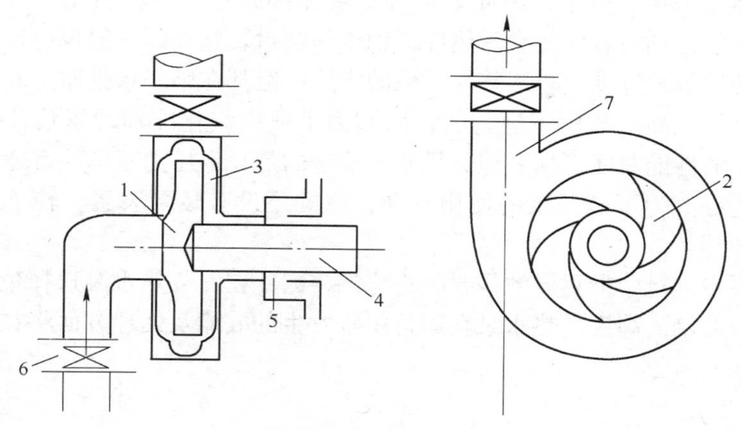

图 5-11　离心泵示意图

1—叶轮；2—叶片；3—泵壳；4—泵轴；5—填料箱；6—底阀；7—扩散管

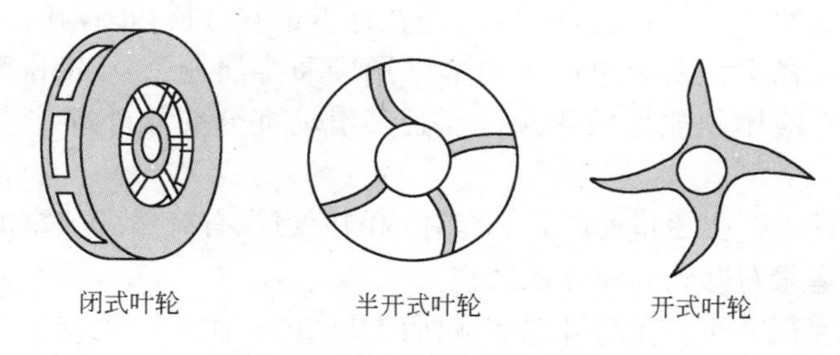

图 5-12　水泵叶轮示意图

来的液体导向排出管路，并将液体的一部分速度能转变为压力能，即增加它的压力。它是一个永受液体压力的零件。一般泵体有三种，即蜗壳形泵体、具有导叶装置的泵体和双层泵体。

密封环又叫口环，一般装在泵体上。与叶轮吸入口外圆构成很小的间隙，其主要作用是防止叶轮与泵体之间的液体漏损。

在离心泵中旋转轴从固定的泵体中伸出。为防止泵内的高压液体漏出，同时防止空气进入泵体内，所以设有轴封装置。轴封装置有填料密封、机械密封、浮动环密封三种形式。

为了调节离心泵的轴向力不平衡现象，设有平衡孔、平衡管和平衡盘等轴向平衡装置。

5.6.2　热水泵

转炉的汽化冷却器的供水是用给水泵和热循环水泵等来进行的。这是在高温高压下进行运转的泵。结构形式多为单级离心泵。由于这种泵的工作压力较高，进水温度多为104°C以上，因此要求接触液体部分零件的材质比一般离心泵的高，泵壳较厚，轴封装置要有耐热性，轴承和轴封装置外部一般设有冷却室通水冷却。有的轴承装置外设有散热片。泵的支撑一般都在轴心水平面上安装支架。

热水泵是在高温高压下运行的，因此为了适应汽化冷却装置负荷变化的需要，要求泵的性能曲线必须平坦。另外泵输送的是一定压力下的饱和水，因此要求气蚀性能好。为了延长泵的使用寿命，有的还设有暖泵装置、转子热补偿装置、再循环管等。

热水泵在运行中最重要的是要防止化汽，因此在安装热水泵选择位置时，一定要有充分的倒灌高度。热水泵在运行中常发生的故障及处理方面将在操作一章中介绍。

5.6.3 泥浆泵

对泥浆泵要求的最重要事项，是要有对固体颗粒的耐磨性，而且要采用不致被固体颗粒堵塞的泵内部的结构尺寸，即在这里也有材料和结构的问题。

在材料的选择上，要求泵的主要部件用硬质金属制造，当用普通金属制造时，其过流部分应用软质橡胶张贴，而且其滑动部分要从外部注入清水以防止磨损。

在结构设计上，要尽量使叶轮和泵体内的流道没有突然变狭窄的地方，以减小阻力，减轻泥浆对叶轮和泵体的磨损。

当叶片宽度很窄时，需将叶轮制成所谓开式的，由于叶轮与泵体侧壁的相对运动，通过叶轮的固体颗粒经常处于摇动状态。

5.7 汽化冷却及蒸汽回收系统的循环

5.7.1 循环的工作原理

汽化冷却及蒸汽回收系统的循环方式有两种，一种是有水泵的叫强制循环，一种是没有水泵的叫自然循环，如图5-13a和b所示。

强制循环的流程如图5-13a所示，其流程如后所述。软化水经泵站送到除氧器除氧后经水泵送入汽包，再由热水泵送到烟罩和烟道。当高温烟气从汽化冷却烟罩、烟道中心通过时，汽化冷却器无缝钢管内的热水被加热变成水蒸气，同时烟气得到冷却。水蒸气因其密度比水轻而上升，各个无缝钢管里产生的高压蒸汽进入集汽管，通过输汽管进入出汽总管，最后进入汽包。进入汽包的蒸汽一部分冷凝成水，存在汽包下部，经热水循环泵、进水总管、分水管、进水集管送回汽化冷却器的无缝钢管内；一部分蒸汽进入蓄热器储存。

不设水泵，只依靠蒸汽上升和冷凝水下降进行循环的方式被称为“自然循环”，如图5-13b为活动烟罩的水汽的“自然循环”。目前只有部分活动烟罩采用

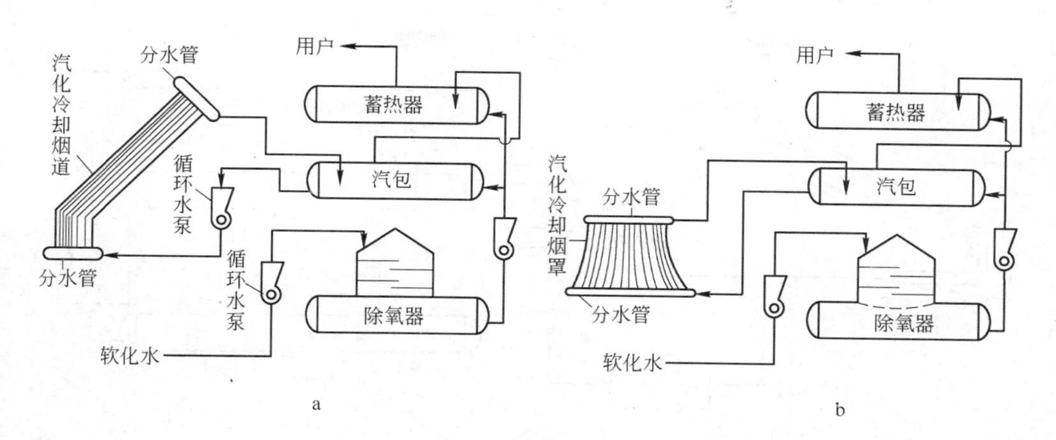

图5-13 汽化冷却及蒸汽回收系统的循环示意图
a—强制循环；b—自然循环

自然循环方式。

5.7.2 系统的排污

转炉烟气收集及余热回收系统的定期排污是保证系统安全运行，提高烟罩、烟道（余热锅炉）使用寿命，防止漏水，稳定生产秩序的重要一环。

当发生系统中管路，特别是余热锅炉的汽化冷却器的下联箱、进水总管、锅炉管结垢或沉积物堵塞时，系统的循环量就要减少，锅炉管温度必然升高，加速了锅炉管的氧化，缩短了使用寿命，还容易导致漏水事故。如果下联箱、进水总管堵死，就会使某一组或几组锅炉管形成“干烧”状态，急剧氧化，很快烧漏，不但影响生产，维修起来既费力又麻烦，甚至不得不停产更换余热锅炉的部件。因此，要求生产过程中每隔2h就要对锅炉系统进行一次排污。

同样，对除氧器、汽包、蓄热器等也必须定期排污。

为了尽可能将水中杂物在进入汽化冷却器之前去除，有的设计在软水箱与除氧器之间、除氧器与汽包之间和汽包与汽化冷却器之间增设并联的过滤器，如图5-14所示。并联过滤器是供水和清理交替进行。

当然，水源的水质应符合锅炉用水的标准，管路中应有过滤器，而且需定期清洗过滤网。

5.8 转炉烟气收集及余热回收系统的生产准备

本节内容是借鉴某150t复吹转炉的有关规程编写的，各厂应根据本厂的工艺、设备的具体情况结合自己的实践经验认真制定。

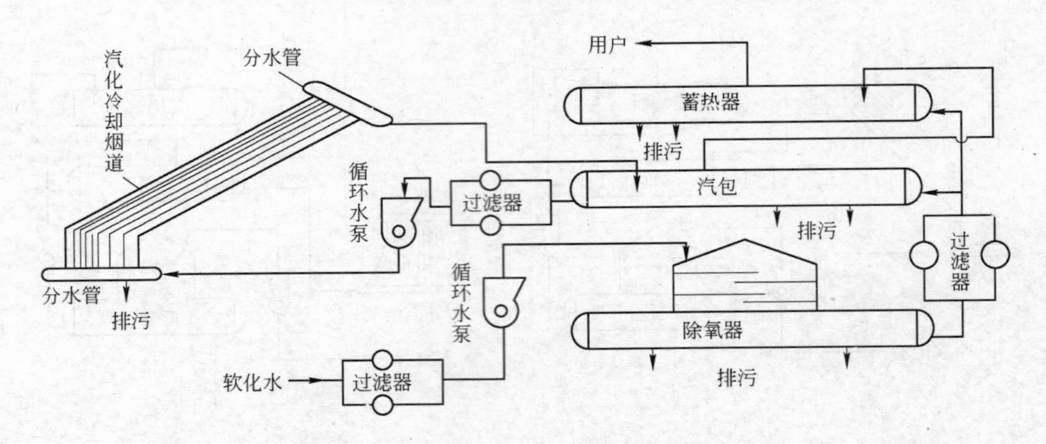

图 5-14　汽化冷却及蒸汽回收系统的排污设置

5.8.1　系统保温

系统保温包括：

（1）管路保温。为减少热能损失，应对系统的蒸汽管路用保温材料进行保温处理。

（2）仪表保温。在室外温度低于0℃以下的地区，特别是北方寒冷地区，转炉烟气收集及余热回收系统的仪表部分的取样管路用“伴热带”等进行保温，以免细小管路结冻甚至被冻裂，影响仪表的正常运行。

5.8.2　挂“指示牌”

转炉烟气收集及余热回收系统中，各种阀门的种类及数量繁多，为防止误操作及便于检修和维护，必须逐一指定名称、排出序号、挂上指示牌。

5.8.3　系统的清洗

新建或大修的转炉烟气收集及余热回收系统在施工结束后都必须进行认真的清洗。

虽然系统中的管材、部件及设备在出厂前有可能已经采取了清理、除锈、打压等措施并进行了密封，但是，由于运输、存放、施工等原因，可能产生锈蚀或施工时进入泥土、塑料、焊渣及施工杂物。如不认真清洗将导致系统堵塞，会给正常生产留下发生事故的隐患。

系统清理时首先将蓄水池彻底清扫冲洗干净，然后对系统各部管路、设施依次分段进行清理和冲洗。每次冲洗后都必须将过滤器的过滤网清扫干净，打开各部位的排污阀，将污泥排放干净。反复冲洗数次，直到最后过滤网上没有异物为止。

5.8.4　系统的水压试验

试压的目的是检查系统的严密性，观察在试验压力下承压部件有无严重残余变形和泄漏情况，保证在运行压力下系统运行的安全可靠性。

5.8.4.1　试压前的准备

试压前的准备工作包括：

（1）确定试压操作人员、监视人员、检查人员和联系方式。

（2）准备好必要的工具，如36V安全灯、手电筒、扳手、卷尺、粉笔等。

（3）校正汽包膨胀指示器，指示零位。

（4）安装好校验准确的压力表。

（5）对试压系统的设备、管路、阀门、人孔、手孔、支吊架、汽包活动底座、法兰等进行一次全面的外观检查，并做好记录，及时处理检查发现的问题

5.8.4.2　试压程序

试压程序为：

（1）关闭锅炉上、下联箱排污放水阀，汽包紧急放水阀和汽包连续排污阀；关闭汽包主汽阀和加药阀；关闭循环泵出口放水阀和母管放水阀。

（2）开启汽包空气阀、压力表和水位表联通阀；通知启动给水泵运行上水，开启汽包给水阀，缓慢给锅炉充水。当气温低于20℃时试压水温不得低于20℃。

（3）在充水过程中，应随时检查空气阀是否冒气。如不冒气，应停止充水。检查空气阀是否畅通，各排污放水、加药阀是否关闭严密，以及有无泄漏处。查明原因处理后继续充水。

（4）汽包空气阀冒水并无冒汽声音后，关闭给水阀停止上水。同时关闭空气阀。全面检查系统有无泄漏。观察汽包膨胀指示器的指示数值，并做好记录。

（5）无泄漏后进行升压。缓慢稍开给水阀，控制工作压力的上升速度为每分钟0.2～0.3MPa。

（6）升压过程中，每升高工作压力的10%时，停止升压，全面检查试压系统。检查出的缺陷应做好标记和记录，并放水进行处理。

（7）在接近工作压力时，升压速度更应减慢，并且要严格操作密切监视。当升压到工作压力时停止上水。再次对试压系统进行全面彻底的检查，并做好记录。

（8）通知仪表管理单位，关闭不进行超压试验的各表计；关闭汽包水位表联通阀。

（9）重新用电接点压力表给电磁脉冲安全阀定位（锅炉允许的最大压力

值）。从工作压力到试验压力间的升压速度控制在每分钟不超过0.2～0.3MPa。

（10）继续升压到超压试验压力，停止升压。5min内压力不变，然后降至工作压力再次全面检查。

满足上述条件为试压合格。

5.8.4.3　试压注意和严禁事项

试压注意和严禁事项为：

（1）在试压过程中，严禁在带压情况下敲打各部件及焊缝。

（2）承压部件有渗漏现象，如发现渗漏现象加重时，检查人员应迅速离开渗漏地点，并报告指挥打压人员。

（3）除弹簧压力表和电接点压力表外，其余系统各表计不参加超压试验。

（4）压力升至试验压力时停止升压，并停止给水泵运行。

（5）进行炉内检查时照明应充足，必须用安全行灯或手电。

（6）打压合格或停止打压，排水降压速度与升压速度相同应缓慢，严禁大开排水加快降压速度。

（7）气温低于－5℃时，水压试验必须有防冻措施。

5.8.5　余热锅炉煮炉

煮炉的目的是除掉锅炉管、汽包及循环管路中的油污、铁锈和水垢。提高锅炉的热效率，保证锅炉的使用寿命。

（1）药品及药量。可将系统的锈蚀程度分为1、2、3类。

1类：汽包、锅炉及管路从制造到安装结束，处于可靠保管之下，无腐蚀现象。

2类：汽包、锅炉及管路长时间露天存放，或制造安装完成后长期停用，无可靠防护措施，出现红色和黑色锈蚀层。

3类：汽包、锅炉及管路内部有严重铁锈和水垢。

按其不同的类别投放不同的药剂量，如表5-3所示。

表5-3　煮炉用药品及药量表

药品名称	加药量/$kg \cdot m^{-3}$		
	1	2	3
NaOH	2～3	3～4	5～6
Na_3PO_4	2～3	3～4	5～6

（2）煮炉方法：

1）药在溶解器搅拌溶解后，通过注入器打入汽包。

2）开启分汽缸阀，蒸汽回收阀组旁通阀，蒸汽直通阀，蒸汽母管联络阀，汽包汽阀。稍开汽包蒸汽电动阀组旁通阀。

3）蒸汽引入汽包后，启动1~2台循环泵运行。

（3）煮炉时阀与程序。

根据系统锈蚀程度分类，确定的煮炉程序见表5-4。

表5-4 煮炉时间与程序

序号	程 序	煮炉时间/h			备 注
		1类	2类	3类	
1	药品注入	3	3	3	
2	升压到0.3~0.4MPa	3	3	3	
3	紧固各人孔、手孔、阀门、法兰螺栓	12	12	12	每隔3~4h取炉水样一次，化验其碱度和磷酸根，若碱度小于100~200mg/L时需补加药
4	排污一次，排污量为水位表100mm水柱	1	1	1	
5	升压0.3~0.4MPa	8	12	24	炉水化验同前
6	升压0.6~0.8MPa，排污一次，排污量为水位表100mm水柱	2	3	3	炉水化验同前
7	升压到气泡压力的75%~100%，但是不超过2.5MPa	8	12	24	炉水化验同前
8	在上述压力下连续运行并多次进行排污，同时投入连续排污	16	19	39	每隔2~4h进行一次排污，排污前后各进行一次排污取样化验，连续排污每小时进行一次炉水碱度达到8~12mg/L时，可停止连续排污。当炉水磷酸根渐渐趋于稳定时煮炉结束
9	缓慢降压到0.3~0.4MPa	1	1	1	每次紧固各人孔、手孔、阀门、法兰螺栓
10	共计煮炉时间	54	62	108	

5.8.6 余热锅炉洗炉

煮炉结束后，降压运行，当炉水温度为50~60℃时，停止循环泵，全部放掉炉水。洗炉分为水冲洗和汽冲洗两种。

水冲洗：使系统内达到可能的最大压力流量。冲洗时间以排水处水色和透明度与入口处目测一致为合格。

汽冲洗：缓慢给汽暖管，后进行冲洗，冲洗压力为额定压的75%，最低不得低于25%，冲洗时间15~20min，至少冲洗两次，每次间隔6h。

无论水或汽冲洗，管路上的阀门除控制阀外均应全开。

5.9　转炉烟气收集及余热回收系统的运行操作

本节内容是借鉴某 150t 复吹转炉的有关规程编写的，各厂应根据本厂的工艺、设备具体情况结合自己的实践经验认真制定。

5.9.1　运行前的准备

（1）校验仪表。检查、校验系统内的各水位表、压力表、报警信号，应动作灵敏，指示清晰，数字准确。

（2）紧固螺栓。紧固系统内所有螺栓，试验各阀门应灵活好使。

（3）检测水泵。各水泵应盘车灵活，巴氏合金压盖松紧适度。轴瓦油盒清洁，油质合格，注油适量，电机接地良好，绝缘合格。

（4）关闭排污阀。清除除氧器水箱、汽包、蓄汽器内的杂物，关闭全部排污阀、人孔、检查孔。

（5）调好各安全阀。将各安全阀调整到规定放散压力。

（6）查漏。检查系统有无泄漏和堵塞。余热锅炉水冷管壁无变形，受热面无结渣和杂物，锅炉本体系统、上升下降管路支吊架受力均匀正常。

5.9.2　运行中的操作

上述准备工作完成后，依次打开各阀门，启动水泵，确认水泵运转正常，系统无泄漏。当各表计指示准确，各处水位、水压、水温符合要求，各安全阀动作灵活，极限准确时，系统方可投入正常运行。

锅炉汽包和循环泵的运行操作如下：

（1）冲洗校对水位表、压力表，保持清晰易见、准确。

（2）吹氧炼钢前保持汽包水位在规定值范围内，一般为 40% ~55%，吹氧炼钢运行中用电动给水阀控制汽包水位在 55% ~70%，水位高低要及时调整，电动失灵时，用手动给水阀调整给水量。汽包安全水位极限为高 80%，低 30%。

（3）密切注意压力变化情况，用电动阀控制调整压力不超过极限值(2.6MPa)。如电动阀失灵，分别手动给电开启电磁脉冲安全阀、电动安全阀或手动安全阀。

电磁脉冲安全阀有定压值（120t 转炉的电磁脉冲安全阀定为一个 2.6MPa，一个 2.55MPa)。压力超高时先后自动开启，如自动失灵，分别手动给电开启电磁脉冲安全阀、电动放散阀或手动放散阀。

（4）压力不降或继续上升，应立即通知炉前提枪并将转炉摇到前倾 45°处等待。查明原因处理正常后方可继续运行。

(5) 根据炉水品质决定排污量。排污时先开第一道阀门，后开第二道阀门。停止排污时先关第二道阀门，后关第一道阀门。下联箱排污每班不少于三次，每次1~2min。排污要在停吹期间进行。

(6) 注意锅炉管壁温度升高情况，最高不得超过350℃。达到或超过350℃时，应立即通知炉前提枪并将转炉摇到前倾45°处等待，查明原因，处理正常后方可继续运行。

(7) 强制循环锅炉水流量不得低于（120t转炉）300t/h，流量低时要及时启动备用泵运行。同时要查明原因，及时进行处理。

(8) 备用循环泵开启后，要随时观察泵的运行状况，发现问题及时处理。循环泵轴承油箱要及时加油或换油，保证油质和油量。调整油箱冷却水使油温在25~65℃之间。

(9) 注意检查水泵，电机运行应无杂音和振动，电机、轴承温度不超规范规定。

(10) 检查各人孔、手孔、法兰、水位表、水泵密闭材料，水冷壁管和系统管路应无泄漏。

5.9.3 蓄热器的运行操作

蓄热器的运行操作如下：

(1) 冲洗校对水位表、压力表，保持清晰易见，指示准确。

(2) 蓄热器水位保持在可见度之内，水位高低变化时，要及时排水或补水。

(3) 控制每台蓄热器内压力在管网压力与蓄热器安全压力之间，根据各厂情况，输出压力一般不大于1~1.5MPa，如电动失灵，手动开启旁通阀控制压力。

(4) 重砣式安全阀有定压值。压力超高时，应自动开启安全阀放散或开启放散阀组电动阀放散。如电动失灵，手动开启旁通阀放散。

(5) 分汽缸泄水阀见汽后关闭。

(6) 分汽缸压力不得高于蓄热器的输出压力，达到或超过蓄热器的输出压力时，应调整分汽缸入口阀组或开启放散阀组进行放散。

(7) 开闭各阀时要缓慢，防止冲击振动。

(8) 检查人孔、法兰、水位表、系统管路应无泄漏。

5.9.4 给水泵的运行操作

给水泵的运行操作如下：

(1) 给水泵运行中随时注意电机电流、水泵压力波动情况。及时调整再循环阀保证压力和流量，确保电流不超规范规定。

（2）在用两台给水泵时，应及时调整两台泵的压力，电流保持平衡。

（3）轴瓦要经常加油或换油，保证油质和油量，油环带油良好。

（4）调整冷却水量，使油温在规定值内（一般为25～65℃）。

（5）检查平衡管畅通无阻。

（6）水泵、电机运行应无杂音和振动。确保电机、轴承温度不超规范规定值。

（7）备用泵出入口阀应常开，随时准备启动运行。

（8）注意检查系统管路、法兰、水泵密封材料应无泄漏。

5.9.5　除氧器的运行操作

除氧器的运行操作如下：

（1）冲洗校对水位表、压力表，保持清晰易见，指示准确。

（2）运行中保持水位在规定范围内，高于上限应停止上水，低于下限应联系给软水泵启动上水。

（3）用蒸汽电动阀调整控制除氧器压力在0.02～0.023MPa，保证水温在100～104℃。水中含氧量不高于0.05mg/L，如电动失灵，用旁通阀控制压力，保证水温在100℃以上。

（4）两台水泵运行要调整好压力和电流平衡。

（5）注意检查人孔、法兰、水位表、系统管路等应无泄漏。

5.9.6　软水泵和软水箱的运行操作

软水泵和软水箱的运行操作如下：

（1）冲洗校对水位表，保持清晰易见，指示准确。

（2）注意检查高低水位信号报警是否准确。总进水电磁阀开闭灵活好使。

（3）备用泵出、入口阀必须常开。

（4）软水泵倒泵时必须先开后停。

（5）水泵、电机运行应无杂音和振动。电机、轴承温度不超规范规定值。

（6）注意检查系统管路、法兰、水箱水位表，密封材料应无泄漏。

5.9.7　运行中注意事项

运行中需注意的事项如下：

（1）对设备技术性能不熟，不懂有关规程的人员严禁操作。没有进行开炉前检查、试车，严禁操作。

(2) 严禁设备、管路在强烈振动、泄漏等危及人身、设备安全的情况下运行。

(3) 锅炉三大安全装置之一失灵时严禁运行。

(4) 严禁锅炉严重满水和严重缺水运行。发现锅炉严重缺水（即干锅）时，严禁立即补水。

(5) 严禁锅炉超温超压运行。严禁锅炉循环水流量在低于规定值的情况下运行。吹炼期严禁下联箱排污。

(6) 严禁锅炉在漏水情况下长时间运行。

(7) 严禁蓄热器满水、缺水和超压运行。严禁分汽缸超压运行。严禁除氧器超温、超压、降温、降压运行。除氧器水位低于规定值下限时，严禁给水泵启动运行。

(8) 给水泵运行时严禁大开除氧器伴热管阀。电机温度等于或高于规定温度上限时严禁启动。

(9) 严禁水泵低负荷运行、超负荷运行和空负荷运行。严禁水泵反转。

(10) 水泵和电机冒烟、冒火、放炮、跑漏电、摩擦、超温、化汽、异音、严重振动情况下，严禁运行。

5.9.8 设备清扫

设备清扫要求为：

(1) 每班至少对所属设备、环境卫生全面清扫、擦拭两次。

(2) 汽包、蓄热器、除氧器、软水箱等无积灰、无油污。

(3) 电动机、泵体、阀门达到无灰无油污见本色。

(4) 压力表、水位表无灰无垢，清晰可见。

(5) 设备周围地面清洁，无杂物，无积水。

(6) 锅炉上联箱每周放水冲洗一次，每次清扫2～3min。

(7) 软水箱内部每年清除积泥、铁锈一次，每周排污一次，每次清扫2～3min。

(8) 除氧器和除氧水箱每年除锈清扫一次。每周排污一次，每次清扫2～3min。

(9) 若除氧器至汽包、汽包至锅炉之间设置有并联过滤器，应每周交替清洗一次。

5.10 转炉烟气收集及余热回收系统的事故处理

本节内容是借鉴某150t复吹转炉的有关规程编写的，各厂应根据本厂的工艺、设备具体情况结合自己的实践经验认真制定。

5.10.1 循环水泵化汽

（1）循环水泵化汽的表现为：循环水流量下降，波动大；循环泵电流下降，波动；循环泵窜轴，泵内有杂音；锅炉管壁温度开始升高。

（2）处理方法为：

1）启动备用泵运行。

2）备用泵运行正常后，停止化汽泵。调整两台运行泵电流，压力平衡。

3）保证锅炉压力不超高的情况下，控制锅炉蒸汽输出量，维持汽包最慢降压速度。

5.10.2 给水泵化汽

（1）给水泵化汽的表现为：给水泵电流下降，给水压力下降，泵内有杂音。

（2）处理方法为：

1）启动备用泵运行。

2）停止化汽泵运行。

3）两台泵运行，调整好电流和压力平衡。

4）关闭化汽泵出口阀，开起放气丝堵盘车。排出气体后关闭。时间允许可使其自然冷却。

5）全面检查化汽泵是否由于化汽造成磨损等故障。

5.10.3 蓄热器满水

（1）蓄热器满水的表现为：蓄热器水位表发暗，看不清水位；蓄热器和所属蒸汽管发生振动；蓄热器和分汽缸压力波动；蒸汽流量波动；外供汽大量带水。

（2）处理方法为：

1）冲洗校对水位表，确定是否满水。

2）一台蓄热器满水，关闭其入口阀，开排污阀。水位正常后关排污阀开启入口阀。

3）全部蓄热器同时满水，关闭蒸汽入口阀，开启蒸汽放散阀，停止外供汽进行放散。

4）开启蓄热器排污阀，开大分汽缸疏水阀。

5）向有关领导汇报，由领导决定蓄热器水位正常时，是否开启蒸汽入口阀，关闭蒸汽放散阀进行正常蒸汽回收。

6）关小分汽缸疏水阀，保证外供气正常。

5.10.4 除氧器减水

（1）除氧器减水的表现为：除氧器水位低于允许值继续下降；给水泵运行正常，突然化汽。

（2）处理方法为：

1）冲洗校对水位表，确定是否减水。

2）确定减水后，通知给水泵停泵。并通知汽包岗位工人，严密监视汽包水位。

3）增加除氧器上水量，开启伴热管总阀进行加温。

4）查找和处理减水原因。

5）水位正常后，关闭伴热管总阀。立即通知启动给水泵给锅炉上水。

6）除氧器处理减水事故，给水泵停运期间，汽包保持不了可见水位应做紧急停炉事故处理。

5.10.5 锅炉轻微缺水和轻微满水处理

（1）锅炉轻微缺水的处理。冲洗校对水位表，用“叫水法”叫水，可见水位时为轻微缺水。

1）确定轻微缺水后，应加大给水量，并严密监视水位。

2）全面检查锅炉水冷壁，循环管路有无泄漏。

3）关闭所有排污放水阀，全面检查汽包排污、加药，上、下联箱排污情况，循环泵出口和母管放水阀是否关闭严密。

（2）锅炉轻微满水处理。冲洗校对水位表。用“压水法”压水，能看清水位时为轻微满水。

1）确定轻微满水后，应关闭给水阀停止供水。

2）开启汽包排污阀和上联箱放水阀放水，并严密监视水位。

3）水位正常后，关闭汽包排污阀和上联箱放水阀。

4）注意水位波动情况，根据水位及时继续给水。

5）经处理仍看不清水位应做紧急停炉事故处理。

5.11 紧急停炉事故

在系统发生下列事故时，应采取紧急停炉措施，并进行处理。

5.11.1 锅炉严重缺水

锅炉严重缺水的现象为：

（1）汽包水位表发白、亮，看不见水位。

（2）操作室水位表无指示。

（3）蒸汽流量明显增加，大于给水流量，或蒸汽流量先增加后下降。

（4）锅炉出口烟气温度升高。

（5）锅炉管壁温度升高或水冷外壁油漆冒烟，有糊味。

（6）锅炉循环水流量下降，循环泵电流波动大或泵化汽。

（7）一文温度升高。

锅炉严重缺水的处理方法为：

（1）冲洗校对水位表，用叫水法叫水，如见不到水位确定为严重缺水。

（2）确定严重缺水后，立即通知炉前，提枪倒炉45°，严禁向锅炉内补水。

（3）全面检查锅炉水冷壁有无塌落、裂管、过热、严重变形现象。

（4）待锅炉自然冷却后，由车间主任、主管工程技术人员、工段和值班长确定上水时间。

（5）上水后全面检查水冷管有无泄漏现象。

（6）由有关部门决定锅炉继续运行和炼钢时间。

5.11.2 锅炉严重满水

锅炉严重满水的现象为：

（1）汽包水位表发暗，看不清水位。

（2）操作室水位表指示最高位置。

（3）给水流量增大，蒸汽流量减小。

（4）汽包压力指示值波动。

（5）汽包和蒸汽管路严重冲击振动。

（6）从汽包和蒸汽管路法兰漏汽处开始漏水。

（7）蓄热器水位不正常的升高。

锅炉严重满水的处理方法为：

（1）冲洗校对水位表，用压水法压水，如看不清水位，确定为严重满水。

（2）确定严重满水后，立即通知炉前提枪。

（3）关闭给水阀，停止锅炉上水。

（4）开启汽包，上下联箱排污阀进行放水。

（5）全面检查汽包，蒸汽管路有无移位、拉断、裂纹、严重泄漏等现象。

（6）汽包水位正常后，关闭汽包、上下联箱排污阀。

（7）由工段或值班长确定继续运行炼钢时间，并通知炉前。

5.11.3 锅炉严重漏水

锅炉严重漏水的现象为：

(1) 给水流量增大，汽包水位下降。

(2) 锅炉出口烟温不正常地下降。

(3) 炉口烟气大量外冒。

(4) 净化一文、二文温度不正常地升高或下降。

(5) 汽包水位下降，保持不了可见水位。

锅炉严重漏水的处理方法为：

(1) 冲洗校对水位表，用叫水法叫水确定水位。

(2) 确定是严重漏水，需通知炉前提枪倒炉，确定是轻微漏水，要继续加大给水，汇报工段、值班长、厂调决定是否继续吹炼，并严密监视水位。

(3) 全面检查汽包排污、加药情况，锅炉上下联箱排污阀是否关闭严密，有无泄漏现象。

(4) 保持不了可见水位，需通知炉前提枪停炉。

(5) 对锅炉进行全面检查，处理正常后方可继续吹炼。

5.11.4 紧急停炉原因

凡属下列情况之一，需做紧急停炉，处理试验正常后方可继续进行吹炼。

(1) 压力表全部失灵。锅炉压力表全部失灵，无法辨认锅炉压力时，需做紧急停炉。

(2) 水位表全部失灵。锅炉水位表全部失灵，无法辨认锅炉水位时，需做紧急停炉。

(3) 安全阀全部失灵。锅炉安全阀全部失灵，无法保证锅炉安全运行时，需做紧急停炉。

(4) 循环泵跳电或发生故障。锅炉循环泵跳电或发生故障，锅炉循环水流量低于允许值时，需做紧急停炉。

(5) 锅炉循环管路破裂。锅炉循环管路破裂时，需做紧急停炉。

(6) 锅炉压力超高。锅炉压力超高时需做紧急停炉。

(7) 给水管故障。给水管路破裂或系统设备故障，汽包保持不了可见水位时，需做紧急停炉。

(8) 蒸汽管路破裂。蒸汽管路破裂或严重振动危及人身设备安全时，需做紧急停炉。

5.12 锅炉漏水及处理

5.12.1 锅炉漏水的危害

锅炉漏水对转炉烟气收集及余热回收影响较大，轻微的漏水会因为水汽在高温下分解而增加烟气中的氢和氧的含量，减少煤气回收量。在干法除尘中可能引起静电除尘器泄爆，影响生产。

漏水严重时，水可能进入转炉内，当水进入钢液内部时会引起爆炸。

5.12.2 锅炉漏水的原因分析

具体如下：

（1）内应力的作用。锅炉管之间、锅炉管与氧枪口和下料口水套之间的焊缝处受热后产生应力导致焊口开裂。

（2）机械磨损。锅炉管受到烟气，特别是烟气中铁、渣粒的冲刷而严重磨损，使锅炉管漏水。

（3）高温氧化：

1）锅炉管使用时间太长，内侧表面长期接触高温氧化性烟气而发生氧化腐蚀，产生漏水。

2）锅炉水水质不好导致锅炉管内壁结垢，降低了锅炉管的热导率，加剧了靠近烟气的锅炉管内侧氧化，产生漏水。

3）锅炉水水质不好且没有按设备维护规程要求定时开启排污阀排污，最后造成某些锅炉管单元的下联箱堵塞，形成“干烧”现象，使靠近烟气的锅炉管内侧迅速氧化，产生漏水。

5.12.3 锅炉漏水的事故处理

（1）锅炉补焊程序为：

1）打开排水阀和排污阀，放净锅炉内的水。

2）进行锅炉焊补作业。

3）给锅炉送水，检查补焊处是否漏水，不再漏水则可准备生产。如果仍有漏水或湿润需重复上述程序继续补焊。

（2）锅炉严重漏水：

1）发生锅炉严重漏水时必须马上提枪。

2）迅速将锅炉水放净。

3）确认转炉内的积水全部蒸发净以后方可动炉。

4）按锅炉补焊程序补焊。

（3）锅炉汽化冷却管的补焊方法：

1）内应力裂纹可直接补焊。

2）机械磨损产生的漏点一般情况下可直接补焊，若漏点面积较大应该进行“挖补”。双层重叠结构排管的内侧可采用“开天窗”的方式补焊。

3）高温氧化产生的漏点面积较大，锅炉管壁已经很薄，直接补焊的方法难以奏效，需要采用贴补的办法，就是将新管材破开后扣在有漏点的管上进行焊补。

4）“干烧”后发生漏水的锅炉管，往往漏水的情况比较严重，且管壁很薄，甚至整个单元都有损伤。此时应采取贴补的办法，有备品时应考虑局部或整体更换。

5.13　转炉烟气收集及余热回收系统循环泵的维护和检修

循环泵是保证转炉烟气收集及余热回收系统水循环的主要设备，其运行状态直接关系着系统的正常运行和设备、人身安全。因此循环泵的保养和维护是保证转炉炼钢正常生产的重要环节。

5.13.1　运行中注意事项

运行中的注意事项包括：

（1）水泵运行中随时注意电机电流及水泵压力波动情况，及时调整压力、流量，确保电流不超过规定值和供水流量值在允许范围内，并检查泵及电机的振动情况，是否有异音，发现问题及时汇报。

（2）倒泵操作时，应先启动备用泵，备用泵运行正常后再停止原先运行的泵，禁止转炉吹炼期停泵。

（3）密切注意汽包、除氧器、蓄热器压力变化情况，用电动放散控制压力，如电动阀失灵，手动放散调整压力。

（4）密切注意汽包、除氧器、蓄热器水位变化情况，用电动阀控制水位，如电动阀失灵，手动阀调整水位。

检查各人孔、水位表、压力表，烟道和系统管路有无泄漏，并向值班长汇报检查情况。

（5）上联箱每周排污一次，每次2～3min；下联箱排污每班不少于两次，每次1～2min，排污在非吹炼期间进行。

（6）开闭各阀时要缓慢，防止冲击振动，开关闸板阀时要锁紧，防止振动窜位。

5.13.2　汽化冷却系统设备维护规程

汽化冷却系统设备维护规程具体如下：

（1）巡回检查。严格执行巡回检查制度，发现异常及时处理和汇报，并做好记录。

（2）润滑。岗位工人每半个月对阀门丝杆加标准润滑油一次。

（3）干油润滑。干油润滑：每半年清洗更换一次；稀油润滑：每三个月清洗更换一次，并及时对缺油部位进行补油。

（4）清扫。对设备及现场定期进行清扫，保持好环境卫生。

5.13.3　泵检修规程

泵检修规程如下：

（1）检修周期：

小修：根据设备实际缺陷决定。

中修：按炉役修周期进行。一般一年一次。

大修：三年一次。

（2）检修范围：

1）对泵组进行小部分的分解检查。

2）处理漏水、漏汽和渗油，更换机械密封。

3）调整机件间隙处理窜轴，更换轴承、轴套，修理或更换泵轴、叶轮、轴承箱。

4）调整或更换联轴器磨片和垫圈。

5）紧固各部螺栓，更换润滑油等。

6）清洗换热器。

7）修理或更换局部管道及阀门。

8）疏通或部分更换冷却水管，扫除电动机等。

9）据图纸技术要求，组装恢复设备精度。

10）对泵体、电机进行检修或更换，对机座和基础垫进行调整修理。

（3）检修质量标准：

1）泵轴径向跳动允差值：中间不大于0.05m，两端不大于0.02mm。

2）叶轮轮面偏斜允差值不大于0.3mm。

3）叶轮密封环径向间隙配合允差值为0.45～0.7mm。

4）滚动轴承与轴配合过盈量为0.002～0.036mm。

5）滚动轴承与轴承体配合过盈量为0.013～0.035mm。

6）联轴器找正的同轴度允差值：径向不大于0.10mm，轴向不大于0.10mm。

7）机械密封安装后无漏水、漏气现象。

（4）检修中的注意事项包括：

1）根据检修的内容提前查阅资料，查出检修需要的技术参数，并准备好备品备件、检修工具。

2）与运行人员联系停水停泵，切断电源，挂上“检修操作”牌后，方可施工。

3）联轴器、叶轮必须用专用工具拆卸，不可直接用大锤击打。

4）装拆滚动轴承时严禁直接用锤击，轴承热装时加热温度不准超过100℃。

5）检修中不得碰伤各零部件的加工表面。

6）拆卸零部件要按先后顺序，并打上“印记”同连接螺栓一起放到合适地点。

7）清洗轴承箱，轴承及主要零件应用煤油彻底清洗干净。

8）工作告一段落或结束时，必须清理现场做到工完场净。

（5）验收标准为：

1）各零部件和安全装置安全紧固。

2）水泵、电机本体的振动应符合规定的允许振动值。

3）水泵、电机、轴承无摩擦声响，其温度、温升不得超过规定的额定值。

4）水泵转子的窜动量应符合技术要求。

5）泵组各零部件的结合面，管路法兰处无水渗漏现象，密封符合泄漏要求。

6）轴承箱无漏油、甩油现象。

7）冷却水管畅通。

8）各阀门开关灵活，无漏水现象。

9）压力、流量、电流达到技术要求。

10）电气验收标准见电气部分有关规定。

（6）试车标准为：

1）检修单位向验收单位递交检修记录与技术数据。

2）验收单位认为检修数据符合技术规程规定、设备完整、环境清洁，经确认无误后，按操作规程进行启动试车。

3）试车时间不应小于4h。

4）试车期间应加强维护和观察，及时发现问题及时处理，必要时停泵处理。

5）经过试车，进行两次检查，若无异常则进行验收。

（7）试车运行发现下列情况之一者不予验收：

1）轴承温度超过允许值。

2）泵及附属设备的振动超过允许值。

3）电机、水泵声音有异常。

4）水泵漏水、漏气，冷却水不通。

5）轴承箱漏油。

6）水泵窜轴超过允许值。

（8）可能发生故障及解决方法：

1）水泵不吸水，压力表指针剧烈跳动。

原因：注入水泵的水不够，进水管与仪表等处漏气。

方法：再往水泵内注水，拧紧堵塞漏气处。

2）水泵出口有压力而水泵不出水。

原因：出水管阻力太大，出口阀没打开，水泵转速不够。

方法：检查出口阀门，调整转速。

3）流量不足。

原因：水泵入口淤塞，转数不足，叶轮内有杂物，叶轮口环脱离。

方法：清洗水泵入口及管子，提高转数，叶轮口环重新紧固定位。

参考文献

[1]《氧气转炉烟气净化及回收设计参考资料》编写组．氧气转炉烟气净化及回收设计参考资料[M]．北京：冶金工业出版社，1975.

6 转炉烟气净化的理论及主要设备

烟气净化的目的是在进一步对转炉烟气进行降温的同时，将烟气中的尘与气分开，最终使烟气中的含尘量达到或低于煤气回收和烟气排放的标准。

在第4章中已经介绍过，使烟气中气与尘分离的方法宏观看有三种，即湿法、干法和干湿法。

湿法除尘时利用水或水汽将烟气中的尘先吸纳到水中，从而使尘与气分离，然后再用各种脱水的办法将尘与水分离，水可以循环使用，尘也可以回收利用。常用的工艺设备有喷淋塔、洗涤塔、文氏管、脱水器、丝网除雾器等。

干法除尘的粗除尘是利用水汽除尘，但是除尘后水汽全部蒸发，或利用重力、惯性除尘，分离出来的尘是干燥状态；而精除尘是利用布袋过滤、静电等方法将烟气中的尘与气分离，全系统分离出来的尘都是干燥的。

干湿法的除尘是一种特殊的除尘设备，粗除尘采用干法，精除尘采用湿法，分离出来的尘既有干尘又有泥浆，故称为干湿法。

6.1 烟气净化的理论基础[1]

6.1.1 密度差的利用

烟尘和水滴之所以能与气体分离是由于它们之间存在粒径差和密度差。烟气中悬浮的固体烟尘和水滴虽然都是非常微小的颗粒，最小的粒径为10^{-4}mm，但气体分子的平均有效直径仅为10^{-7}mm，即烟尘和水滴的粒径比气体分子大1000倍左右。

烟尘的密度达4000kg/m^{3}以上，水的密度为1000kg/m^3，而标准状态下气体的密度仅约为1.5kg/m^3，即烟尘和水滴的密度也比气体大1000倍以上。

由于烟尘和水滴与气体之间存在粒径差和密度差，即有可能利用过滤、沉降等方法使它们分离，达到净化的目的。

6.1.2 利用凝聚方法促进烟尘颗粒长大

氧气转炉炼钢生成的烟尘非常微小，特别是燃烧法的烟尘，粒度大部分小于1μm，即使是“未燃法”，烟尘中小于40μm的颗粒约占60%。粒度小的烟尘难以直接进行过滤分离，同时小于1μm的颗粒在悬浮系中作布朗运动，更不利于沉降分离，而且在烟气净化过程中，气流速度较大，如烟尘的沉降速度小于气流速度则烟尘来不及沉降而会被气流带走，所以必须创造一定的条件，如促使烟尘凝聚，增大粒径和沉降速度，控制气体流速等才能真正实现烟气的净化。

为了促使烟尘凝聚，通常采用向烟尘中喷水的办法。利用水的雾化使固体的烟尘润湿，润湿的烟尘在碰撞过程中不断凝聚使之增大粒径。此时，雾化的水滴粒径越小，它在悬浮系中的总表面积就越大，被水滴捕集到的烟尘颗粒也越多，越利于捕集小于1μm的细尘粒。

工业试验表明，水滴的粒径 D 与烟尘的粒径 d 之比应不大于100，即 $D \leqslant 100d$。而且研究表明，颗粒的凝聚速度与颗粒数量的平方成正比。为了使烟气中小于1μm的细尘迅速凝聚，悬浮系内颗粒的浓度应为 $10^6 \sim 10^7$ 粒/cm^3，因此，采用湿法净化时，必须保证一定的喷水量并使水充分雾化，同时，为了增加颗粒的碰撞频率，促进颗粒的凝聚，应保证气流有足够大的速度。

6.1.3　利用重力沉降和离心沉降

凝聚的烟尘和水的颗粒与气体的分离主要利用烟尘和水滴的重力沉降或离心沉降。重力沉降是在烟气流动过程中利用烟尘和水滴的自重向下沉降而与气体分离。

沉降过程中，颗粒同时受自身重力、气体浮力和摩擦阻力的作用，沉降速度主要取决于烟尘和水的颗粒粒径以及它与气体的密度差。粒径的密度差越大，则沉降速度越快。为了使烟尘和水的颗粒不被烟气带走，烟气在长度为 L、高度为 H 的分离器内的停留时间 $t_{停留}$（$t_{停留} = L/W_{流动}$，$W_{流动}$ 为烟气流速）应大于颗粒沉降所需时间 $T_{沉降}$（$T_{沉降} = H/W_{沉降}$，$W_{沉降}$ 为颗粒的沉降速度）。而在烟尘进入旋风分离器做旋转运动时，烟尘和水的颗粒由于离心力的作用被甩向器壁后贴壁面滑落而与气体分离，为了提高离心沉降的分离效果，应控制较高的气流速度。但当气流速度过大时，颗粒冲击器壁时可能被破碎而被气流带走，也会降低分离效果。

6.1.4　利用静电除尘

由于气体在强电场作用下能被电离，故也可利用电除尘的方法使烟气净化。

6.2　文氏管

6.2.1　文氏管除尘降温原理

文氏管除尘是湿法除尘中一种常见的重要除尘设施，既可以用于粗除尘，也可以用于精除尘。

它之所以能除尘，是在文氏管喉口附近通过喷头喷入一定量的水，借助烟气在喉口产生的高速气流，将水击成细小的水滴，再和悬浮的烟尘颗粒接触，因而颗粒被水滴“捕捉”，这些已经“捕捉”烟尘的水滴被文氏管后的脱水器除掉，即达到净化烟气的目的。

文氏管的除尘过程可具体地分以下三个步骤加以说明：

（1）水的雾化。喷入文氏管内的液体，在喉口管段内被流速高达 60～100m/s 的气流所撞击而雾化，气体速度越大，液滴越小，雾化程度越高，则灰尘越易结成较原来大得多的尘粒，因此除尘效率随之增高。原始烟尘粒度越大，除尘效率越高。

（2）含尘液滴凝聚。尘粒与液滴接触凝聚成较大的颗粒，便于除去。尘粒与液滴的接触主要依靠它们之间的有效碰撞，因此，要求在喉口管段内的气流所造成的湍流程度要高，其雷诺数 Re 要在 0.16×10^6 以上，而且液滴直径与尘粒直径之比要小于或等于 100。在此条件下，将促使微粒也作强烈紊乱运动，于是互相碰撞使尘粒凝聚成大颗粒。此外，对于小于 1μm 的尘粒除湍流碰撞凝聚外，尚有部分扩散和静电现象所造成的凝聚。

（3）气、液分离。聚成大颗粒的含尘液滴进入脱水器进行气液分离，这一部分的功能通过脱水器来完成。

6.2.2 文氏管的结构及主要几何参数选择[2]

文氏管本体是由收缩段、喉口段和扩张段所组成的，如图 6-1 所示。

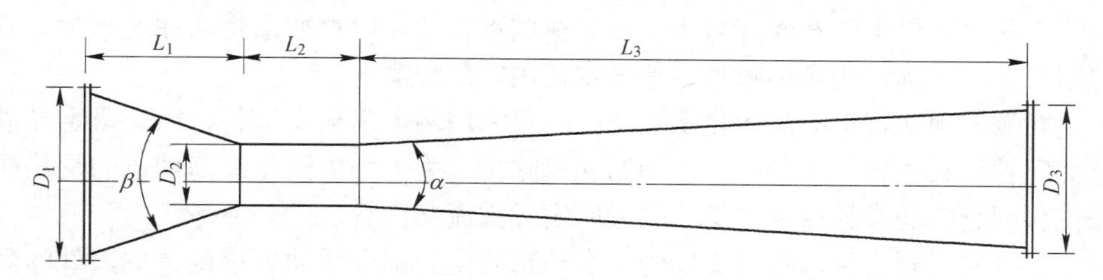

图 6-1 文氏管结构示意图

L_1—收缩段长度；L_2—喉口段长度；L_3—扩张段长度；

D_1—收缩段直径；D_2—喉口段直径；D_3—扩张段直径

文氏管的几何形状，即收缩角和扩张角选择不适合时，会造成大的阻力损失，根据实验推荐，收缩角：$\beta=20°\sim30°$，扩张角 $\alpha=6°\sim8°$。根据烟气入口流速，推荐的烟气喉口流速，文氏管出口气体体积可确定喉口直径。再根据喉口直径、入口管道直径及收缩角可确定收缩长度 L_1：

$$L_1 = 1/2(D_{入口} - D_{喉口})\cot(\beta/2) \tag{6-1}$$

根据文氏管出口管径、喉口直径及扩张角可确定扩张段的长度 L_3：

$$L_3 = 1/2(D_{出口} - D_{喉口})\cot(\alpha/2) \tag{6-2}$$

喉口段长度 L_2 一般小于或等于喉口管内径，喉口段越长，除尘效率越高，但阻力也就越大。

6.2.3 文氏管的分类

文氏管是常见的除尘设备，种类繁杂，可按断面形状、喉口部位的装置、供水方式、水的位置来划分。

(1) 文氏管按断面形状来划分。文氏管按断面形状来划分，有圆形文氏管和矩形文氏管。

(2) 按喉口部位的装置划分。文氏管按喉口部位的装置来分，喉口部分无调节设备，即喉径固定的，称为定径文氏管；喉径部分装有调节设备，即喉径可调节的，称为调径文氏管，即可调喉口文氏管。

(3) 按供水方式来划分。从供水方式来区分，有预雾化和不预雾化两种。不预雾化的方式阻力损失较大，这是由于气流的一部分能量用于将液体粉碎成雾滴。

(4) 按喷水的位置划分。从喷水的位置划分，有内喷及外喷两种。内喷时喷嘴设置于文氏管的中心线上，或设置在喉口处，或设置于喉口前。外喷时喷嘴设置于喉口的四周，呈辐射状喷入，若文氏管断面是矩形，则喷嘴设置于两个长边。一般来说，内喷水比外喷水的冷却和除尘效果要好，阻力损失较小。但是，内喷水的喷嘴供水管背面容易集尘，需在供水管背面设置冲水管来冲洗集尘，以防堵塞。内喷水常用碗形喷嘴，外喷水常用针形喷嘴。

在氧气顶吹转炉湿法净化系统中，一般采用两个串联文氏管，第一级定径溢流文氏管，其主要作用是灭火、降温和粗除尘。为了解决汽化冷却烟道的受热膨胀位移问题，通常加溢流水封，故又叫定径溢流文氏管。

二级文氏管为可调喉口文氏管，实现精除尘并配合活动烟罩调节炉口处的微差压，提高回收煤气的质量。

文氏管由文氏管本体、雾化器和脱水器三部分组成。定径、调径文氏管的结构类型、供水方式如表6-1所示。

表6-1 定径、调径文氏管结构及供水方式

序号	断面形状	喉 口	供 水 方 式	备 注
1	圆形	定径	辐射式外供水，不预雾	用于粗除尘（一段），需加溢流
2	圆形	定径	辐射式外供水，不预雾	用于粗除尘（一段），需加溢流
3	圆形	定径	预雾，内喷（碗形喷嘴）	用于粗除尘（一段），需加溢流
4	圆形	定径	预雾，内喷（螺旋形喷嘴）	小文氏管，用于精除尘（第二级）
5	圆形	定径	中心喷嘴供水；溅泼板雾化	用于精除尘（第二级）
6	矩形	定径	两侧外喷，溅泼后二次雾化	用于精除尘（第二级）
7	圆形	重砣调节，上下移动	预雾，内喷，倒装	用于精除尘（第二级）

续表 6-1

序号	断面形状	喉口	供水方式	备注
8	圆形	重砣调节，上下移动	预雾化，内喷，顺装	用于精除尘（第二级）
9	矩形	翼板调节，两侧移动	两侧喷水，不预雾	用于精除尘（第二级）
10	矩形	翼板调节，两侧移动	中心喷水	用于精除尘（第二级）
11	矩形	滑块调节，两侧移动	两侧喷水，溅泼雾化	用于精除尘（第二级）
12	圆形	米粒阀摆动	预雾化，中心喷水	用于精除尘（第二级）

6.2.4 定径文氏管[2]

如表 6-1 中所描述得那样，定径文氏管的类型很多，其结构如图 6-2 所示。有辐射外供水式（图 6-2a），溢流外喷式（图 6-2b），泼板式（图 6-2c），内喷溢流式（图 6-2d），中心喷水式（图 6-2e）。

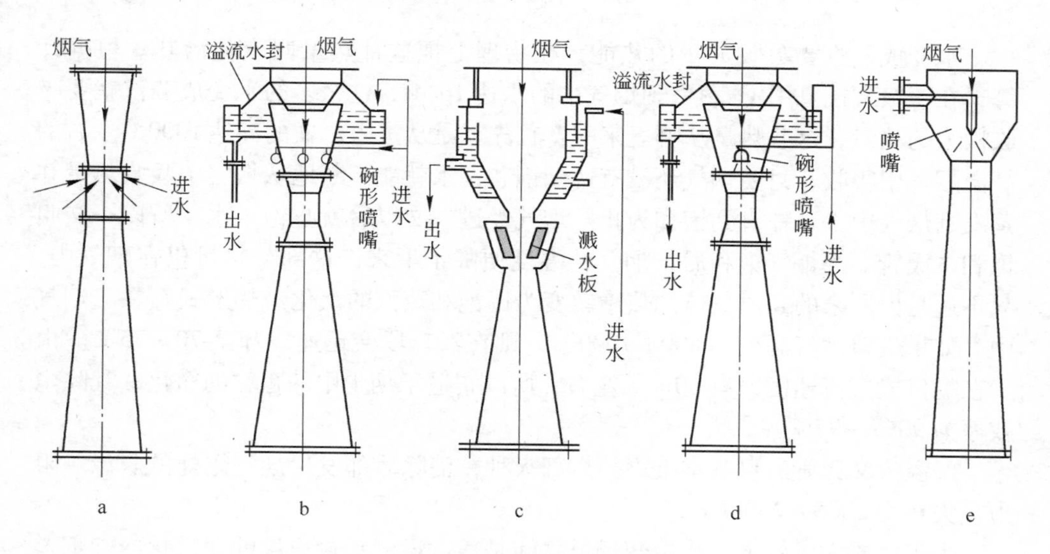

图 6-2 各种定径文氏管结构示意图

a—辐射外供水式；b—溢流外喷式；c—泼板式；d—内喷溢流式；e—中心喷水式

转炉炼钢湿法烟气净化系统中通常将内喷溢流式文氏管（图 6-2d）作为粗除尘、灭火、降温（一级）的设备。因此也被称为“溢流降温文氏管”。

溢流文氏管的收缩角 $\beta = 20° \sim 25°$，入口烟气流速取 20 ~ 25m/s。喉口段烟气速度取 40 ~ 70m/s（一般取 60m/s）。扩张段的扩张角 $\alpha = 6° \sim 7°$。

采用溢流水封的作用如下：

(1) 高温含尘烟气进入文氏管后，由于在收缩管内表面喷水易产生堵塞的现象，为防止此种现象的发生，采用溢流水封供给一定量的溢流水，由于溢流水在入口管道壁上形成水膜，均匀不断地冲洗收缩管内壁，从而防止烟尘在管壁上的干湿交界处结垢造成堵塞。

(2) 溢流水箱为开口式，一旦发生爆炸时可以泄压，从而保护其他设备不受损坏。

(3) 调节汽化冷却烟道因热胀冷缩而引起的设备位移，起到"膨胀活套"的作用。

(4) 溢流水量为每米周边 500～1000kg/h。

(5) 溢流降温文氏管的降温效果非常明显。这是因为在喉口高速气流的作用下，喷入文氏管的水被粉碎成亿万个微小水滴，这就使得水与干烟气中间的蒸发面积变得极大，使水能以极高的速度蒸发到干烟气中，以致在 0.1s 左右的时间里，烟气中的水蒸气就充满了，水不能再变成水蒸气进入烟气中去，换句话说，也就是烟气中的水蒸气量不能再增加了，物理上把这样的烟气叫做饱和烟气。

水变成蒸汽要吸收大量的热能，在物理上把这种热量叫汽化潜热。根据计算，在一级文氏管中 1h 蒸发到烟气中的水达 16.4t，这么多的水变成蒸汽就要吸收极大的热量，这些热量从哪里来呢？首先就是从进入一文的高达1000℃左右的高温烟气中吸收，只要烟气还没有达到饱和，水就能不断地从烟气中吸收热量并蒸发到烟气中去，一直到饱和为止。烟气经过一文以后就吃饱了水，所以一文叫饱和文氏管。当烟气饱和后，烟气的温度便降了下来，这部分热量仍在烟气中，只不过是由原来的高温气体的热焓转变为以饱和蒸汽的汽化潜热形式存在于烟气中。如果进口烟气温度为 800～1000℃，则在喉口段会迅速冷却至 70～75℃。由于在喉口段气流速度只有 60m/s 左右，所以它适于烟尘中的粗粒的净化，其除尘效率为 90%～95%。

经溢流文氏管后可基本上灭掉全部火种，消除后部发生烟气爆炸的隐患。阻力损失约为 2000～2600Pa。

由于溢流文氏管和汽化冷却烟道之间是通过溢流水封连接的，汽化冷却烟道和溢流饱和文氏管之间可以有少量移动，这就很好地解决了由于汽化冷却烟道受热胀冷缩的影响而产生的位移，起到了"膨胀节"的作用。

6.2.5 可调喉口文氏管

为了保证良好的除尘效果，必须保持喉部一定的压力损失（亦称为阻力损失），也即要求喉部的进水量和通过喉部的气体流速保持一定。

因为转炉烟气量随时变化，如果用固定喉口，则通过喉口的烟气流速将随转炉烟气量的变化而发生变化，除尘效果也要随之改变。所以必须让二级文氏管（精除尘）喉部截面积随转炉烟气量的变化而变化，使烟气通过喉口的流速和阻损保持一定，这样就能始终保持二级文式管的高效率净化除尘工作状态。

喉口截面积的调节还可以保证煤气回收期间炉口微正压的实现。这就是可调喉口文氏管。

喉口截面积的调节方式有多种，如矩形翼板式调径文氏管（图 6-3a），R-D 阀板调径文氏管（图 6-3b），矩形滑块式调径文氏管（图 6-3e），重砣调径文氏管（图 6-3d）等。

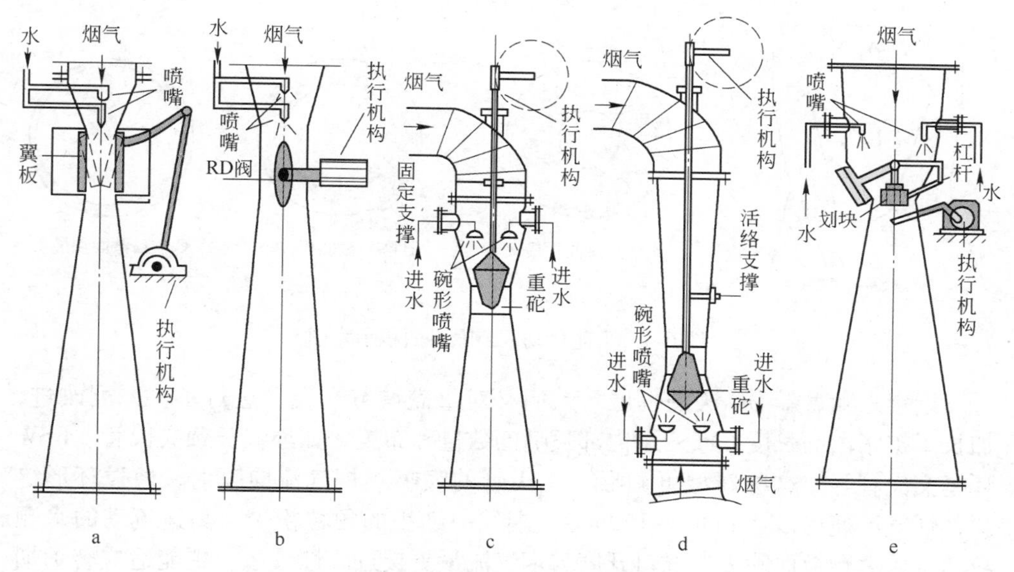

图 6-3 各种调径文氏管结构示意图

a—矩形翼板式调径文氏管；b—R-D 阀板调径文氏管；c—顺装重砣调径文氏管；d—倒装重砣调径文氏管；e—矩形滑块式调径文氏管

它们的调节原理都是根据转炉烟气量的多少通过调整翼板、滑块、阀板、重砣等的位置，来改变喉口的截面积，从而使通过喉口的气体流速始终保持稳定，以求获得良好的除尘效果。

常用的可调喉口文氏管为 R-D 阀板调径文氏管和重砣调径文氏管，根据设计时通过可调喉口文氏管烟气方向的不同，重砣调径文氏管又分为顺装重砣调径文氏管（图 6-3c）和倒装重砣调径文氏管（图 6-3d）。

倒装重砣调径文氏管是将重砣装在文氏管的扩张段，这有两个好处，一方面改善了文氏管扩张段的除尘效果，另外当重砣万一坠落时不会将喉口堵死，以免导致净化系统管道抽瘪，风机发生严重喘振等恶性生产事故。

R-D 阀板调径文氏管虽然在转炉烟气净化与回收中起着至关重要的作用，但阀体庞大，维修相对困难，且阀体本身反应迟钝，接到信号响应较慢，致使除尘效果不佳，烟气量较大时，还没及时响应，烟气已经外溢，严重影响转炉吹炼及烟气回收效果，因此，它逐渐被重砣调径文氏管代替。

重砣调径文氏管又被称为环缝式可调喉口文氏管或环缝除尘器。调节原理是根据系统烟气的流量用重砣的升降来改变喉口的截面积，维持喉口处烟气的稳定流速，保证净化效果。它具有制造成本低和安装精度要求低、可靠性高、调节喉口面积是连续性的、精度好、反应速度快、除尘效果好、维护量小、使用寿命长的特点。图 6-4 为重砣移动调节喉口面积的示意图。

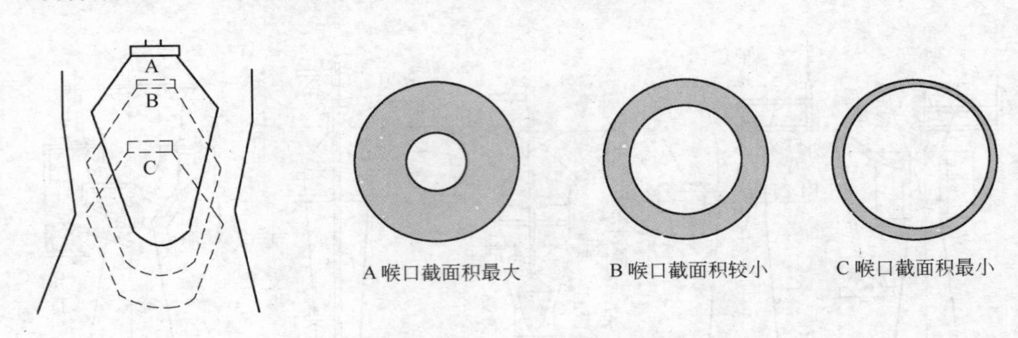

图 6-4　重砣移动调节喉口面积示意图

近年来随着新 OG 法的发展，人们又对重砣调节文氏管进行了一系列改进，加长了扩张段的长度，改变了内部喷嘴的数量和布置，如环缝长颈文氏管、RSW 环缝文氏管等。这些新型可调喉口文氏管的喷嘴顺烟气流向喷射，通过环形缝隙，烟气流速可以达到 80～120m/s，烟气中细小的颗粒粉尘与高速流动的水颗粒结合成大颗粒而除去。喉口开度与烟气流量更接近线性关系，更能适应转炉烟气气量波动频繁的工况，可以通过程序设置成线性调节。其特点是反应灵敏，调节性能好，可降低供水量，减少运行成本，净化效率高，在原始 OG 法转炉烟气净化与回收系统的改造中经常使用。

某厂设计的 100t 转炉新 OG 法使用 RSW 环缝文氏管的工艺参数如下：

进口饱和烟气量：280000m^3/h；

出口饱和烟气量：300000m^3/h；

进口温度：约 71℃；

出口温度：约 64℃；

喷水量：130m^3/h；

阻损：10000～14700Pa。

本节只讨论圆形重砣可调喉口文氏管参数的选择和工作原理。

在收缩段和喉口中加一重砣，收缩段约二分之一的长度作为可调喉口，而原来的固定喉口可视为扩张段的一部分。这样便形成一个效率高的长径文氏管。可调喉口文氏管参数，可按下列原则选择：

（1）圆形可调喉口文氏管喉口气速在空喉口时取80m/s，最小截面处取120m/s。矩形可调喉口文氏管喉口气速取100～120m/s。

（2）喉口长度取喉口直径的0.4倍，收缩角30°，扩张角7°，重砣外表面与收缩管壁平行。

当烟气量减少时顺装重砣向下移动（或倒装重砣向上移动），使喉口的环形截面积减少，当烟气量增大时顺装重砣向上移动（或倒装重砣向下移动），使喉口的环形截面积增大，如图6-4所示。这样保证气流速度不变，稳定除尘效率，保证炉口处于微正压。

可调喉口文氏管的除尘效率很高，达到99%以上。这是因为烟气在极高的喉速下产生了湍流，以相当大的一部分能量，在极短的时间内用于将喷入喉口的水粉碎成亿万个水滴群，这些水滴在气流中与烟尘颗粒激烈地撞击，使尘粒和水滴有足够的能量打破它们之间的气膜，而使尘粒进入水滴。此外在文氏管的扩张段，由于喷水后烟气速度的降低和由气流速度降低而造成的静压增大这两方面的因素，原来的饱和烟气处于过饱和状态，造成一部分蒸气从烟气中凝结出来，这种凝云作用必须以微小尘粒或水滴为核心，这样就使得原来很细微的含尘小滴不断变大，同样也使一些未进入水滴的微小尘粒由于以尘粒为核心的凝聚作用而进入水滴，并得到增大。这种凝聚作用的总结果是使本来很难净化的细微烟尘进入了水滴，而水滴又能不断“长大”，一直大到后面的脱水设备能将其除掉的程度，最后是通过脱水器脱除含尘水滴而达到了净化除尘目的。

凝聚过程中蒸汽放出大量的汽化潜热，这部分热量被进入二文的大量的水带走，因此通过二文后烟气中的热焓才真正降低，使烟气的温度达到67℃左右。

在系统中，二文的凝聚水有的可达每小时4t，这每小时4t的水将从烟气中带走大量的热量。可调喉口文氏管的阻力损失要比溢流文氏管大3～6倍，一般为10000～15700Pa，这是它的主要缺点。

6.2.6 文氏管箱

所谓文氏管箱就是内装有许多小文氏管的箱子，用它来代替单个大文氏管进行烟气冷却和净化。根据文氏管的结构特点可知，在一定的工艺条件下，当喉口直径、入口直径、出口直径确定之后，总是对应着一定的收缩段长度和扩张度长度，即一定的文氏管高度。当文氏管的喉口直径、入口直径、出口直径变小时，其文氏管的高度也变小。采用文氏管箱时，就等于对烟气进行“分流”。当文氏管箱的小文氏管喉口面积总和与单个大文氏管喉口面积相等时，它们允许的烟气流量相等。这样利用文氏管箱代替单个大文氏管时，就可以使其高度降低2/3～

3/4，相应地降低了厂房高度，减少了设备，节省建筑费用。

但是，这种文氏管箱的除尘效果不稳定，而且文氏管也容易积泥堵塞，对水质要求很高，多用于燃烧法转炉烟气净化系统。因此，现在基本不再应用这种文氏管箱。

6.3　喷水装置

文氏管的供水方式有内喷和外喷两种，外喷文氏管的阻损比内喷文氏管的阻损约大40%，在实际使用中多采用内喷形式，但伸入文氏管收缩段内的喷嘴供水管的背面容易积灰，造成文氏管堵塞，因此，在供水管背面上应设冲水管，经常冲洗，以防积灰堵塞。

一般喷水的方向都是顺着烟气流的方向，这时提高雾化效果只能依靠增大烟气的流速来实现。如果将喷水的方向改为逆着烟气流的方向，就可以增大水与烟气的接触面积，显著地改善喷水的雾化效果，从而提高了文氏管的除尘效率。但是逆烟气流方向喷水将会增加系统的阻力。

文氏管用的喷嘴形式很多，如碗形喷嘴、渐开线喷嘴、炮弹形喷嘴等，最常用的是碗形喷嘴。

6.3.1　喷嘴的分类

喷嘴是气体清洗和降温设备的构件之一。随用途不同种类也很多，根据结构形状可归纳成五类。

6.3.1.1　外壳为螺旋形的喷嘴

喷嘴外壳为圆筒形，成蜗牛壳状，水从与喷射方向垂直的方向接入，靠外壳的螺旋形改变水流的直线运动为旋转运动，在离心力的作用下，把水分散成细滴，如图6-5a所示。

常用的有螺旋形喷嘴、碗形喷嘴、渐伸型喷嘴和针形喷嘴。

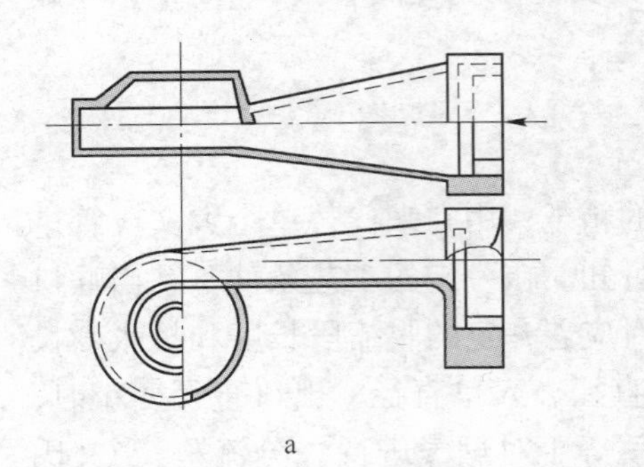

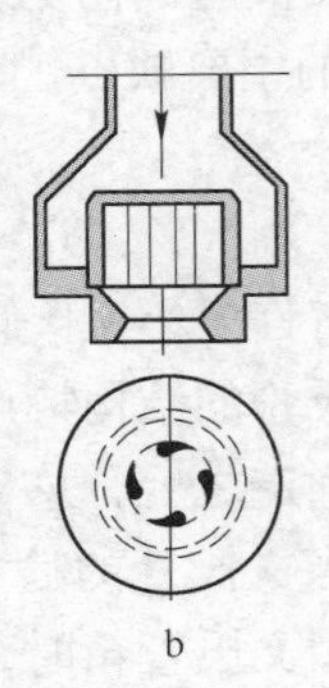

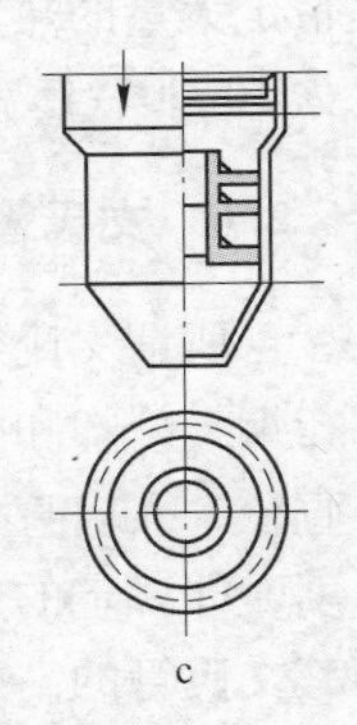

图6-5　螺旋形喷嘴（a）、碗形喷嘴（b）、三线矩形螺旋芯喷嘴（c）示意图

6.3.1.2 芯子为螺旋形的喷嘴

在喷嘴壳内有一旋涡片（或称螺旋体）。水是从轴向（顺喷射向）进入喷嘴的，借助旋涡片把水流由直线运动改为旋转运动。喷出后水在离心力的作用下分散成细滴。喷嘴壳和旋涡片可以做成各种形状，但是它们的形状必须以有利于水的旋转运动和减少阻力为原则。

6.3.1.3 喷溅型喷嘴

在渐近型（或直管口）喷口头部置一反射板（或反射锥、反射盘），中间留一定距离，水自喷口喷至反射板上，冲击成碎滴四溅喷出，然后散成水滴。这种喷嘴比较简单，水阻力也小，要求供水压力低，但喷出的水滴不会太细。这种带反射体的喷嘴可以自行设计成各种形状。常用的有反射板型、反射盘型、反射锥型和反射环型，如图6-6所示。

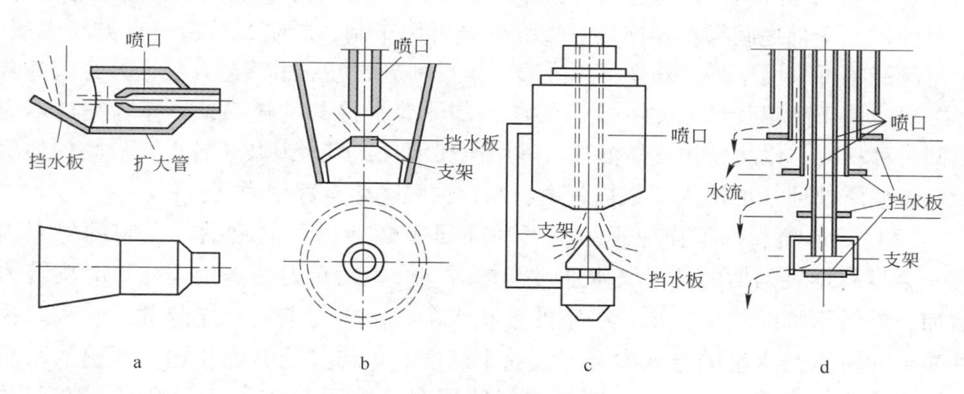

图6-6 喷溅型喷嘴示意图

a—反射板型；b—反射盘型；c—反射锥型；d—反射环型

6.3.1.4 喷洒型喷嘴

在喷嘴外壳上钻很多小孔，水靠压力从小孔中喷射出。喷嘴外壳做成圆筒形（图6-7a）、半球形（图6-7b）、弹头形（图6-7c）和条缝形（图6-7d）等。喷

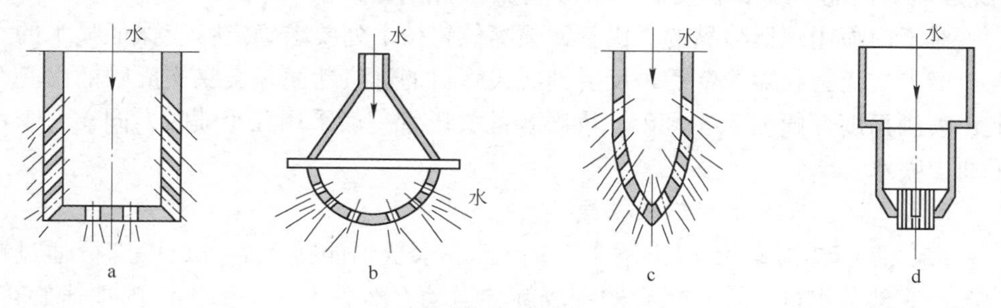

图6-7 喷洒型喷嘴示意图

a—圆筒形；b—半球形；c—弹头形；d—条缝形

嘴制造简单，但喷出的水不是很细，水滴分布也不均匀。喷嘴形式可自行设计。

6.3.1.5 气体雾化型喷嘴

气体雾化型喷嘴是借助于蒸汽或其他气体的诱导，将水带出并雾化，它的原理是利用高速气流对液膜产生分裂作用而把液滴拉成细雾。气体雾化型喷嘴分内混合与外混合两种。水的粒度小于30μm，适用于气体蒸发冷却设备。

6.3.2 常用的喷嘴

在转炉烟气净化系统中应用最多的喷嘴是碗形喷嘴、三线矩形螺旋芯喷嘴，故在此对其作用原理、规格性能等做如下介绍。

6.3.2.1 碗形喷嘴

（1）碗形喷头结构。碗形喷头由外壳、旋涡片、喷嘴三部分组装而成，如图6-5b所示。零件之间靠丝扣连接。喷嘴外壳可用车制、压制或铸造三种方法成型。少量制造的可采用车制，外壳可为锥形。大量制造的可采用铸造方法，外壳应为碗形。对应用于高温气体（如一文、喷淋冷却器等）冷却的喷嘴，外壳与喷口不应用同一种材料，以防丝扣不易拆开。当用浊环水时，因水内杂质较多，故喷口的材质应做调质处理（如淬火）或嵌耐磨材料，或喷嘴盖全部用耐磨材料。

（2）碗形喷嘴的工作原理。碗形喷嘴属于螺旋形芯的喷嘴。在它的外壳内有一个带有螺旋沟槽的芯子，水通过沟槽时，产生旋转力，水接近缩口时旋转力增加，然后水离开喷口，形成中空的锥状水伞，水再与空气冲撞分散成水滴。这种喷嘴的特点是水幕的屏蔽力强，边界丰满度高，与其他喷嘴相比，喷出的水流对周围的气体影响剧烈，因而容易与气体混合，水压在0.2～0.25MPa，雾化的水滴可达较细程度。水在旋涡小室及渐缩喷口旋转时，轴向中间始终有一空气柱，空气柱断面与喷口断面之比是喷嘴流量系数的函数，在一定条件下，空气柱断面的大小是影响喷嘴性能的一个重要因素。

（3）碗形喷嘴性能参数。不同口径的碗形喷嘴的压力与流量的关系可通过“碗形喷嘴性能曲线”表查询（碗形喷嘴性能曲线表略。）

对于内喷用碗形喷嘴的文氏管，喷嘴位置按下列要求确定：应保证喷水的水滴经撞击文氏管收缩管壁后再反射到文氏管口的进口断面并交在文氏管的中心线上；喷洒角度一般为40°～80°；大喉径的文氏管一般采用几个喷嘴，同在一个水平面内喷水。

6.3.2.2 三线矩形螺旋芯喷嘴

（1）三线矩形螺旋芯喷嘴的工作原理。水从轴向接入后分成两部分通过螺旋芯，一部分水进入矩形螺旋槽变成旋转运动，然后进入下部锥腔内加速旋转，另一部分水直接通过螺旋芯的中心孔。中心孔下半段成30°扩张角，以利水束呈扩散状态进入下部锥腔。两股水在锥腔相遇，达到预雾化目的，靠锥腔的水在旋转力作用下，离开喷口分布在水伞的外层，中间的水喷出雾化后，布满在水伞断面上，故此喷嘴亦属实锥形。喷嘴的喷射角度在90°左右。

（2）三线矩形螺旋芯喷嘴的构造及性能。三线矩形螺旋芯喷嘴由喷嘴壳，螺旋芯两部分组成。螺旋芯的外侧是三线矩形螺旋，如图6-8所示。

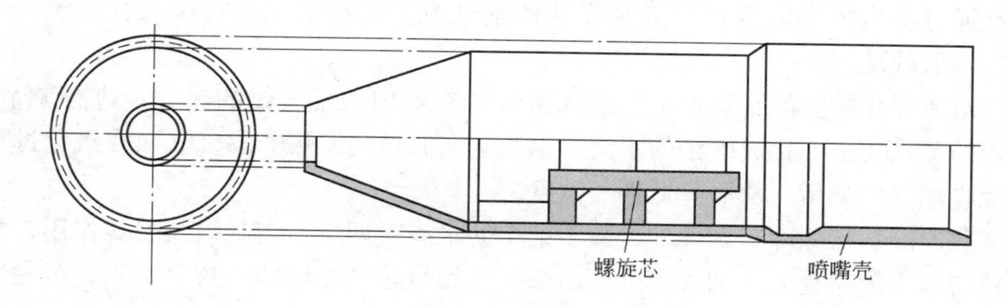

图6-8 三线矩形螺旋芯喷嘴构造示意图

此种喷嘴规格系列化，喷口直径由7.0mm到32mm，在供水压力为0.15MPa以下，其流量在1.0～2.0m^3/h之内变化。

6.3.3 喷嘴对水质的要求

转炉烟气净化系统中喷淋用水大部分为循环使用，因此，必须重视对供水的质量要求，并在选用喷嘴时采取相应措施。对水质的要求一般有三个方面：

（1）水中的杂物。水的沉淀处理设施往往是露天的，特别是在采用卧式沉淀池时，地面上的杂物（如杂草、木屑、塑料布等）容易混入水中，应在水泵吸入口加装过滤器，防止杂物进入管路，堵塞喷嘴。

（2）水中悬浮物。经过沉淀处理后的水中悬浮物的含量不能超过100mg/L，最好是50～80mg/L左右。在有条件的情况下，应在喷嘴的供水管上并联一根净化水管，定期冲洗喷嘴以防喷嘴堵塞。冲洗用的净化水压最好在0.4～0.6MPa。喷嘴的材质应用耐磨材料。

（3）水的酸碱度（pH值）。循环水的pH值要求接近中性或微酸性。但目前各厂转炉烟气净化用的循环大多数呈碱性，pH值最高达到13。pH值高的循环水会使循环水泵、管道、喷嘴普遍结垢，轻者影响流量，重者造成堵塞。因此必须从各方面采取措施，保证循环水的pH值为7～8。关于降低循环水中悬浮物的含量和水质的稳定将在后面章节中阐述。

6.4 蒸发冷却器

蒸发冷却器是干法除尘工艺和半干法除尘工艺都可以采用的转炉炼钢烟气净化回收系统中的粗除尘（一级除尘）装置，安装在汽化冷却烟道末端。

6.4.1 蒸发冷却器的工作原理

转炉烟气经汽化冷却烟道降温后温度为800~1050℃左右，然后进入蒸发冷却器。蒸发冷却器上端的内部有8~12个双流汽雾喷嘴，利用氮气或高温、高压蒸汽通过喷嘴将水以雾状喷射到高速的烟气流上，对烟气进行灭火、降温、除尘、调质处理。

双流雾化喷嘴的水量可根据进入蒸发冷却器内的干气体的热含量进行调节。通入的蒸汽使水雾化成细小的水滴，水滴被高温烟气加热蒸发，水滴在汽化过程中吸收烟气的热量，从而降低烟气温度。

蒸发冷却器除冷却烟气外，由于细小的水滴对烟尘的润湿以及凝聚作用，粗颗粒的烟尘依靠重力从烟气中分离出来，达到粗除尘的目的。灰尘聚积在蒸发冷却器底部由链式输送机输出。经蒸发冷却器分离出的灰尘约为烟气中总灰尘含量的30%~50%。

此外，蒸发冷却器还具有烟气调质功能，即在冷却烟气的同时提高其露点，改变粉尘电阻率，使粉尘性能满足静电除尘器的工作要求，提高静电除尘器的除尘效率。

由双流雾化喷嘴喷出的高压蒸汽和水也能起到灭掉烟气中火种的作用，减少烟气爆炸和静电除尘器“泄爆”的几率。

6.4.2 蒸发冷却器的结构

蒸发冷却器也叫蒸发冷却塔，其主要由塔本体、高温金属补偿器、水汽喷射装置、除灰装置以及入口烟气分配装置等部分组成，某100t转炉蒸发冷却器如图6-9所示。

6.4.2.1 喷射装置

如图6-9右侧和图6-10所示，在蒸发冷却器比邻汽化冷却烟道末端的管道内部，根据转炉容量的不同，均匀地分布着8~12个高压气雾喷枪。为实现蒸发冷却的目的，则喷雾颗粒必须达到足够细（平均100μm），因此雾化喷嘴的结构比较特殊。

雾化方法有三种，氮气雾化、高压雾化和蒸汽雾化。一般都采用氮气雾化和蒸汽雾化的方法。其喷枪是双层结构，中心管路通水，外层通气（汽）。

喷水量小则对烟气降温和灭火的效果就差；喷水量大或者水不能雾化则使尘中带水，导致蒸发冷却器内壁结垢或沉降的灰尘板结刮出困难。

因此，喷枪的参数是至关重要的。目前国产喷枪的制造水平已经达到国际水平。表6-2为上海某厂生产的蒸发冷却器外混喷枪的规格参数[3]。

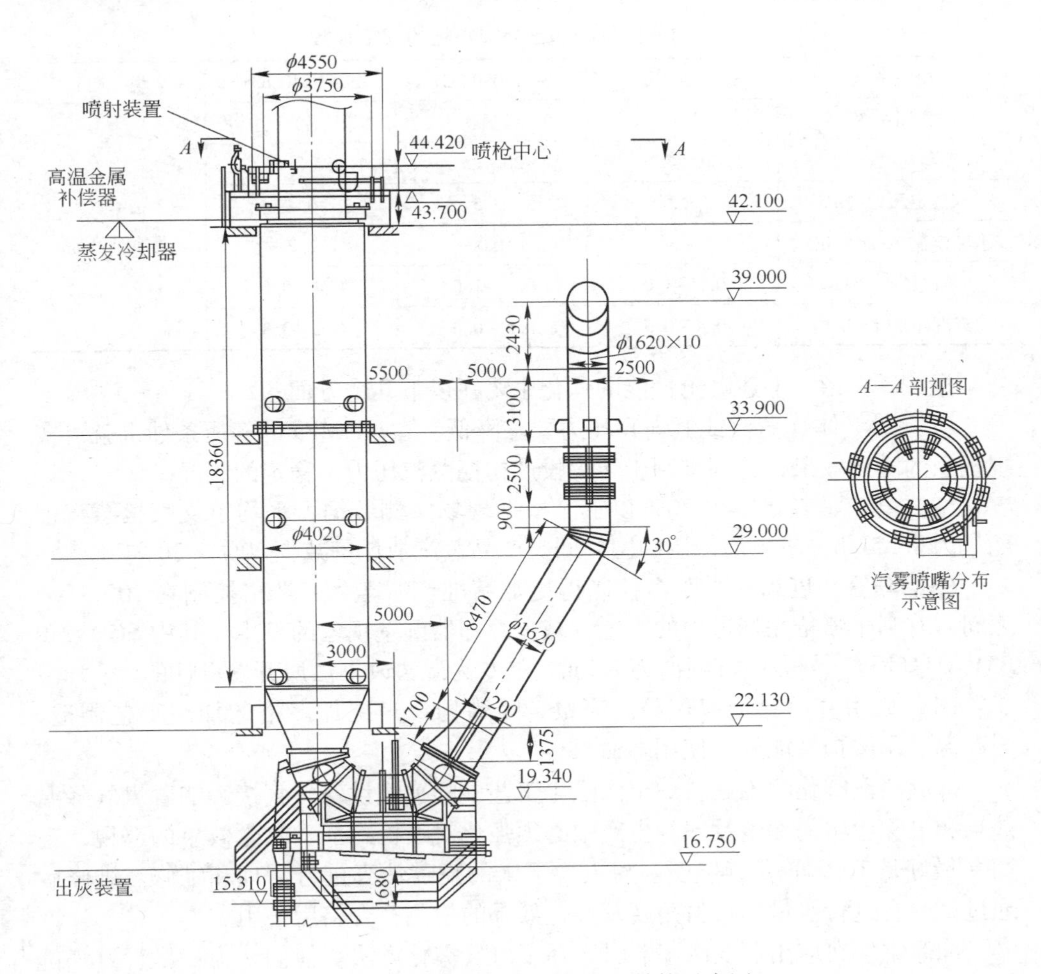

图 6-9 冷却器喷嘴及冷却器的结构示意图

图 6-10 蒸发冷却器双流汽雾喷嘴实物照片

表 6-2　蒸发冷却器外混喷枪的规格参数

规格型号	SCEN060 B31	SCEN080 B31	SCEN040 B31	说　明
适用系统	鲁奇	奥钢联	湿法改干法	各型号为系列产品
喷雾角度/(°)	20~25	20~25	35~40	
水额定压力/MPa	0.3	0.35	0.4	
水额定流量/$m^3 \cdot h^{-1}$	3.3	4.0	2.2	
蒸汽压力/MPa	0.5~1.0	0.5~1.0	0.4~0.8	
蒸汽耗量/$t \cdot h^{-1}$	0.4~0.5	0.5~0.6	0.2~0.3	

据该厂介绍，上述喷枪性能的优化主要在以下几个方面：

(1) 对气体（蒸汽或氮气）压力要求降低。在 0.4MPa 的气压条件下就可实现理想的雾化效果，特别有利于转炉投产初期蒸汽压力不稳定的状况。

(2) 蒸汽消耗量减少 20% 以上。根据现场实测数据，平均单支喷枪蒸汽消耗量为 0.35t/h，较先前使用的国外同类产品蒸汽消耗量减少 20% ~30%。

(3) 喷雾角度和喷雾距离控制得更加精准。喷雾角度严格控制在 20°~25°之间，有利于喷枪在烟道内的布置，减少冷却器湿壁现象的发生。其中 SCEN040 B31 型号喷枪，静态喷雾距离为 2.2m，是专为湿法改干法所开发设计的。

(4) 使用寿命更加有保障。喷枪、喷嘴均经过更加严格的加工工艺制造，耐高温、耐磨损性能好、使用寿命长。

外混蒸汽雾化喷枪是转炉干法除尘工艺中的关键设备，直接影响着煤气降温效果和电除尘器的除尘效率。生产中必须强化对喷枪冷却、除尘效果的巡视，定期（最好是 10 天）更换喷嘴。对更换下来的喷嘴认真进行清理和维修。维修后通过试验台进行水量和喷射角度及雾化效果的检测，合格后备用。

湘潭钢厂在应用蒸发冷却器时选择了氮气雾化方法。他们认为：尽管氮气价格较高，但是，氮气雾化方法应用业绩多、成熟；喷嘴孔径大、低压操作，不容易堵塞和磨损，雾化氮气消耗量少；特别是用氮气雾化比蒸汽雾化节省投资、能耗低、好管理；高压雾化喷嘴磨损快；采用蒸汽雾化不经济和浪费，因为蒸汽能值和成本都高，雾化后变成烟气和进入煤气都是很大浪费（蒸汽放散者除外）。各厂应根据自身装备、能源的现状选择合适的气源。

6.4.2.2　膨胀调节装置

为了调节汽化冷却烟道由热胀冷缩而引起的设备位移，在与汽化冷却烟道末端衔接处安置一个“膨胀调节装置”，起到“活套”作用。膨胀调节装置有两种，一种是金属膨胀节，一种是无收缩段溢流水封。目前在蒸发冷却器上应用的基本是金属膨胀节。

6.4.2.3　塔体

塔体由钢板焊接而成，为运输、吊装方便，可制作成两段或多段。体上有若干人孔或窥视孔。上端与膨胀调节器下端连接，下端与出灰器的 U 形管连接。

6.4.2.4 出灰装置

在塔身的下部设有出灰装置，通过扇形刮板将通过重力分离出的灰尘刮到链条输灰机上，经过气动插板阀、双层翻板阀送出。

每炉出钢后都必须认真刮灰，并随时观察刮灰链板的形状有无变化。蒸发冷却器香蕉弯处积灰过多，会形成“喉口”作用，增加系统阻力，会导致炉口处冒火，增加副系统负荷，甚至烧坏设备。

6.4.2.5 烟气分配器

蒸发冷却器内壁结灰块也是干法除尘系统普遍遇到的问题，结灰的原因很多，如喷嘴喷水的雾化状态不好等，但是，其根本原因在于进入蒸发冷却器的气流分布不均。如图 6-11a 所示，喷枪喷射的水汽混合物在气流作用下中心线偏向汽化烟道侧壁，图 6-11b 所示为蒸发冷却器内的两侧形成涡流。形成涡流的区域和喷枪水溅湿的区域容易蒸发冷却器内壁结垢。

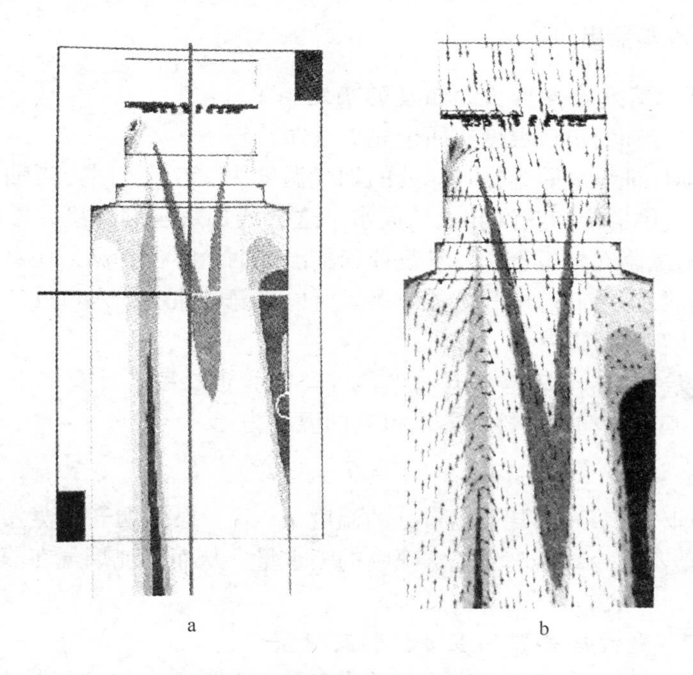

图 6-11 蒸发冷却器内气流分布图[4]

SMS ELEX 的蒸发冷却器为了优化整个截面的流场，烟气进入蒸发冷却器时首先要经过烟气分配器进行分配。通过在蒸发冷却器入口的煤气分配装置，整个除尘系统会更加稳定高效，并且可显著降低维护工作量。另外，烟气分配可以显著提高后续静电除尘器的除尘效率。同时，由气体回流造成的蒸发冷却器内壁灰尘结块问题（特别是在靠近喷射点附近）就能得到有效避免。为了减少蒸发冷却器内壁结垢，还要注意经常检查喷枪有无堵塞，适当调整喷枪的插入深度，必要时加装超声波振打装置都可以减轻蒸发冷却器内壁结灰的现象。

6.4.2.6　典型（100t 转炉）蒸发冷却器的技术参数

典型（100t 转炉）蒸发冷却器的技术参数如下：

炉气量（标态）：52590m^3/h；

设计烟气量（标态）：60400m^3/h；

进口烟气量（标态）：281645m^3/h；

出口烟气量（标态）：168212m^3/h；

冷却器直径：4m；

冷却器有效高度：15m；

喷水量：25.75t/h；

N_2 耗量：20.6m^3/min。

6.4.3　蒸发冷却器出口温度

6.4.3.1　蒸发冷却器出口温度的确定

确定蒸发冷却器出口温度有两个先决条件。

首先必须保证静电除尘器入口处的烟气温度为 150℃。因为当烟气温度低于 150℃时，烟气中的饱和蒸汽会凝结成水，这会增加灰尘的黏度，影响静电除尘效果，灰尘易黏附在极板上，不易震掉和刮出。烟尘中含有水，还会在强电场中被电离成氢和氧，引起静电除尘器泄爆。所以将静电除尘器入口处的烟气温度定为 150℃，为 T_0。

根据蒸发冷却器出口至静电除尘器入口的管道长度，计算出烟气的降温数值，为 ΔT，则烟气在蒸发冷却器出口处的温度为：

$$T_{出} = T_0 + \Delta T \tag{6-3}$$

确定了烟气在蒸发冷却器出口处的温度 $T_{出}$ 后，根据烟气在蒸发冷却器入口处的温度调整蒸发冷却器高压气雾喷嘴的喷水量，从而保证烟气在蒸发冷却器出口处的温度。

6.4.3.2　蒸发冷却器的温度控制及研究

蒸发冷却器的出口烟气温度一般约为 200～300℃。蒸发冷却器的温度控制是整个干法除尘工艺系统的核心，控制的主要参数为烟气的入口温度、出口温度、流量和风机的转数。

A　控制原理

蒸发冷却器的温度控制系统（图 6-12）主要是通过控制喷射蒸汽和喷射水

的流量控制来达到控制蒸发冷却器出口温度的目的，同时具有烟尘调质的作用。使用两个“比例—积分—微分控制调节器（PID）”，一个是以蒸发冷却器出口温度为控制重点的温度控制器，另一个是以公式计算出的设定喷水量值与经温度控制器转换出的流量值为核心的流量控制器。

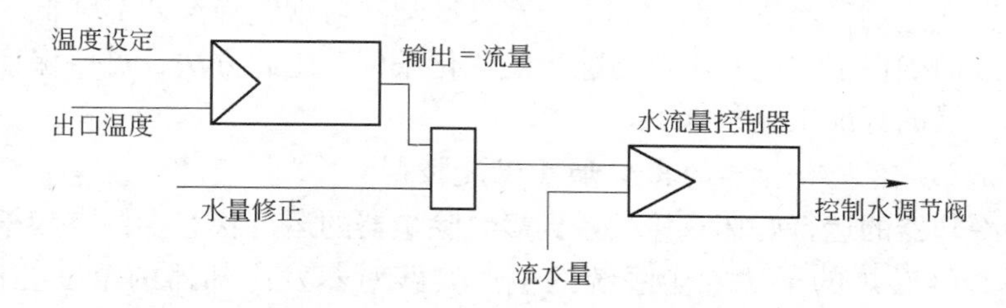

图 6-12 蒸发冷却器的温度控制系统示意图

温度控制系统的工作原理是根据进入蒸发冷却器的烟气的温度条件来控制喷射蒸汽和喷射水的开阀时机，通过环形双流喷嘴同时喷出蒸汽和水，将水雾化，所需要的喷水量由进入蒸发冷却器中的转炉烟气量来决定，因此单位时间热输入计算出来的喷水量作为流量控制器的设定值，与实际喷水量作为流量控制器的过程值进行 PID 调节控制，达到快速调节阀，来实现自动调节喷水流量；另外，考虑到烟气的比热容随着烟气成分和温度而变化的因素，针对蒸发冷却器出口温度设定一个温度控制器，其输出信号将影响流量控制器的设定值，对流量控制器起到前馈控制的作用，使蒸发冷却器的出口温度控制在设定温度范围内。

为安全起见，蒸发冷却器的入口温度和出口温度检测都用两个热电偶通过比较函数，较大值被用来控制蒸发冷却器入口温度，如果断偶情况发生时，监测系统自动切换到完好的热电偶。如果两个都出现断偶情况，转炉停止吹炼。蒸发冷却器入口与出口温度均需显示并记录，利用两个极限值来控制水量喷射控制器的启停。

B 研究[5]

蒸发冷却器入口处迅速而猛烈的温度与烟气流量的波动，是间歇的转炉操作工艺的显著特点。特别在开始吹炼与结束吹炼的过程，在开始吹炼阶段烟气温度可能以 10～20K/s 的速度上升，甚或更高。如果只以蒸发冷却器出口温度来控制，在这种快速波动的操作状态下不可能得到可靠的控制。

为此，蒸发冷却器是作为一个热量输入的函数来控制的。为达到此目的，需要监测蒸发冷却器入口温度和烟气量，这里的烟气量需要把其中的水和蒸汽的量进行修正，变成标况烟气量，温度控制器的设定值即蒸发冷却器出口温度与上述的控制参数给出一个值，这个值与蒸发冷却器内需要去掉的热量成比例，这个热量决定了气体冷却所要求的水量。通过这个方法，用单位时间内的热量作为设定值，单位时间内的喷水量作为被控变量的比例控制得以实现，这样的控制理念能够很好地适应烟气温度和流量剧烈波动的工况。

温度控制的前馈控制叠加在前述的比例控制器的控制模式上，为此蒸发冷却器出口温度被用作连续的专用PID控制器的实际输入。输出信号与喷射水计算量模拟计算单元里的热量一起处理，这样就形成一个蒸发冷却器的控制理念，这个控制理念考虑了烟气流量、温度。由于蒸发冷却器对烟气降温调节降低了烟尘的电阻率，因而确保了在电除尘器内除尘的优化条件。用此方法，可以保证全程烟气都处在干燥的标准工况条件下。

6.4.3.3 蒸发冷却器的出口烟气温度控制

蒸发冷却器的运行好坏直接关系到静电除尘器的运行状态。杨东武根据福建三明钢厂120t转炉的干法除尘系统的生产实践对蒸发冷却器的温度控制事宜，做了如下详细的分析。

A 蒸发冷却器的出口烟气温度过低的危害

(1) 系统积灰。蒸汽雾化喷枪喷射的水雾不能完全蒸发，与粉尘发生润湿、黏结、凝聚后，在蒸发冷却器、转炉煤气管道、电除尘器阳极板上将出现板结现象，并造成蒸发冷却器粗输灰系统及静电除尘器细输灰系统的堵塞，间接造成粉尘排放浓度超标，严重时导致转炉停产。

(2) 缩短设备的使用寿命。潮湿的灰尘凝聚成团挂在阴极线上，不容易下落，造成阴极线的肥大，减小异极距；会导致电场频繁放电，容易点燃通过的烟气，造成泄爆，降低系统运行效率，更严重的是加剧电场内设备的腐蚀，缩短设备的使用寿命。

(3) 造成分析设备故障。不能蒸发的水雾在电场内电离分解成H_2和O_2，增加电场泄爆的可能；还会造成ID风机内出现积水现象，加剧风机叶轮的腐蚀，并导致在线激光分析仪故障。

B 蒸发冷却器的出口烟气温度过低的原因

a 喷枪喷入的水不能全部雾化

蒸发冷却器出口温度的控制是根据其烟气出口温度的设定值和烟气入口温度的当前值以及废气量计算的，设定好全部喷枪的水流量，并在喷枪的出口通过混入蒸汽使水雾化成细小水滴，细水滴瞬间蒸发相变吸热（2257kJ/kg），从而降低蒸发冷却出口的烟气温度。图6-13反映了蒸发时间和水滴粒径大小的关系。

从图6-13可以看出，经喷枪喷出水滴的粒径大小不等，且分布在一定的范围之内。水滴粒径越小，则其蒸发所需的时间也就越短。根据测试，喷枪喷出的最大水滴粒径若超过620μm，又不能在3.12s内完全蒸发，就会造成蒸发冷却器出口运行温度超低，蒸发冷却器底部的积灰变成泥浆状，粗输灰系统发生故障而停止运行，引发转炉冶炼停产事故。

b　没有根据烟气温度调节喷水量

处于冶炼工况条件时，单独调节烟尘的温度或湿度可能并不十分困难，而同时控制却有一定难度。在蒸发冷却器内，要通过加湿来降低烟气的温度并降低粉尘电阻率至 $10^4 \sim 10^{10}\Omega \cdot cm$，以提高烟气的介质强度，减小烟气黏度，使其处于较为适宜的收尘范围内，提高静电除尘效率。

由图 6-14 可以看出，含水量对粉尘电阻率的影响非常大。但在 PID 控制阶段，若喷水量太大，则烟气的蒸发冷却温度过低，会造成部分喷雾不能蒸发，蒸发冷却器底部会出现过湿现象；同时多喷入的饱和蒸汽、工业净水量也使转炉烟气的体积发生了变化，系统将被迫增加载荷，引发转炉冶炼时的炉口冒烟事故。

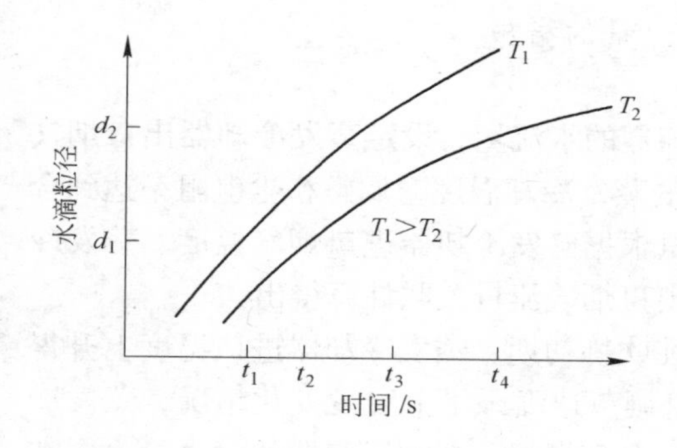

图 6-13　水滴粒径与蒸发时间的关系

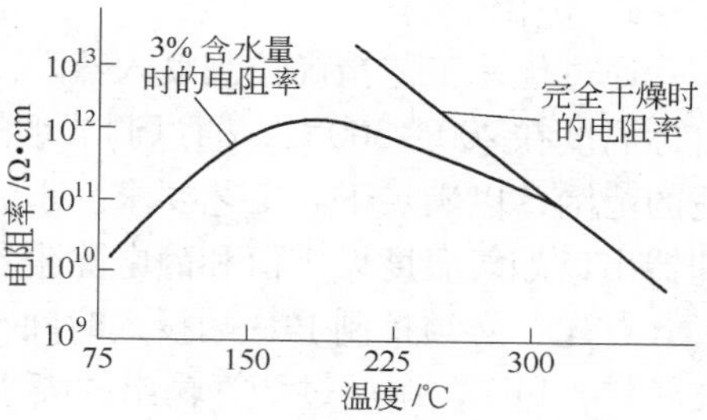

图 6-14　含水量对粉尘电阻率的影响[6]

c　没有认真维护和更换蒸汽雾化喷枪

蒸汽雾化喷枪在使用超出 5000 炉后，喷嘴会自然磨损，雾化性能下降，喷雾形状、喷射角度、喷射覆盖面也会发生改变。雾化颗粒变大后导致水雾中大颗粒不能充分与粉尘发生润湿、黏结、凝聚，直接沉降到蒸发冷却器底部或挂在壁上，造成局部过湿而引起粗输灰过载或筒体板结。同时每支喷枪口的喷射流量的不一致，也会造成雾化颗粒在蒸发冷却器筒体内不能与转炉冶炼烟气均匀换热，出现烟尘气流紊乱现象，而在工况除尘风量降低后会加剧筒体板结，引发转炉冶炼时的炉口冒烟。显然，蒸发冷却器的出口烟气温度控制过低有很多危害。

C　蒸发冷却器的出口烟气温度控制过高的原因及危害

在工艺特性数据呈线性变化的两端，特别是在转炉下枪开始吹氧 2 ~ 5min 内和转炉冶炼后期，由于介质烟气温度的急剧变化，PID 控制因为计算的延时会造成喷水量的调节跟不上温度的变化情况，蒸发冷却器出口温度控制过高（超过工艺设计最高限制温度），造成转炉冶炼中途提枪及粉尘从除尘器内逃逸后导致干法烟囱排放超标。提高蒸发冷却器出口的目标温度控制值，使煤气冷却器进口的煤气温度大于设计值150℃，造成煤气冷却的饱和换热程度不够，引发转炉煤气回收转为放散的事故。蒸发冷却器出口温度控制过高的危害表现如下：

(1) 可能将导致电除尘器内设备的烧损，而关联保护程序也会引起转炉冶炼中途提枪。

(2) 对粉尘电阻率的影响显著，降低了电除尘器的除尘效果，造成排放烟气粉尘浓度超过设计指标。

(3) 进入煤气冷却器煤气的工况温度高达150～170℃，从而造成煤气冷却器出口的运行温度大于70℃，易引发煤气回收温度超标而放散的事故；通过煤气管道自然降温后，进入煤气柜的最高温度大于65℃，严重影响煤气柜的安全运行，缩短其工作寿命。

D 精确控制喷入蒸发冷却器的水流量的措施

a 优化工艺

通过优化工艺精确控制喷入蒸发冷却器的水流量，设定蒸发冷却器出口烟气目标温度在200～300℃，通过调节烟气的蒸发冷却温度，调整粉尘电阻率达到合适的范围，以满足干法工艺要求。水流量根据蒸发冷却器进口烟气温度、蒸发冷却器出口烟气温度设定值和静电除尘器出口烟气流量关联计算得出。

首先，必须控制PID的投入时间。在吹炼初期，蒸发冷却器进口温度上升得比较快，PID控制通过计算输出的喷水量调节速度跟不上温度变化情况，蒸发冷却温度控制会过高。为此，从工艺上进行合理设想，把吹炼初期的喷水量设置在一个预定值，时间定为60s，以满足干法转炉冶炼工艺的需要。

其次，设置PID控制的补偿系数。蒸发冷却温度的控制会影响烟尘电阻率，在吹炼中、后期投入PID串级控制时，从工艺上考量，按高、低温度区域设置不同的变量输出调节系数，使水流量保持在20～35m^3/h（标准状态）内（对于120t转炉），通过PID自动调节控制，从烟气温度和湿度上调整电除尘器粉尘的电阻率。

另外，有必要增设PI（比例-积分控制调节器）控制模块。为防止蒸发冷却温度控制过低，利用炉口微差压和ID风机流量各自PI输出值的比例、积分控制量计算出理论烟气流量，以进行喷水量的调节，修正烟气流量的误差，满足蒸发冷却温度控制的需要。

在这里设置了两个功能模块，分别控制转炉炉口微差压和ID风机流量的目标设定值，所以烟气流量的理论值可以通过计算得出，公式如下：

$$S_p = 0.015(POP + 2.25)Q_{02} \tag{6-4}$$

式中 S_p——理论计算烟气流量，m^3；

POP——炉口微差压调节的变量输出系数；

Q_{02}——转炉冶炼时平均供氧量，m^3。

b 加强设备管理

蒸汽雾化喷枪枪头局部结垢和堵塞是目前蒸汽雾化喷枪经常出现的故障。因此，首先必须保证蒸汽雾化喷枪的备件质量，并强制定期（300~500炉）更换、维护。安装前应该检测其水流量、汽流量、喷洒角度和雾化效果。这在喷射装置一节已经论述过。

可考虑将蒸汽雾化喷枪喷嘴的喉口设计成嵌入式分离叶片，便于设备保护和拆卸，在运行时能以一定角度的离心力使得喷液形成一次破碎，通过和蒸汽介质的接触后形成二次破碎，达到蒸发冷却技术要求的颗粒度和喷射角度；避免喷枪介质管路阀组关闭瞬间形成的气流倒吸或枪头积水、滴汽现象而造成喷嘴头部积灰后引起喷枪堵塞，严重改变喷雾颗粒的均匀程度和分布情况。

6.5 静电除尘器

6.5.1 静电除尘器的工作原理

6.5.1.1 气体电离和电晕放电

由于辐射、摩擦等原因，空气中含有少量的自由离子和电子，这些自由离子和电子不能使含尘空气中的尘粒充分荷电。要利用静电使粉尘分离需具备两个基本条件，一是存在使粉尘荷电的电场；二是存在使荷电粉尘颗粒分离的电场。

一般的静电除尘器采用荷电电场和分离电场合一的方法，在电场作用下，空气中的自由离子和电子向两极定向移动，电压越高，电场强度越高，离子和电子的运动速度越快。由于离子和电子的定向运动，极间形成了电流。开始时，空气中的自由离子和电子少，电流较小；当电压升高到一定数值后，放电极附近的离子和电子获得了较高的能量和速度，它们撞击空气中的中性原子时，中性原子会分解成正、负离子，这种现象称为空气电离。空气电离后，由于连锁反应，在极间运动的离子和电子数大大增加，表现为极间的电流（称之为电晕电流）急剧增加，空气成了导体。放电极周围的空气全部电离后，在放电极周围出现一圈淡蓝色的光环。

电晕现象是带电体表面在气体或液体介质中局部放电的现象，常发生在不均匀电场中电场强度很高的区域内（例如高压导线的周围，带电体的尖端附近）。其特点为：出现与日晕相似的光层，发出嗤嗤的声音，产生臭氧、氧化氮等。

均匀电场中，由于各点的电场强度都是一样的，当施加稳态电压（直流、工频交流），电场强度达到空气的击穿强度时，间隙就击穿了。

电场极间距只能达到相对的均匀，其均匀程度是电场特性的一个重要指标。

当极间距离偏差 S 小于 $D/4$ 时，其电场基本为均匀电场；当 $D/4 \leqslant S \leqslant D/2$ 时，其电场为稍不均匀电场。图 6-15 所示为电晕发生的全过程。

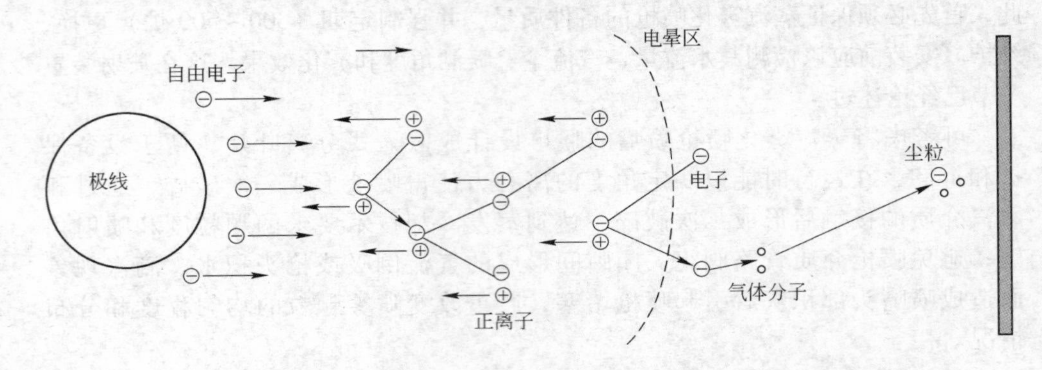

图 6-15 电晕发生示意图

不均匀电场的差别就在于空气间隙内，各点的电场强度不均匀。在电力线比较集中的电极附近，电场强度最大，而电力线稀疏的地方，电场强度很小，若棒-棒间隙是对称的不均匀电场，在电极的尖端处电力线最集中，电场强度也最大，当加上高压后，会在电极附近产生空气的局部放电——电晕放电，电压再增加时，电晕放电更加强烈，致使间隙内发生刷状放电，而后击穿了（电弧放电）；若棒-板间隙在尖电极附近电场强度最大，加上高压后，电极附近先产生电晕放电，而板上的电力线很疏，不会产生电晕，当电压足够高时，棒极也将产生刷状、火花放电，最后导致电弧放电（击穿）。电晕多发生在导体壳的曲率半径小的地方，因为这些地方特别是尖端，其电荷密度很大。而在紧邻带电表面处，电场 E 与电荷密度 σ 成正比，故在导体的尖端处场强很强（即 σ 和 E 都极大），在空气周围的导体电势升高时，这些尖端之处能产生电晕放电。通常将空气视为非导体，但空气中含有少数由宇宙线照射而产生的离子，带正电的导体会吸引周围空气中的负离子而自行慢慢中和。若带电导体有尖端，该处附近空气中的电场强度 E 可变得很高。当离子被吸向导体时将获得很大的加速度，这些离子与空气碰撞时，将会产生大量的离子，使空气变得极易导电，借电晕放电而加速导体放电。因为空气分子在碰撞时会发光，故电晕时在导体尖端处可见，这个放电的导线被称为电晕极。在离电晕极较远的地方，电场强度小，离子的运动速度也较小，那里的空气还没有被电离。如果进一步提高电压，空气电离（电晕）的范围逐渐扩大，最后极间空气全部电离，这种现象称为电场击穿。电场击穿时，发生火花放电，电源短路，电除尘器停止工作。

为了保证电除尘器的正常运动，电晕的范围不宜过大，一般应局限于电晕极附近。开始产生电晕放电的电压称为起晕电压，起晕电压可以通过调整放电极的几何尺寸来实现。电晕线越细，起晕电压越低。电除尘器达到火花击穿的电压称为击穿电压。击穿电压除与放电极的形式有关外，还取决于正、负电极间的距离和放电极的极性。

6.5.1.2 尘粒的荷电

电除尘器的电晕范围（也称电晕区）通常局限于电晕线周围几毫米处，电晕区以外的空间称之为电晕外区。电晕区内的空气电离后，正离子很快向负（电晕）极移动，只有负离子才会进入电晕外区，向阳极移动。含尘空气通过电除尘器时，由于电晕区的范围很小，只有少量的尘粒在电晕区通过，获得正电荷，沉积在电晕极上。大多数尘粒在电晕外区通过，获得负电荷，最后沉积在阳极板上，这就是阳极板称为集尘极的原因。尘粒荷电是电除尘过程的第一步。

在电除器内存在两种不同的荷电机理：一种是离子在静电力作用下做定向运动，与尘粒碰撞使其荷电，称为电场荷电；另一种是离子的扩散现象导致尘粒荷电，称为扩散荷电。对于 $d_c>0.5\mu m$ 的尘粒，以电场荷电为主；对于 $d_c<0.2\mu m$ 的尘粒，则以扩散荷电为主；d_c 介于 0.2 ~ 0.5μm 之间的尘粒则两者兼而有之。在工业电除尘器中，通常以电场荷电为主。在电场荷电时，通过离子与尘粒的碰撞使其荷电，随尘粒上电荷的增加，在尘粒周围形成一个与外加电场相反的电场，其场强越来越强，最后导致离子无法到达尘粒表面。此时，尘粒上的电荷已达到饱和。影响尘粒荷电的主要因素是尘粒直径 d_c、相对介电常数 ε_p 和电场强度。

6.5.2 静电除尘器的构造

经蒸发冷却器净化、冷却后温度约为180 ~250℃的烟气，由静电除尘器入口进入静电除尘器，通过两块分流板进入电场，尘粒经电离后落在阳极板上，被振打器震掉，又被刮灰器刮下，通过链条刮灰机输出。经静电除尘后，烟气中含尘量（标准状态）不大于 $10mg/m^3$。静电除尘器的结构如图6-16 ~ 图6-18 所示。静电除尘器由外壳、进口第一块分流板、进口第二块分流板、收尘电极、电晕电极、电晕电极上架、电晕极下架、收尘极上部支架、绝缘支座、石英绝缘管、电晕极悬吊管、电晕极支撑架、顶板、电晕极吊锤、电晕极振打装置、收尘极振打装置、收尘极下部隔板、排灰装置、出口分流板等部分组成。图6-19 为圆筒形静电除尘器外形照片。

静电除尘器是干法转炉烟气净化除尘系统中的关键设备，其工作的安全性、可靠性、除尘效率是最关键的内容。为此，人们不断地对静电除尘器的结构进行研究和改造，力求取得更安全、更稳定的工作性能和更好的除尘效果。

6.5.3 圆筒形静电除尘器本体的设计质量要求

目前转炉煤气干法净化回收系统中的静电除尘器均采用卧式圆筒结构。由于

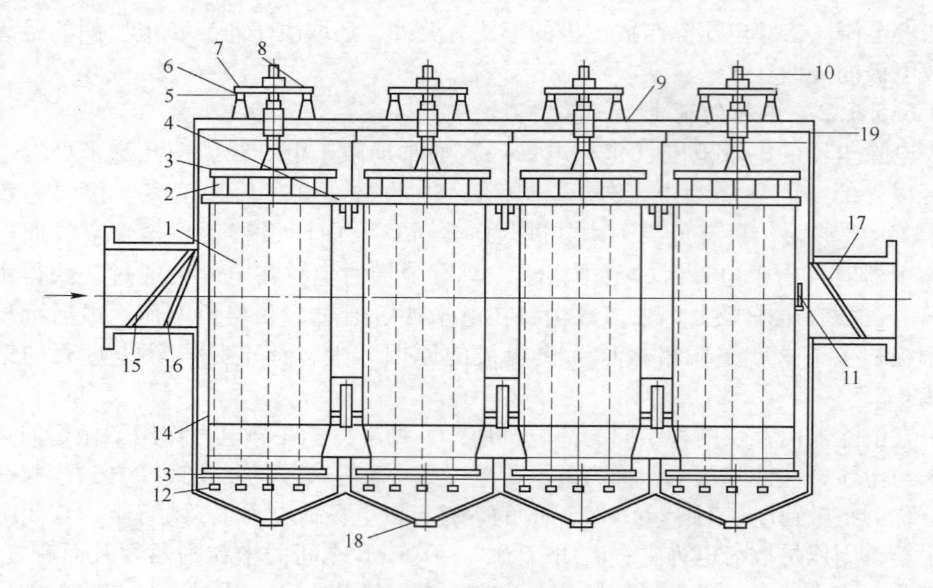

图 6-16 圆筒形静电除尘器结构示意图

1—收尘电极；2—电晕电极；3—电晕电极上架；4—收尘极上部支架；5—绝缘支座；6—石英绝缘管；7—电晕极悬吊管；8—电晕极支撑架；9—顶板；10—电晕极振打装置；11—收尘极振打装置；12—电晕极下架；13—电晕极吊锤；14—收尘极下部隔板；15—进口第一块分流板；16—进口第二块分流板；17—出口分流板；18—排灰装置；19—外壳

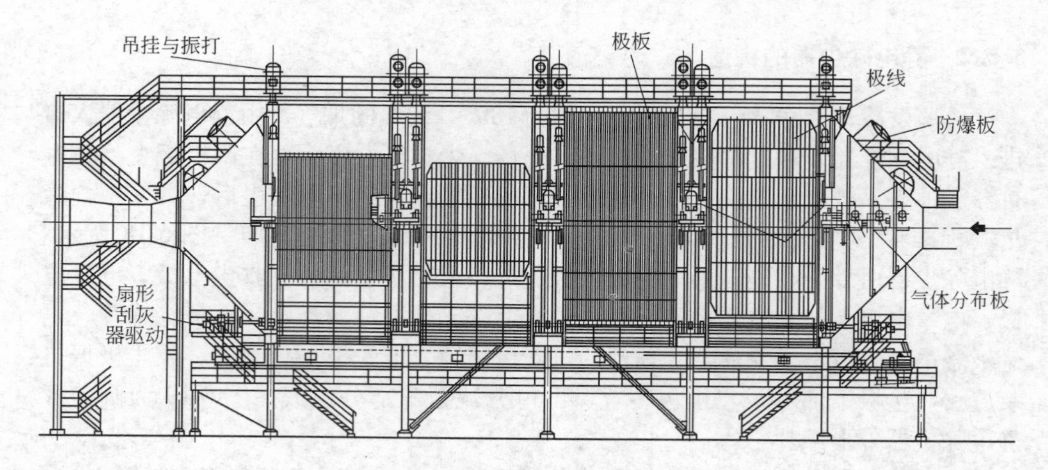

图 6-17 静电除尘器组装示意图

转炉炼钢所产生的烟气不连续，为了使电除尘器有较好的空气动力特性，避免在除尘器内形成烟气和空气的可燃性混合气体，防止气体在除尘器内形成回流和死角，最佳的流动方式是以柱塞状流动通过除尘器内部，同时圆形断面还使除尘器的壳体能承受较大的冲击强度。

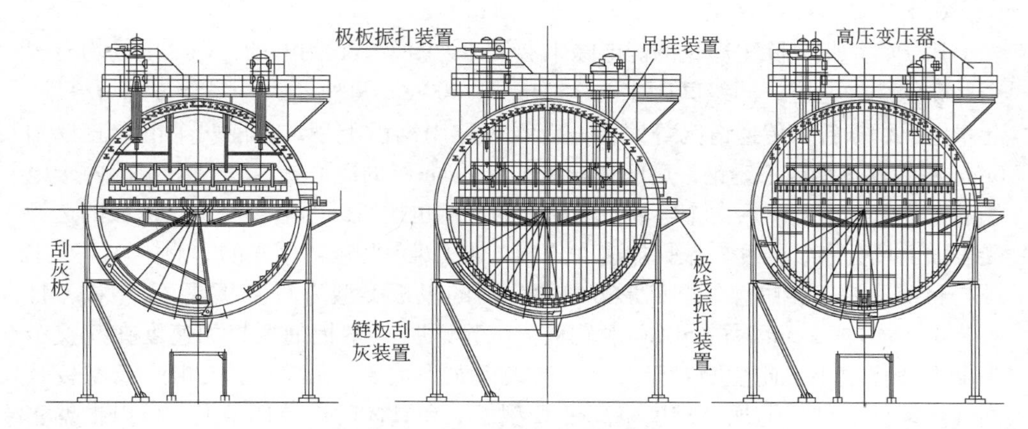

图 6-18 静电除尘器横断面结构示意图

图 6-19 圆筒形静电除尘器外形照片

合理的本体结构应满足的条件是多方面的，如足够的强度、刚度、稳定性、加工装配性能最好等。

6.5.3.1 环梁

在圆筒形静电除尘器的进出气端和各个电场之间设置有环形圈梁，它是由钢板焊接而成的，是电除尘器整个壳体的关键部件，它承受内部件及本体的其他所有载荷，加工精度要求高。整个电除尘器通过环梁将本体的所有载荷传到下部的钢支架上，环梁之间用圆弧形钢板连接成封闭的外壳。

目前电除尘器的加工制造等都已经国产化，但结构尺寸仍多采用引进国外技术时的尺寸，在已经投入使用的部分大尺寸圆筒形静电除尘器（直径为 12.6m）上，或多或少出现了环梁的轻微变形，一旦环梁出现变形，会引起壳体变形，内部件如极板框架下沉，刮灰装置下沉等，设备性能无法保证。因此，在设计大尺寸电除尘器环梁时，不能简单地照搬国外技术，要考虑到国内外钢材性能、加工制作水平、安装水平的差异等，以确保环梁有足够的强度。

6.5.3.2 内部配置

用于转炉烟气除尘净化的静电除尘器设计为四个串联的电场，每个电场均有多个并联的烟气通道；同级间距多为350mm和400mm两种形式，综合考虑可靠性、起晕电压、振打力传递情况等因素，极线多选用锯齿类型，且前两个电场宜选用6mm厚的耐热钢或不锈钢，后两个电场选用2mm厚的冷轧板，这是由于前两个电场的工作负荷要大于后两个电场，受粉尘的冲刷也比后面的电场严重。极板的选型受表面电场分布、强度、振打加速度分布、加工难易程度等因素的影响。

目前适用于转炉煤气圆筒形静电除尘器的极板类型为C型板或ZT型板，且多为1.5mm或2mm厚的SPCC冷轧板。试验证明C型板的振打加速度在其整个高度上变化很小，此性能对于大尺寸的极板尤为重要，而ZT型板相比C型板其烟气流动性更佳，但加工难度略高于C型板。在具体的设计选型上，可以根据实际情况选择合适的板型。

6.5.3.3 刮灰机构

刮灰机构位于除尘器内部阴阳极系统的下部，呈扇形结构。刮灰装置采用齿轮带动弧形齿条传动，由安装在电除尘器两端的传动机构带动，刮灰机沿圆周方向左右摆动，将底部的灰尘刮入下部输灰设备，并采用干油集中润滑，保证刮灰装置的顺利运行。由于电除尘器内部工作环境恶劣，烟气温度有时会高达200℃甚至更高，干油集中润滑系统一旦出现故障如油路堵塞等，吊挂轴承或底部支撑轴承将无法得到润滑，整个扇形刮灰装置很有可能出现下沉或变形。因此对于有条件的现场，有必要对独立的刮灰系统进行独立润滑，即每套电除尘器采用至少两套润滑系统。此外，对于承担扇形刮灰装置质量的内部走台大梁，有必要对其刚度进行校核计算，因为大梁的弯曲变形会直接导致刮灰装置下沉。图6-20a为

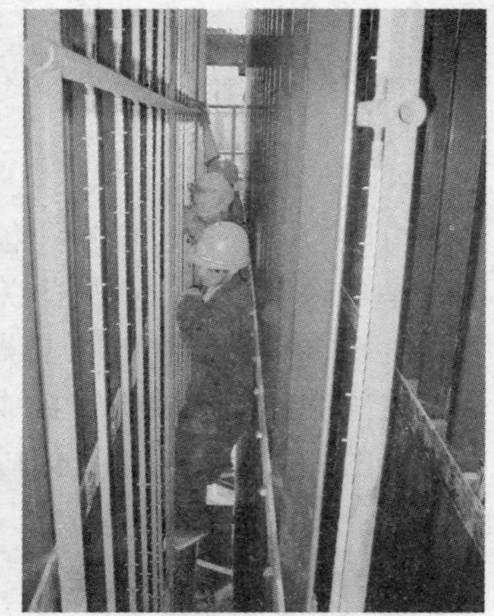

图6-20 静电除尘器刮灰机构的底部及极板实物照片

a—刮灰机构的底部实物照片；b—极板实物照片

静电除尘器刮灰机构的底部实物照片。

6.5.4 圆筒形静电除尘器的安装质量要求

电除尘器零部件多达数千种，各零部件组合后吨位重，体积大，无法整体运输，只能运至用户现场后组合安装成整体。现场的工作量大、工期长，除尘器的结构复杂且安装要求高。在安装过程中，既要克服制造中的局部缺陷与运输存放过程中引起的变形，又要保证达到设备的各项技术要求，因此电除尘器的安装并不是设备零部件、组装件的简单组合，而是一项技术性很强的工程。

6.5.4.1 除尘器筒体的安装要求

具体如下：

（1）环梁的组对必须适当的放大，防止在后期焊接筒体弧板时，环梁变小。

（2）筒体弧板在焊接组对时，避免向内部凸起，影响到刮灰机的运行。

（3）顶部弧板在最后合拢时，由于自重和焊接应力的作用，必然向内部凹进，因此在焊接时，必须在弧板的外部焊接加强筋，弧板焊接结束后再拆除。

（4）环梁安装完成且距离和同心度保证之后，必须对环梁进行固定，下部与钢支柱之间的连接螺栓必须被紧固，如果两个环梁之间的距离发生变化，应该从距离较大的一侧先焊，距离较小的一侧后焊。

（5）电场内部不能出现任何的尖角，避免出现剧烈的放电现象，尤其要注意喇叭口内的毛刺要处理干净。

（6）电场内部所有的螺栓必须都被点焊，以防止松动脱落。

静电除尘器的筒体实物如图 6-21 所示。

图 6-21 静电除尘器的筒体内部实物照片

6.5.4.2 阳极板安装的注意事项

极板的实物如图 6-20b 所示。安装时注意事项如下：

(1) 阳极板的顶部悬挂安装时，必须保证一侧是活动的，并且松动侧与环梁的侧面之间要有一定的距离，否则在日后的生产中，悬挂梁受热膨胀时，将造成阳极板顶部吊挂梁的变形。

(2) 阳极板在安装到位后，必须是竖直的，否则会影响到同极距。

(3) 阳极板顶部的悬挂梁在安装到环梁支撑座上之后，必须保证悬挂梁是水平的。

(4) 中间阳极板的安装必须与环梁的中心重合，并且是竖直向下的，然后以此阳极板为基准，安装其他的阳极板。

6.5.4.3 阴极线及阴极框架安装的注意事项

具体如下：

(1) 阴极线在安装到阴极框架上时，必须被张紧，不能有松弛的现象存在。

(2) 阴极框架的钢管必须是直的，特别是两个半框架之间的对接处。

(3) 阴极框架在安装到位后，首先调整顶部框架的垂直度，然后再调整异极距。

(4) 阴极框架的吊挂必须在防尘管的中心，偏差控制在2mm以内。

(5) 阴极框架与其他任何物体之间的距离必须大于异极距。

6.5.4.4 刮灰系统安装的注意事项

具体如下：

(1) 刮灰机扇形销齿圈顶部支撑必须在同一中心线上，与除尘器的中心线要重合。

(2) 刮灰机扇形销齿圈必须是竖直向下的，不能出现倾斜状况，否则将影响到刮灰机的正常运行。

(3) 刮灰机销齿与齿轮的顶隙必须控制在要求的范围内，否则将影响到齿轮的使用寿命。

(4) 刮灰机刮刀与除尘器筒体之间的距离应控制在50mm左右。

(5) 刮灰机销齿与齿轮的传动应在一条直线上，否则将影响到刮灰机的正常运行。

6.5.4.5 振打系统安装的注意事项

具体如下：

(1) 阴极振打的提升机构必须是垂直向下的，并且与两侧的导向轮是完全接触的。

(2) 振打锤必须振打在振打砧子的中心，或者稍微偏下。此外，必须采用专门工具，准确、快速地测量极间距。

6.5.5 影响静电除尘效率的因素[7]

除尘效率是指同一时间内除尘装置去除的污染物数量与进入装置的污染物数量之比的百分数，它是衡量除尘装置性能的主要技术指标。除尘效率的高低，意味着除尘装置对含尘气体所能达到的净化程度。理论上讲，影响电除尘器除尘效率的因素主要包括以下几个方面：气体温度、湿度、含尘气体的流量和流速、含尘浓度、气流分布均匀性以及除尘器本身的结构等，具体关系如图6-22所示。

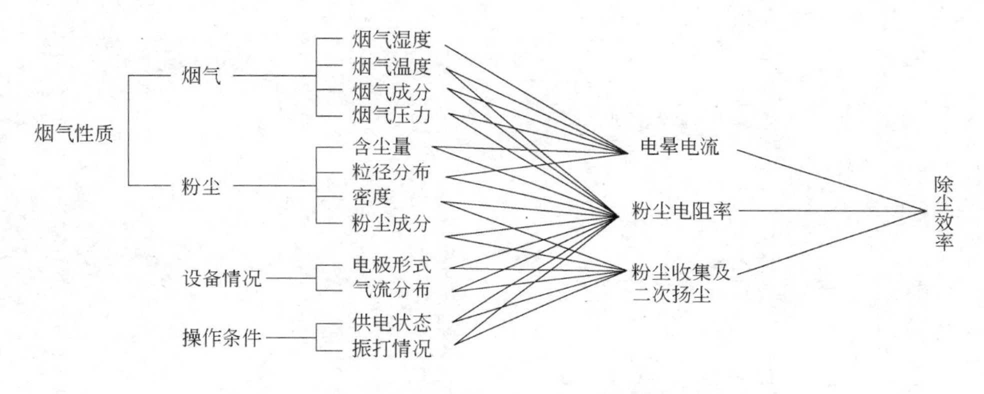

图6-22 影响静电除尘效率的主要因素及其相互关系

6.5.5.1 入口烟气温度变化对静电除尘效率的影响

粉尘电阻率是衡量粉尘导电性能的指标，除烟气本身的物理性质以外，静电除尘器入口烟气温度直接影响烟气中粉尘的电阻率，而电阻率直接影响静电除尘效率，如图6-23b所示。

粉尘的导电分为两种：一种是通过粉尘颗粒内部传导，称之为体积导电，其电阻被称为体积电阻率；另一类是通过粉尘颗粒表面传导，称之为表面导电，其电阻被称为表面电阻率。

粉尘体积电阻率主要由粉尘的化学成分决定，而粉尘的表面电阻率还与粉尘层的构成形态有关，如粉尘粒子的形状、大小以及孔隙率等。

烟气温度对比电阻来说是最敏感的因素之一。体积电阻率和表面电阻率均受温度的影响。高温时，电流的传导主要为粉尘的成分所左右，电阻率较低，所以它并不受并联的较高的表面电阻率的影响。反之，在低温区内，体积电阻率较高，对有效电阻的影响较小。在中等温度下，表面电阻率和体积电阻率都起作用。

可将表面电阻率和体积电阻率两个部分分开，温度降低时，体积电阻率持续上升，而表面电阻率则随着温度的升高而增大（图6-23a 中虚线所表示的温度-比电阻曲线，是两分量的综合体间）。电阻率随着温度的变化而连续变化，电除尘器的运行温度可分为低、中、高三个区域，如图 6-23a 所示。

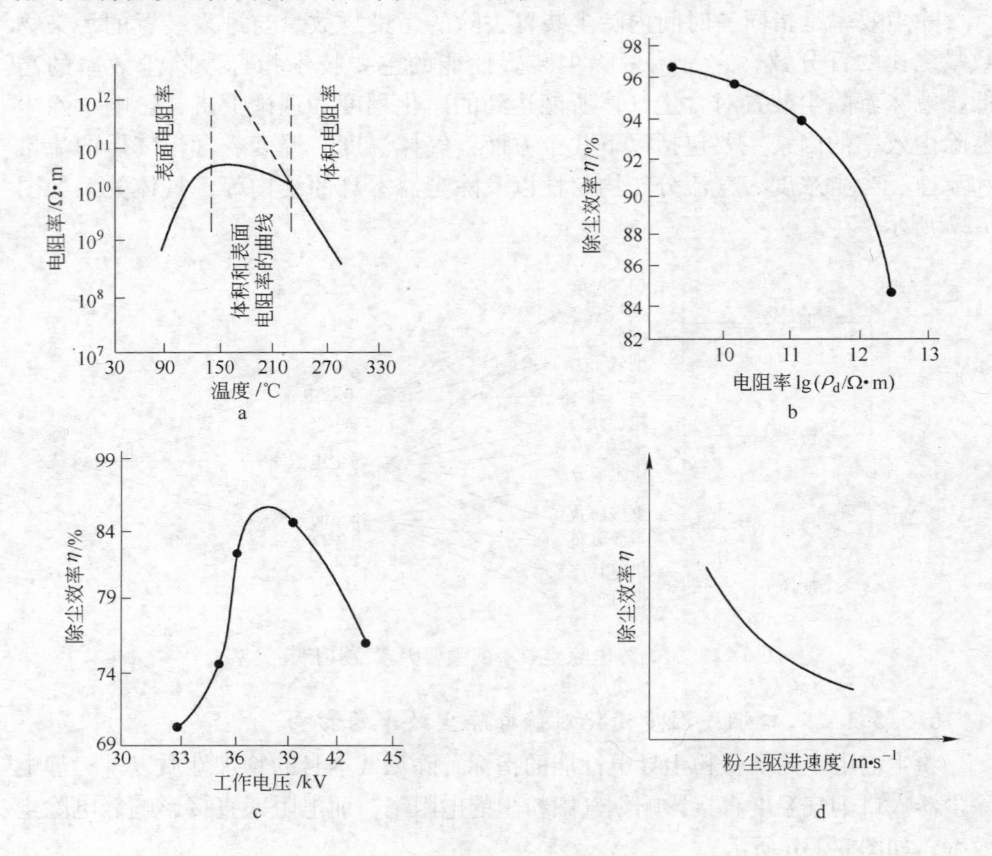

图 6-23　各种因素对静电除尘效率的影响

a—温度与电阻率的关系；b—电阻率与除尘效率的关系；c—工作电压与除尘效率的关系；d—粉尘驱进速度与除尘效率的关系

在低温区时，烟气温度较低，这时电流主要通过表面传导，电阻较低，因此不容易发生反电晕。但电除尘器低温运行存在缺点，当通过的烟气湿润时，低温运行容易使水汽凝结在粉尘表面和电除尘器上，使得电晕线肥大，不利于电晕的发生，同时湿润的粉尘黏附在收尘极板上会腐蚀收尘极板，从而缩短了电除尘器的寿命。

在中温区时，表面比电阻和体积比电阻都起作用，这时的合成电阻率很高，很容易引发反电晕作用。因此电除尘器在该区域运行是应当避免的。

在高温区时，粉尘的电阻率较低适合电除尘器的运行。但高温运行时收尘极板上的粉尘层的黏附力较小，粉尘层容易碎裂，从而引起二次扬尘作用，降低了电除尘器的除尘效率。

也就是说，温度升高时，气体的密度减小，击穿电压降低，使电除尘器的除尘效率降低；温度降低时，气体密度增大，击穿电压升高，电除尘器的除尘效率增大。从提高除尘效率的角度来看，应使含尘气体的温度低于160℃。

6.5.5.2 工作电压对静电除尘效率的影响

传统静电除尘理论认为电除尘器的除尘效率随工作电压的升高而升高，但从实际运行状况来看，电除尘器的除尘效率并非随着供电电压的升高而无限制地升高。当到达最高除尘效率后，随工作电压的升高除尘效率反而下降，如图6-23c所示。

为分析、判断静电除尘器入口烟气温度、静电除尘器工作电压及除尘效率三者之间的关系，进行以下实验，实验分别在130～140℃、140～150℃、150～160℃三个温度区间进行。首先将静电高压控制切换为手动控制模式，手动升压5个电压值，分析烟尘试样，结果如图6-24所示。

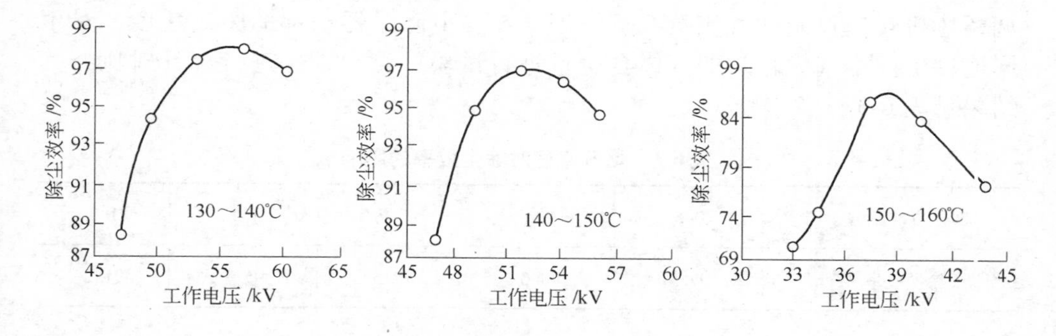

图6-24 不同温度区间工作电压对除尘效率的影响

可以看出，随着工作电压的增大，除尘效率逐渐升高，达到最高除尘效率后，除尘效率开始下降。三种不同温度范围区间的烟气电阻率粉尘均存在一个最优工作电压。130～140℃和140～150℃温度范围区间的烟气电阻率粉尘的平均最佳工作电压值分别约为55kV和52kV，而150～160℃温度范围区间的烟气电阻率粉尘的最佳工作电压值相对较低，其最佳工作平均电压值约为38kV。

产生此现象的原因是电除尘器在运行过程中，随供电电压的逐渐升高，电晕电流增大，收尘极板上积累电荷量增多，积累电荷产生的反电场增大。此时要想使除尘效率达到最高，必须尽量减小供电电压以减小反电场，但供电电压的减小会造成原电场减小，因此供电电压不能无限量减小，中间存在一个最优值。由图6-23b可见，随粉尘电阻率的增大，电除尘器除尘效率逐渐降低，特别是当粉尘电阻率大于$10^9\Omega\cdot m$后，粉尘收集效率显著下降。产生上述现象的原因是：随着粉尘电阻率的增大，极板沉积粉尘层积累电荷量增大，形成的反电场也增大。特别是当极板沉积粉尘层电阻率超过$10^9\Omega\cdot m$后，粉尘层积累电荷量产生的反电场迅速增加，此时收尘电场电压明显下降，荷电粒子驱进速度下降，严重影响了粉尘的收集效率。

6.5.5.3 烟气流速变化对静电除尘效率的影响

对于固定规格型号的电除尘器，其除尘效率是在其设计的处理气体量范围内而言的。如果处理气体量超过设计范围，则除尘效率达不到设计的要求。当气体流量大于电除尘器所设计的允许范围时，电除尘器的除尘效率降低，主要原因是由于气体流速增大，减少了粉尘与电离的气体离子结合的机会，加大了粉尘微粒被高速气流带走的数量，同时增加了已经沉积下来的粉尘再度被高速气流扬起带走的数量，即增大了二次扬尘效应。

从电除尘器的工作原理来看，烟气流速越低，粉尘微粒荷电的机会越多，因而除尘效率越高。为寻找风速变化对除尘效率产生影响的规律，通过调整风机转速控制烟气流量，折算烟气在静电除尘器内部的驱进速度，对不同速度下的烟气净化后的气体含尘量进行试验、测定，并进行统计对比，其结果见表6-3。

表6-3 烟气流速对除尘效率的影响

烟气流速/$m\cdot s^{-1}$	0.5	0.6	0.7	1.1	1.3
除尘效率/%	99.9	98.6	97.5	95.7	91.2

从实验结果可以看出，当转炉烟气在电除尘器中的流速小于0.5m/s时，除尘效率最高，接近100%；当流速增高到1.0m/s时，除尘效率降低到96%；当流速增高到1.3m/s时，除尘效率只有91.2%。

由此得出结论，随着含尘气体流速的增大，电除尘器的除尘效率大幅度下降。一般认为，气体流速取0.6~1.3m/s为宜，对于大型电除尘器，可以取上限值，因为气体在电除尘器内停留时间较长；反之，则应取较低的流速。有些厂将电除尘器内部的烟气流速控制在1.0~1.2m/s之间。

通过风机的转速调整烟气的流速。

6.5.5.4 电场振打周期对静电除尘效率的影响

静电除尘器内部电场的振打装置主要用来定时清除电场内极线和极板上的积灰，保持电场二次电压的稳定。静电除尘器振打清灰周期的时间长短对除尘效率的影响十分显著。静电除尘器的振打方案在系统设计时已经制定，但在实际运行中由于设备分布位置、管道长度及蒸发冷却器温度控制特性等因素的变化，烟气粉尘的特性也随之发生变化。振打清灰周期时间设置过长，则积灰太厚，虽然有时积灰能够自行脱落，但会降低除尘效率；振打清灰周期时间设置过短时，由于灰层太薄，脱离电极的粉尘不能成为较大的片状或块状，而是成为分散的小片状或单个粒子，振打下来的粉尘很容易被气流带回除尘器空间而加剧二次扬尘，降低效率。依据下式计算静电除尘器振打清灰周期的理论值：

$$T_{ai} = T_{xi} + T_{ti} = N_i/v_i + 60D_iP_iA_i/(Q_iC_i\eta_i f_i) \tag{6-5}$$

式中 T_{ai}——振打周期；

T_{xi}——振打时间，min；

T_{ti}——停振时间，min；

N_i——连续振打次数（2～5次）；

v_i——振打减速机转速，r/min；

D_i——最大允许积尘厚度，mm；

P_i——粉尘堆积质量浓度，kg/m^3；

A_i——收尘面积，m^2；

Q_i——处理气量，m^3/h；

C_i——入口含尘体积；

η_i——除尘效率,%；

f_i——积尘不均匀系数（5～6）。

理论周期在实际运行过程中通过反复对比试验进行调整。通过多次试验比较后，根据本厂的生产实际情况，在振打周期、振打频率、振打间隔、阴阳极振打匹配、电场振打顺序控制等方面都进行了修改和完善。这样，对提高除尘效率有明显的作用。

6.5.5.5 电场闪络次数对静电除尘效率的影响

粉尘在电场中主要受库仑力、重力等作用，提高运行电压无疑会加大库仑力，有利于提高除尘效率。但最高除尘效率是在运行电压升到临近火花放电闪络时获得的，而每次闪络会引起扰动，造成局部粉尘透过率增加，引起除尘效率下降。对火花频率的监视和调整一般以电场闪络信号为依据，使主回路中的调压SCR（硅可控整流器）迅速关断，设备中断高压输出，然后电场从较低的电压值重新升压，并逐渐逼近电场的火花放电电压，直到下一次闪络信号的出现。

调节电压的上升率或下降率可改变电场的闪络频率，过高或过低的闪络频率都将影响除尘效率。电场处在“最佳火花频率”时可达到较高的平均电晕功率输出，获得较高的除尘效率。最佳火花闪络频率可通过多次除尘效率试验比较后得出。某厂通过对转炉吹炼8～9min的实际生产数据的统计，4个电场的平均火花频率为25～30次/min，效率为99.28%～99.32%；4个电场的平均火花频率为35～45次/min，效率为99.11%～99.17%，闪络频率过高除尘效率下降。

产生闪络频率过低的原因有三个：

（1）烟气电阻率高。在形成反电晕之前，电场电晕电压高，但不易出现击穿闪络。

（2）烟气的含尘量低。在静电除尘器的最后一个电场，由于含尘量低，闪络频率降低的现象表现得更为明显。

（3）电源控制系统存在问题。二次电压不足以发生闪络。

闪络频率作为反映烟气周期性或非周期性特性变化，反映静电除尘器内部结构工作状态的一个实时系统运行数据，不能进行调整和修改，以用于改变或完善系统运行状况，但是作为一个可以反映运行状态的运行数据，在分析、判断系统设备故障、状态时具有重要的意义。

6.5.6 静电除尘器的主要技术参数

某120t转炉用静电除尘器的主要技术参数如下所示：

进口烟气量（标态）：161388m^3/h；

出口烟气量（标态）：115152m^3/h；

N_2耗量（标态）：61.16m^3/h；

除尘效率：99%；

有效断面积：43.7m^2；

电场风速：0.99m/s；

停留时间：30s；

电场数量：4；

通道数：16；

电场高度：2.5～7.2m；

电场长度：4.08m；

极板总面积：5500m^2；

压力损失：<300Pa；

同极间距：400mm；

收尘极：ZT24板，SPCC，1.25mm；

电晕极：一、二电场B8线，三、四电场V15线；

沉淀极振打：侧部挠臂锤振打；

放电极振打：顶部凸轮提升机构振打；

分布板振打：侧部挠臂锤振打；

泄爆板：6台，DN1200（二级）；

沉淀极吊挂：侧部机械吊挂；

放电极吊挂：顶部机械吊挂；

高压电源：GGAJO2B-MCⅢ，4台。

6.6 离心除尘器

离心除尘器利用离心力的原理进行尘、气分离。主要有旋风除尘器和平面旋风除尘器。

6.6.1 旋风除尘器

旋风除尘器为干式除尘，如图6-25a所示。其原理是含尘气体以一定速度从切线方向引入除尘器上部，然后气流向除尘器下方做螺旋下降流动，再转180°，气流上升从排气管抽走，在离心力的作用下尘粒被掷向器壁，烟尘由于重力作用沿壁下沉，掉入锥形灰斗实现气尘分离。旋风除尘器的缺点在于气体自切线方向进入除尘器圆筒部分时，在旋转过程中产生紊流，一则阻损增大（与平旋器比较），二则一部分烟尘（细小的）再被气流旋转上升进入烟气中使除尘效率大为降低，同时烟气量的变化对除尘效率的影响很大，目前使用甚少。

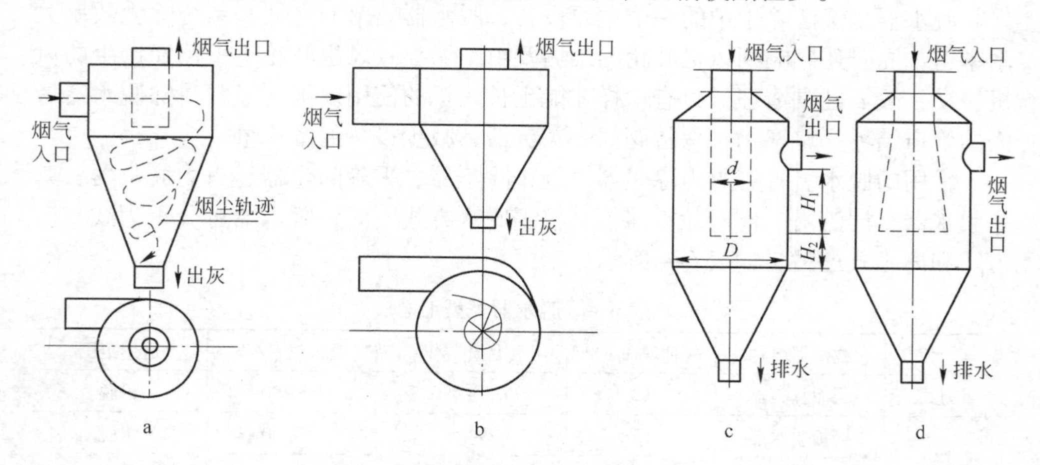

图6-25 旋风、平旋旋风除尘器及重力脱水器结构示意图

6.6.2 平面旋风除尘器

平面旋风除尘器简称平旋器。在圆筒形除尘器内加了一个蜗形芯管，见图6-25b。平旋器是利用气流做平面涡旋运动产生的离心力达到除尘的目的。由于蜗形芯管的导向作用，边沿含尘气体至少在平旋器内旋转两周以上，使被分离的烟尘依靠惯性沿外壁成螺旋状下降；接近平旋器中心部分的气流旋转一周后进入芯管继续旋转上升，并清除部分烟尘。因此平旋除尘器不存在一般旋风除尘器

所特有的旋转下降和旋转上升两股气流互相干扰造成第二次扬尘的问题。同时，经一次旋转后周边含尘较多的气体可形成回流与新进入的气体混合进行二次分离，因而提高了细小颗粒的分离作用，所以平旋器的净化效率较一般旋风除尘器高。

平旋器对收集10μm以上的粉尘有较高的净化效率（70%～80%）。但在处理烟尘粒度在5μm以下时，效率大为降低。采用平旋除尘器可以降低烟气净化系统的阻力损失（阻力为1471.5Pa，降温效果300℃），同时也减少了污泥的处理量（占总灰量的70%～80%）。

平旋器的缺点在于夹层冷却水套内容易漏水，造成结瘤，给清灰增加困难，还待进一步改进。目前平旋器多用于干湿结合系统的小转炉上作第一级粗除尘设备，也有作为脱水设备以解决一般脱水器的堵塞现象。

6.7　脱水装置

在湿法转炉烟气净化回收系统中，文氏管只能起到凝聚作用，而凝聚成的大颗粒含尘液滴，还是同烟气混在一起的，需要进行脱水处理，使气、水分离。通常都是采用脱水器来达到此项目的。

脱水器是湿法除尘中的一个主要设备，脱水器效率的高低和系统除尘效率关系紧密，同时还影响到风机叶轮的结垢及由结垢导致风机叶轮不平衡而产生的风机振动，故需经常清理。只有这样才能延长风机的使用期限。经常清除脱水器后面的管道结垢、堵塞物，保持阀门开关灵活，减少设备的维修量。

常用的脱水装置有重力除尘器、旋风除尘器、平旋除尘器、重力脱水器、弯头脱水器、湍流塔、丝网除雾器等。根据脱水方式不同，脱水器可分重力式、撞击式和离心式三种，如表6-4所示。

表6-4　脱水器类型汇总[8]

类　型	脱水器名称	气速/$m \cdot s^{-1}$	阻力损失/Pa	脱水效率/%	适用范围
重力式	灰泥扑集器	12	196.2～490.5	80～90	粗脱
撞击式	挡板脱水器	15	294.3	85～90	粗脱
	丝网除雾器	约4	147.15～245.25	99	精脱
离心式	平旋脱水器	18	1276.3～1471.5	95	精脱
	弯头脱水器	12	196.2～490.5	90～95	精脱
	叶轮脱水器	14～15	490	95	精脱
	复式挡板脱水器	约25	392.4～490	95	精脱

6.7.1　重力脱水器（灰泥扑集器）

重力脱水器属于粗脱水装置，灰泥扑集器是重力脱水器的一种。水和气流进入脱水器后，因速度降低并改变了流动方向，而气流中的水滴由于自重较大，借助惯性力仍作直线加速沉降，当一定直径的水滴沉降速度大于脱水器内上升气速时，就产生了水气分离。

灰泥扑集器对细水滴的脱除效率不高。但其结构简单，不易堵塞，一般用作第一级脱水设备，其外形结构见图 6-25c、d。其烟气入口有直管和扩散管两种形式，D 为简单直径。当考虑系统检修时，该脱水器同时作水封用，则 H_1 应为 2m，或者稍低一点。H_2 应为 $0.5D$，以保证气体流速在 4 ~6m/s，但最大不能超过 1m。

灰泥扑集器的脱水效率取决于水滴的自由沉降速度和气体上升速度，当水滴的自由沉降速度大于气体上升速度时，水滴才能从气体中脱掉。气体上升速度确定后，可求得能脱除水滴的最小直径 d_0。气体上升速度与水滴沉降临界直径之间的关系列于表 6-5。

表 6-5 气体上升速度与水滴沉降临界直径的关系[9]

气体上升速度/$m \cdot s^{-1}$	2	2.5	3	3.5	4	4.5	5
水滴沉降临界直径/μm	约 135	约 210	约 300	约 405	约 530	约 680	约 830

6.7.2 撞击式脱水器

6.7.2.1 重力挡板脱水器

重力挡板脱水器的工作原理与灰泥捕集器的工作原理基本相同，所不同之处在于：一些直径比较小的水滴尽管由于沉降速度小于上升速度而随气体一起改变流动方向，但是因为有挡板存在，当水滴撞击在挡板上之后，速度急剧降低，同时也增加了水滴碰撞聚集使直径变大的几率。因此，重力挡板脱水器与灰泥捕集器相比，脱水效果较好。图 6-26a 为国内常用的重力挡板脱水器的结构外形。为了防止排污管堵塞，应尽量不采用 90°连接，排污管直径 D_g 应大一些，且应经常清理。迎向脱水器入口处的锥体部分，因受气流、水流、冲刷而极易磨损，要经常检查，增加保护措施。

6.7.2.2 丝网除雾器

丝网除雾器也是属于撞击式脱水器的一种，它是近年来在化工及石油部门采用的除雾设备之一，转炉烟气净化系统也有采用它以便脱除较小的雾状水滴。丝网除雾器具有比表面积大、质量轻、阻力小、自由体积大、使用方便、耗水量小等优点，一般用作风机前精脱水设备。

A 丝网除雾器的除雾原理

气体通过丝网时，夹杂在气体中的雾粒以一定的流速与丝网的表面相碰撞，雾粒碰在丝网表面后，被捕集下来并沿细丝向下流到丝与丝交叉的接头处，聚集成液滴，液滴不断变大，直到聚集的液滴达到足够大，本身质量超过液体表面张

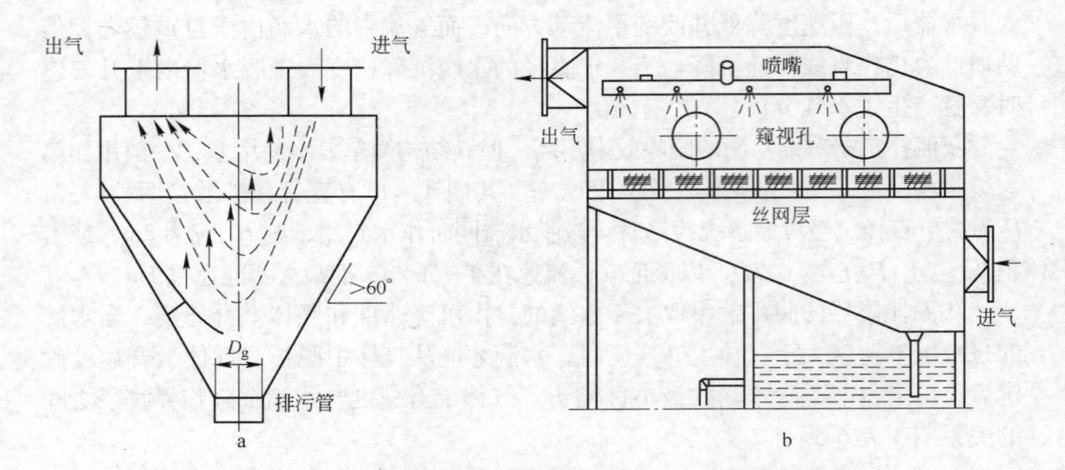

图 6-26　重力挡板脱水器和丝网除雾器结构示意图

a—重力挡板脱水器；b—丝网脱水器

力与气体上升浮力的合力时，液滴就过载而沉降，从而达到除雾的目的。

金属丝网系由很细的金属丝（断面为扁形）编织成像袜筒般的圆筒形网套，网成连环结构，结成的网套压平成为具有双层折皱形的网带。网的材质可用不锈钢丝、紫铜丝或磷铜丝等各种材料，丝的规格为 0.1mm ×0.4mm 的扁丝，丝网高度一般有 100mm 和 150mm 两种，为求得较好的除雾效果，可选用高度为 150mm 的丝网。

丝网除雾可单独装上外壳构成丝网除尘器，如图 6-26b 所示，也可装在设备（如洗涤塔）内，使洗涤塔同时具备降温、脱水、除雾等功能。

目前氧气顶吹转炉所用的丝网除雾器多半是安装在洗涤塔内，为使丝网除雾器充分发挥作用，应选择合适的气流速度和丝网型号，保证产生必要的惯性作用。因为气速过小，夹带在气体中的雾粒就漂浮着，不能撞在细丝上，仍随着气流通过丝网，而除不下来。气速过大，会造成液乏，即聚集的液滴不易降落，结果液滴充满丝网，形成一层水滴层，气体通过丝网时又重新将水珠带上来，被称为“带沫”现象。

丝网除雾器的阻损一般在 15 ~25mmHg（1mmHg = 133.322Pa）。

丝网除雾器在雾沫量不是很大时，或雾粒不是特别细的情况下，一般除雾效率可达 99% 以上，根据有关资料介绍，对于 5μm 的雾粒除雾效率为 99%，对于 10μm 的雾粒，除雾效率为 99.5%，并能有效地除去一些 2 ~5μm 的雾粒。

B　使用除雾器时应注意事项

(1) 根据转炉烟气含尘浓度较高的特点，烟气经湿式净化设备净化后，烟气中含有较脏的液滴。因此一般在烟气进入丝网除雾器之前，尚需设置粗脱水设备，丝网除雾器作第二级或第三级精脱水。

（2）丝网除雾器应设有定期水冲洗装置，以便及时清除丝网除雾器上的积泥。水冲洗装置应与转炉炼钢操作连锁，一般每炼一炉钢冲洗一次，冲洗时间为3min左右。冲洗用的喷嘴建议采用锥形喷嘴，水压不小于0.15MPa。

（3）丝网除雾器的丝网材料应采用不锈钢丝，为防止丝网与安放它的壳体、柜架等普碳钢结构之间产生电化学腐蚀，一般将与丝网接触部分的结构表面涂一层树脂，以作绝缘之用。

（4）丝网放入过滤器前必须重新盘绕到一定尺寸。手工盘绕丝网时，往往中心部偏紧，而外圈偏松，必须掌握恰当，丝网放入时必须与过滤器壁密接，否则会造成气流短路。

6.7.3 离心脱水器

离心脱水器是利用气水进入脱水器后气体流速减慢，借助水滴的惯性和离心力作用，使气水分离的原理进行脱水的装置。它主要包括平旋脱水器和弯头脱水器。

弯头脱水器主要是利用含尘气流进入脱水器后受惯性力和离心力的作用把气流中的水滴甩到脱水器的叶片上，然后顺小孔层层流到接水板上，通过排水槽排走。弯头脱水器按其弯曲角度不同，分为90°弯头脱水器和180°弯头脱水器，结构外形如图6-27b、c所示。

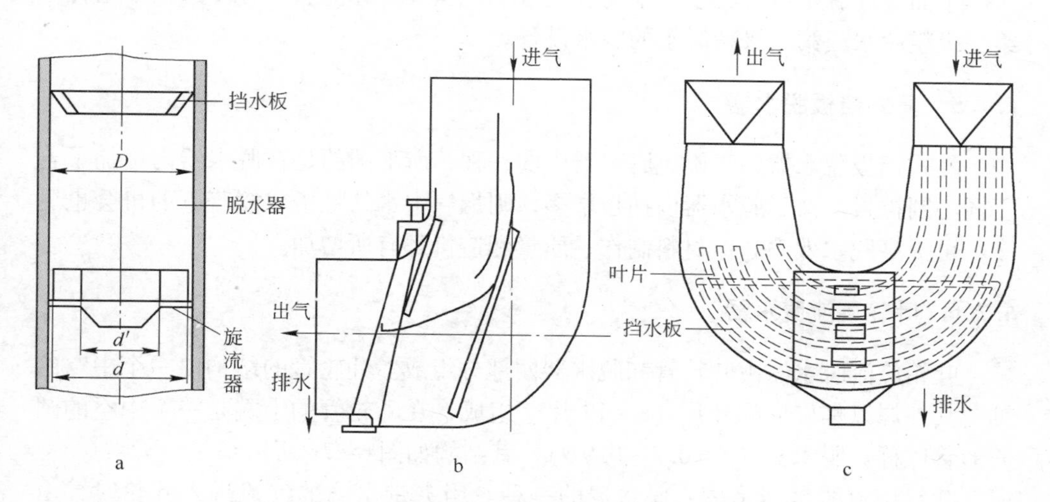

图6-27 叶轮旋流脱水器及弯头脱水器结构示意图

弯头脱水器的进口截面积可按气流速度不大于12m/s计算确定，出口截面积可按气流速度8~10m/s计算确定。脱水器叶片数目可取4~6片，叶片间距一般取100~300mm，间距太大会降低脱水效率，太小则易于堵塞，孔眼面积可按叶片面积的1/4~1/5计算，孔眼宽度一般为100mm左右。

弯头脱水器能脱除大于 30μm 的水滴，其脱水效率可达 95% ~98%。90°弯头脱水器的阻力损失约为1330 ~3990Pa，180°弯头脱水器的阻力损失约为 3990 ~6650Pa，在发生堵塞时阻力会大大增加。

应特别注意防止弯头脱水器堵塞，应有清理措施并定期维护。弯头脱水器的叶片应设有水冲洗装置，经常进行冲洗清理。特别是 180°弯头脱水器叶片的上升 90°部分，由于水滴到达此处时，动能已大大减少，对于沾在叶片上部泥尘的冲刷作用也就大大降低，因此若不及时冲洗，常常由于泥尘结垢而发生堵塞，影响整个系统的工作效率。

生产实践也证明，180°弯头脱水器的脱水板和孔非常容易结垢和堵塞，严重时会造成风机喘振，有的厂已改为入口 90°处增加甩水板，出口 90°处增加格板，这样堵塞现象就大为减少。当然，这样改动之后，其脱水效率有所降低。所以说，如能做到定期冲洗 180°弯头脱水器的叶片，则 180°弯头脱水器的脱水效率高于 90°弯头脱水器。

6.7.4 平旋脱水器

平面旋风脱水器的脱水原理与平面旋风除尘的原理完全相同，其结构也基本相同，如图 6-25c、d 所示，只是不考虑水冷却措施。

平面旋风脱水器有脱水效率高、设备小、积灰少等优点，可作为较小型转炉第一级粗脱水或第二级精脱水的脱水设备。

6.7.5 复式挡板脱水器

复式挡板脱水器属于旋风脱水器中的一种，所不同的是在脱水器内增加了若干同心圆挡板。由于脱水器内挡板增多，则烟气中水的粒子碰撞落下的机会也更多，可提高脱水效率。但材料制作、质量和造价都有所增加。

6.7.6 叶轮旋流脱水器

叶轮旋流脱水器由叶轮管和脱水器两部分组成。叶轮管的结构由一个中空的轴套其外焊以螺旋形的叶片（8 ~12 片）组成，在叶轮管的上端是一个中空的圆筒形管体称为脱水器（$d = 0.8 \sim 0.9D$），其结构如图 6-27a 所示。

叶轮旋流脱水器是离心脱水器的一种。当夹带水滴的气流进入叶轮时，由于细小液滴在叶片上的撞击积聚形成大颗粒水滴，并在气流的带动下，使水滴沿着叶片按离心方向甩至脱水器内壁流下。同时，部分夹带在气体中的水滴也由于气流的旋转作用而分离。叶轮旋流脱水器的脱水效率高，阻损较小，结构简单，制造与安装容易，可用在转炉烟气湿法除尘系统中作最后一级脱水设备。

6.8 洗涤塔

洗涤塔又叫喷淋塔。烟气通过洗涤塔可同时达到冷却和除尘两个目的。在转炉烟气净化流程中，有采用洗涤塔将高温烟气冷却到饱和温度，并起到粗除尘作用，也有用洗涤塔作饱和烟气的降温除湿，并冲洗掉气流中夹带的机械水，起到除尘脱水的作用。无论用在净化系统哪一级，洗涤塔都可与其他除尘设备配合，作为转炉烟气的降温除尘设备。

洗涤塔容积大，喷淋量大，当气量变化时，其降温降尘作用波动不大。它能除掉大于5μm 的尘粒，运行可靠，阻力很小。

洗涤塔可分为溢流快速洗涤塔、快速空心洗涤塔、低速空心洗涤塔等，如图 6-28 所示。

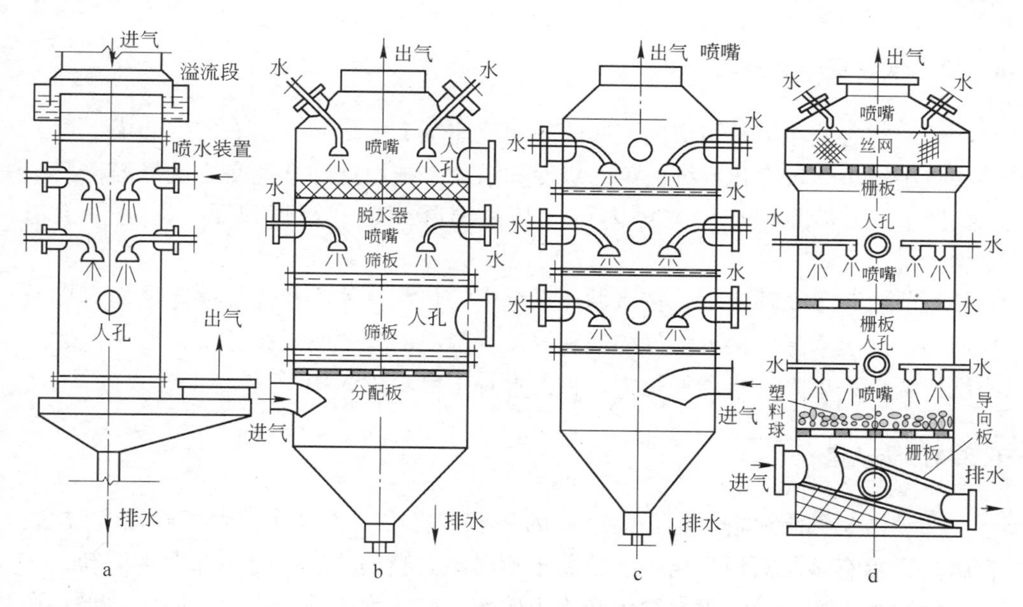

图 6-28 各种洗涤塔结构示意图

a—溢流快速洗涤塔；b—快速空心洗涤塔；c—低速空心洗涤塔；d—湍动塔

转炉烟气净化流程中，一般均采用空心洗涤塔。它是利用喷嘴将水雾化，使液滴表面积不小于过去填料塔的填料面积，以达到与填料塔具有同样的传质传热的效果。

6.8.1 溢流快速洗涤塔

溢流快速洗涤塔（亦称竖管）一般将溢流快速洗涤塔作为烟气净化流程中的第一级设备，将高温干烟气冷却到饱和温度，其结构如图 6-28a 所示。

烟气由上部进入，从下部排出。为消除干湿交界面，塔的入口处设有水封连接管，可起到防粘灰、泄爆、缓冲塔前烟道受热膨胀的作用。溢流快速洗涤塔具有设备简单，冷却效率高，阻力小等优点。

6.8.2 快速空心洗涤塔

快速空心洗涤塔可用在精除尘设备（如二文）后进行降温降湿，并冲洗掉气流中夹带的含尘污水滴，起到除尘的作用。转炉烟气净化系统中采用的快速空心洗涤塔是从湍动塔演化来的，在试验中发现湍动塔不能适应气量波动的操作，且球内易进水，使球无法湍动，后去掉球，变成二层筛板的空塔，实测认为这种塔的传热效果很好，为此，目前不少厂均采用图 6-28b 所示的快速空心洗涤塔。

6.8.3 低速空心洗涤塔

低速空心洗涤塔是指塔内气体的断面流速在 1 ~ 1.5m/s 左右的空心塔，过去某些较小转炉烟气净化系统的第一级冷却塔就是采用这种低速空心洗涤塔，其结构如图 6-28c 所示。烟气在塔内可以从高温降到饱和温度以下，并进行了粗除尘。

目前由于水循环使用，在水循环系统中，热水往往不经冷却架降温而直接循环使用，故上水温度接近烟气的饱和温度，降温的效率明显很低。又鉴于低速空心洗涤塔体积庞大，水消耗量大，目前设计中已很少采用了。

6.8.4 湍动塔

湍动塔又称湍流塔，也是喷淋塔的一种，它用于风机前的烟气降温和脱水。在塔内设置有多层栅板，栅板上放着小塑料球。当烟气通过时小球发生湍动，使气、液两相密切接触，提高脱水和除尘效率。有的为了进一步提高脱水效果，在上塔里装上丝网脱水器，如图 6-28d 所示。

全塔分为上、中、下三段，各段都设有隔栅，隔栅的作用是使气体沿塔断面均匀分布。上层有丝网除雾装置。洗涤中气体和水是逆向而行的，因此，冷却效果较好。湍动塔能使烟气温度进一步降低，使烟气的含湿量降低，烟气的体积减小，从而有利于风机操作及便于回收的煤气的输送和使用。洗涤塔的主要作用是降温、精脱水，对于安装在转炉烟气净化回收系统末端的洗涤塔来说，其除尘效果已不明显。

由于其内部结构的不同，各种洗涤塔的阻力损失也不同，但最大不超过 200mmHg。经洗涤塔处理后的烟气温度一般为 55 ~ 60℃。

6.8.5 煤气冷却器

煤气冷却器在静电除尘器后部，主要对合格的转炉煤气进行洗涤和降温，将转炉煤气的温度（100～150℃）降到70℃以下后送入煤气柜。煤气冷却器内上部装有两层喷水系统，合格的转炉煤气从煤气冷却器下部进入，通过喷嘴进行喷水冷却和洗涤，冷却后的转炉煤气从冷却器的顶部排出，进入煤气柜中。喷嘴工艺参数决定了煤气的含尘量和进入煤气柜温度。煤气冷却器实质上是一个水、气逆向运动的洗涤塔。喷嘴工艺参数直接影响煤气的含尘量、含水量和入煤气柜时的温度。

可考虑在煤气冷却器增设氮气雾化喷枪。在煤气冷却器入口管道上部和底部分别安装一支氮气雾化喷枪，向煤气中喷出极细小的水雾，利用水的蒸发潜热来吸收煤气热量，达到最佳的降温效果。这一级降温目标是把煤气温度最好控制在65℃以内。同时，从保证煤气冷却器运行安全和降低能耗的角度出发，雾化喷枪的能源介质应选为氮气配加中压冷却水。

可考虑在煤气冷却器内由下向上设置5只大流量实心锥形螺旋喷嘴。通过饱和换热来吸收煤气热量。

采用实心锥形螺旋喷嘴的特点有两个：一是不容易堵塞，从而大幅度延长了喷嘴的使用寿命，减少停机检修的次数；二是可以产生非常均匀的雾化，达到良好的煤气洗涤和换热效果。某厂120t转炉用煤气冷却器的运行工艺数据如表6-6所示。煤气冷却器的外形如图6-29所示。

表6-6 煤气冷却器的运行工艺数据

名 称	工 艺 数 据
入口煤气温度/℃	<150℃
出口煤气温度/℃	<70℃
蒸发冷却器筒体直径、高度/m	3.5，15
气雾冷却喷水量/$m^3 \cdot h^{-1}$	12
气雾冷却氮气耗量/$m^3 \cdot h^{-1}$	5
饱和冷却耗水量/$m^3 \cdot h^{-1}$	150

6.8.6 高效喷淋塔

由于新OG法的出现，一种替代原始OG法中溢流饱和文氏管的新烟气净化装置——高效喷淋塔诞生了。利用高效喷淋塔对转炉烟气进行冷却降温、灭火和除尘。经过高效喷淋塔后，烟气的温度由900℃左右降至70℃左右。

图 6-29　煤气冷却器外形

高效喷淋塔又称为洗涤塔，采用溢流和喷水相结合的供水方式。为了防止溢流面不平，在汽化冷却烟道末端增设一个喷嘴。在洗涤塔内采用单、双向相结合喷水方式，使洗涤塔内的烟气达到彻底紊流。单、双向喷嘴是非标设备，单、双向喷嘴可使水形成特别细的雾化颗粒，在高温下可以迅速蒸发。因为水蒸发潜热是饱和冷却显热的 10 倍，相应地所需的水量就是饱和冷却的很少一部分。雾化颗粒速度最高可达 40m/s，在实现蒸发冷却的同时，还有很好的除尘效果。喷嘴的喷雾区域是由一系列一个或几个连续的同心圆空心锥环组合而成的，其喷射形状为空心锥形和实心锥形两类，现较多地选用空心锥形喷射形状，该喷嘴独特的设计结构可使较小流量的喷嘴出口尺寸达到较一般喷嘴大数倍的液体流通截面，由于没有内芯结构，因此喷嘴的通道更加畅通，最大限度地减少阻塞现象，对水源水质没有特别要求。多层单、双喷嘴布置，形成气液固三相强烈混合、传质，气液接触时间长，相对速度高，降低气膜与液膜的阻力，提高捕尘的推动力，而且该喷嘴的液体喷射效率高，在同等喷射条件下，水泵的压力可以更低，起到节能增效的效果。

除尘喷枪是一种高效率的双流体双相喷嘴，对除去烟气中的细粉尘有很好的效果。喷嘴的气体压力可以设定一个恒定值，只改变液体的流量，调节比可达 1∶10；喷雾的颗粒直径在 100μm 左右，与气体中的细粉尘黏结后和烟气分离，从而达到除尘的目的。由于喷嘴的通孔较大，减少了堵塞，池水和外排水都可以使用。

高效喷淋塔的运行阻力在 1kPa 以下。

某厂 100t 转炉新 OG 法用洗涤塔主要设计参数如下：

进口烟气量（工况）：640000m^3/h；

出口饱和烟气量：280000m³/h；

进口温度：-900℃；

出口温度：-71℃；

溢流水量：20m³/h；

喷水量：450m³/h；

阻损：500Pa。

参考文献

[1]《氧气转炉烟气净化及回收设计参考资料》编写组．氧气转炉烟气净化及回收设计参考资料[M]．北京：冶金工业出版社，1976.

[2] 马春生．转炉烟气净化与回收工艺[M]．北京：冶金工业出版社，1985.

[3]《转炉干法除尘应用技术》编委会．转炉干法除尘应用技术[M]．北京：冶金工业出版社，2011.

7 转炉煤气回收部分主要设备

煤气回收是实现转炉负能炼钢的主要工艺措施。全湿法、干法、半干法转炉煤气回收部分工艺和主要设备基本相同，仅仅是湿法和干法的煤气引风机有所不同。转炉煤气回收部分的主要设备有煤气引风机、三通阀（切换站）、煤气冷却塔、煤气柜、放散系统及其附属设施，如液力耦合器、水封、加压机等。

7.1 煤气引风机

煤气引风机（以下简称风机）是氧气顶吹转炉烟气净化回收系统中最关键的心脏设备。风机的工作环境比较恶劣。例如，未燃法全湿净化系统，进入风机的气体（标态）含尘量约为100～120mg/m^3，温度在36～65℃，一氧化碳含量在60%左右，相对湿度为100%，并含有一定量的水滴，同时转炉又周期性间断吹氧。即使是采用半干法、干法除尘工艺，其气体（标态）含尘量约10～50mg/m^3。基于以上工作特点，对风的要求是：

(1) 调节风量时其压力变化不大，同时在小风量运转时风机不喘振；

(2) 叶片、机壳应具有较好的耐磨性和抗蚀性；

(3) 具有良好的密封性和防爆性；

(4) 应设有水冲洗喷嘴，以清除叶片和机壳内的积泥；

(5) 具有较好的抗震性。

由于转炉的容量及净化方式不同，系统的烟气量、压力损失（阻力损失）也不同。因此，不同的转炉炼钢厂应根据自己工艺装备的实际情况，选择合适的风机。湿法烟气净化与回收系统常用的引风机为高转速单进风D型风机、低转速的双进风涡轮型离心风机，干法烟气净化与回收系统常用的引风机为ID型风机等，按其动力传输方式又分为液力耦合器风机和变频风机。本书将重点介绍两种典型的引风机，即D18-风机和ID轴流风机。

7.1.1 D18-风机[1]

7.1.1.1 D18-风机结构

本节以D1850-11型风机为例对D18-风机的结构进行简单介绍。

D1850-11型风机是专为120t转炉OG法烟气净化系统设计的，该风机配有液力耦合器作无级调速，为下部吸入式，水平圆周方向引出，从电机方向看为逆时针旋转，机壳为铸钢的，分为上下两半，上部机壳有检测孔，叶轮外圆为1550mm，叶片径向后弯。

叶片与气流之间的相对流速在进口处为152.3m/s，在出口处为94.1m/s。叶轮外沿的最大切线速度为232.5m/s。在叶轮的抗磨性上采取了许多技术措施，如叶片表面镀铬；叶片材质选用强度高的合金钢30CrMnSi-5；叶片厚度增至8mm等。

风机主轴为两端支撑，较单端支撑抗震性能好。风机轴端有一个测速马达，有的已改为齿轮磁力测速仪。马达与主轴的转速比为2：1；可将风机转数显示在操作室内。另外，风机还设有四个水冲洗点，其中两个深入叶轮气流入口处，其余两个喷嘴喷向叶轮外圆，对称分布，排水口设在最低处。该风机的喘振区在抽风量60000m³/h以下，其外形结构如图7-1所示。风机与液力耦合器的连接方式如图7-2所示。

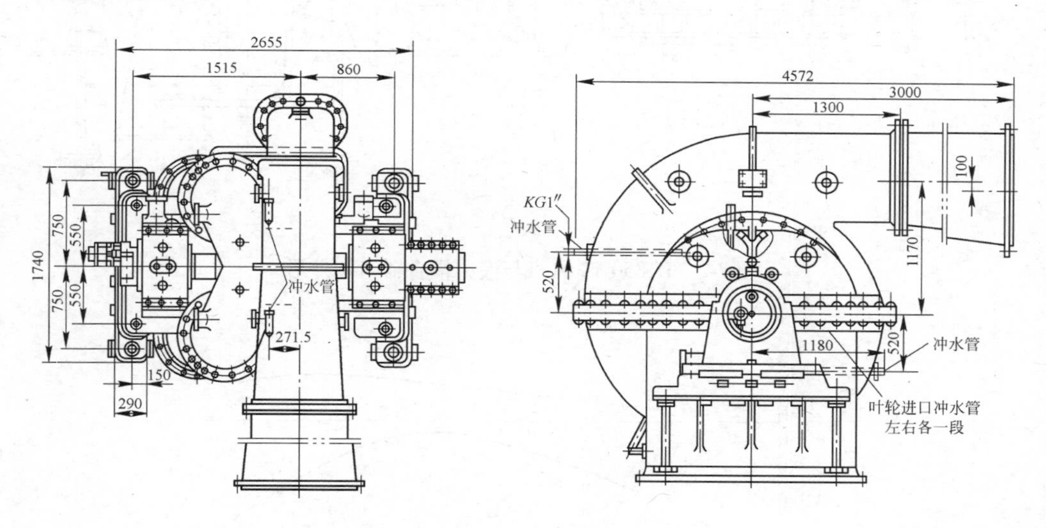

图7-1 D1850-11风机外形

7.1.1.2 D1850-11风机技术性能

D1850-11风机技术性能如下所述，其性能曲线如图7-3所示。

流量：1850m³/min；

进气压力：0.855mmHg（1mmHg=133.322Pa）；

升压：2250mmHg；

进气温度：60℃；

介质密度：0.7173kg/m³；

需要功率：841kW；

主轴转数：2865；

电机型号：JKZ-1000-2；

功率：100kW；

转数：2950r/min；

电压：6000V/3000V。

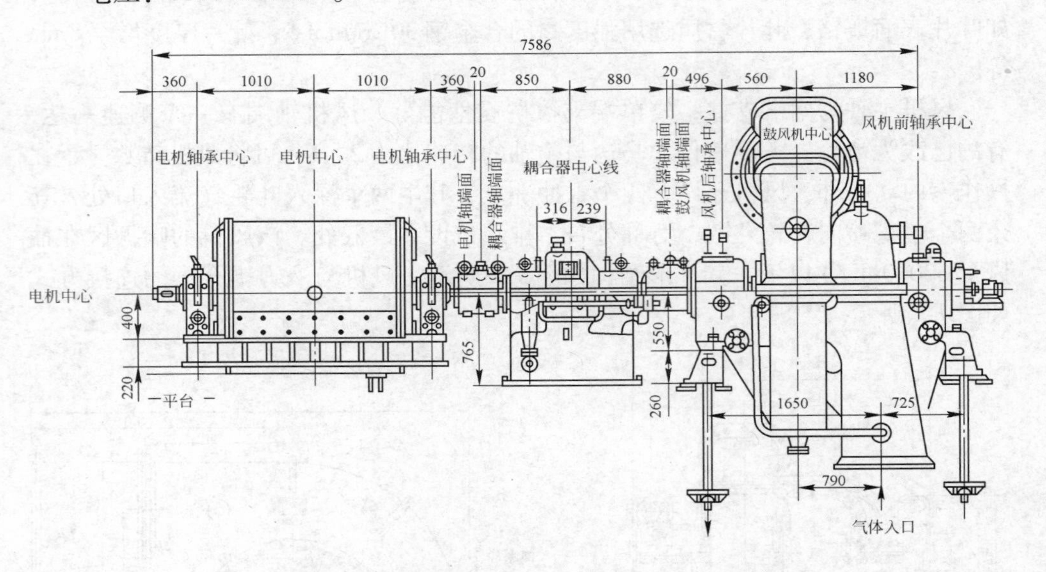

图 7-2　D1850-11 风机与液力耦合器组装外形

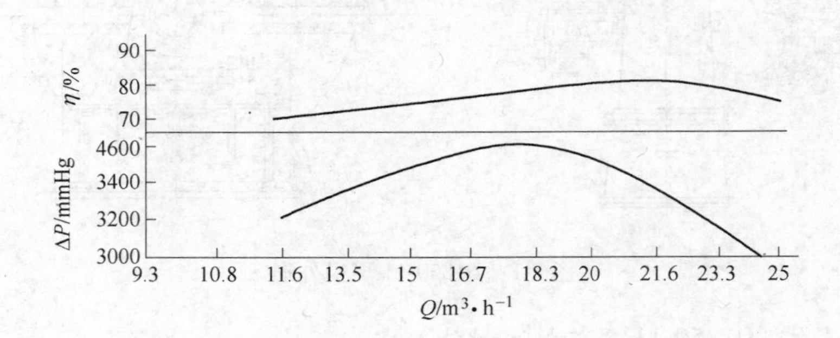

图 7-3　D1850-11 风机性能曲线

7.1.2　ID 风机

由于干法除尘系统的阻力小，所使用的风机为子午加速煤气风机，是一种大功率的轴流风机，又称为 ID 风机。外形如图 7-4 所示。

7.1.2.1　ID 风机的特点

干法除尘系统所使用的风机为子午加速煤气风机，是一种大功率的轴流风机，又称为 ID 风机。由于转炉干法除尘系统的阻损比湿法除尘系统的阻力小得

图 7-4 ID 风机实物外形照片

多，因此 ID 风机比 D 系列风机能力要小。根据各厂转炉的大小（80 ~ 250t），其流量范围为（13 ~ 46）$\times 10^4 m^3/h$，全压在 8000 ~ 11000Pa。

风机本体主要由进气箱、机壳、转子部、叶轮、扩压器、石墨密封部、底座、轴承箱及轴承冷却风机等部件组成。风机的大部分零件采用钢结构焊接件。风机的静止部件中除扩压器外，其余部件都是水平剖分的，因此叶轮能够方便地调换，所有静止件之间用螺栓连接，并考虑到热膨胀的影响，使其在任何情况下不至于危害到转子部件。风机带有轴承温度测试与元件，能遥测、监护和连锁，可保证风机的安全、稳定运行。

由于转炉干法除尘系统采用静电除尘工艺，静电除尘器内的泄爆是经常发生的。采用轴流风机时，气流在风机内处于轴向流动，当静电除尘器内发生爆炸时，风机内部可直接通过一部分爆炸气体，对减轻静电除尘器的爆炸影响是有利的。

转炉烟气经干法除尘后的含尘量低，风机叶轮不需要频繁清洗。

在转炉干法除尘系统中没有可调喉口文氏管，因此，煤气回收时转炉炉口处微差压的调节只能依靠风机转数的调节来实现。为此，ID 风机采用变频调速（VVVF）改变转数调整风量（个别的还辅加改变叶轮襟叶角度以协助调整风量），既适应了转炉不同冶炼状态的风量需要，也可以在回收时保持较高的压头与风量以保证煤气的顺利回收。

7.1.2.2 炉口微差压控制[2]

如图 7-5 所示，在干法除尘工艺系统中炉口微差压控制是通过调整煤气鼓风机的转数来实现的。其原理如下，炉口微压差控制系统通过转炉炉口压力和转炉烟气流量来进行控制，也使用了两个 PID 控制器，一个是炉口压力控制器，另一个是烟气流量控制器。

炼钢过程中只有在转炉吹炼阶段才能产生比较大的烟气量，吹炼阶段以外的其他阶段，只有很少量的烟气产生，因此在吹炼阶段以外的其他阶段，除尘器出口的烟气流量控制器分别给出了这些阶段烟气流量的定值，不进行微压差控制调节。只有在转炉吹炼阶段（或煤气回收阶段）才进行炉口微压差控制。

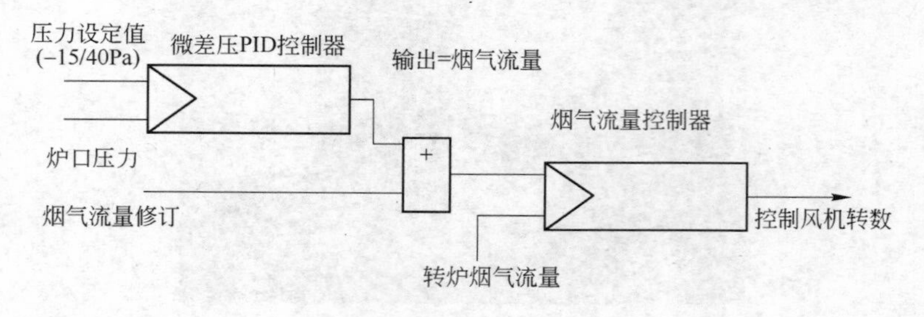

图 7-5　干法除尘微差压调节系统图

压差控制器（设定值控制器）能够通过改变烟气的流量对转炉内反应引起的汽化冷却烟道的压力与温度波动进行补偿。测得的烟气流量需对其温度和压力进行补正，得到标况下湿烟气的流量值。而且喷射到蒸发冷却器的水和蒸汽的水蒸气含量需从该流量值中减去，从而得到标况下干烟气的流量。

水蒸气的含量首先通过质量和体积转换后再从标况下的湿烟气中减去。这样可模拟水汽蒸发的时间，而且抑制过程的剧烈波动使震荡回路被避免了。

当温度与压力传感器发生故障时，经过计算器纠正后的文丘里流量计的设定值即被视为固定值。

在转炉吹炼阶段烟气流量控制器的设定值将通过一个基于炉口压力和氧气流量的比例数加以修改。通过吹炼期间炉口压力影响烟气流量的控制器。具体来说就是将氧枪吹氧量乘以一个系数，再与炉口压力控制器的输出信号相加所得到的值，作为烟气流量控制器的设定值。烟气流量控制器的输出信号经过变频器去控制轴流风机的转速，从而实现对转炉烟气流量的控制。

炉口微压差控制不仅控制烟气流量，同时也在控制烟气的流速。影响转炉炉口除尘效果的同时，也影响蒸发冷却器的温度控制。对控制系统编程和调试过程都要求比较高，要考虑各环节当中的影响因素。吹炼阶段的烟气控制是作为基本预设量与烟罩压力的 PID 控制器来完成的。同时，炉口与大气的差压保持在约 0kPa，另一方面使泄漏到空气中的烟气量最小化。

在除尘系统里，喷射水量的变化也会引起烟气实际流量的变化，进而对烟气里的水蒸气量也有影响。另外，吹氧量的增减、脱碳速度的增加以及矿石加入量的多少都对烟气抽入量具有影响。烟气控制速度和风机的响应时间会出现滞后，所以在控制调节过程中必须投入微分调节，微分的作用是反映系统偏差信号的变化率，具有预见性，能预见偏差变化的趋势。因此能产生超前的控制作用，在偏差还没有形成之前，已被微分作用消除，避免由烟气的急剧变化引起的风机转速巨大波动对变频器造成的影响。所以，干法除尘的抽气风机又称作 ID 风机。

某120t转炉ID风机的转数调节如下：

转炉预热阶段：2000～2200r/min；

氧气阀打开阶段：2000～2100r/min；

转炉吹炼阶段：2000～2100r/min；

脱磷阶段：1200～1450r/min；

吹炼加料阶段：2000～2100r/min；

转炉溅渣阶段：1000～1300r/min；

出钢阶段：1000～1300r/min；

转炉准备阶段：200～300r/min。

7.1.2.3 常用ID风机的技术参数

常用ID风机的技术参数如表7-1、表7-2所示。

表7-1 某100t转炉ID风机技术参数

台　数	1台	电机额定功率值	约550kW
风机气体流量	约151200m³/h	电机转速	约2065r/min
工作温度	约170℃	引风机的噪声	离设备圆周1m处85dB(A)
压力升高值	8500Pa		

表7-2 某120t转炉ID风机技术参数

台　数	1台	轴功率额定值	约553kW
风机气体流量	约120000m³/h	电机转速	约1960r/min
工作温度	约150℃	电机额定功率值	630kW
压力升高值	10000Pa		

7.1.3 风机的喘振[3]

7.1.3.1 风机工作状态

在讨论风机的喘振之前，首先应该讨论风机性能的稳定工作区，因为风机在不稳定工作区域工作时容易产生喘振。由于风机的结构形成不同，风机的性能曲线形状也有所不同。大致可分三种情况，如图7-6所示。

（1）流量从最小到最大的过程中，压力是从最大到最小，当流量最小时，压力最高（图7-6a），通常称为“平滑性能曲线”。

（2）流量从最小到最大的过程中，开始一段压力逐渐增加，到最高点以后逐渐下降，直到流量最大时为止（图7-6b），通常称为“高峰性能曲线”。

（3）流量从最小到最大的过程中，开始一段压力逐渐下降，到最低后又逐渐上升，到最高点以后又逐渐下降，直到流量最大为止，通常叫做马鞍形性能曲线（图7-6c）。

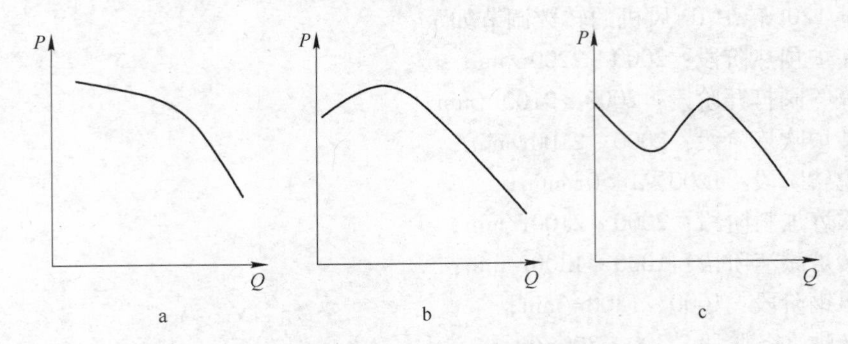

图 7-6 风机性能曲线形状

作为转炉净化系统的除尘风机，其性能曲线为图 7-6a、b 所示的两种，对图 7-6c 所示的形状在此不做讨论。从风机的性能曲线来讲，凡是产生图 7-6a 形状性能曲线的通风机，不会出现不稳定工作现象。产生如图 7-6b 所示形状的性能曲线的通风机，如工况点落在性能曲线最高点左边时，则风机流量和压力就可能产生剧烈的波动，造成了机器的振动，增大了机器的噪声，这种现象叫做喘振或飞动。通常把最高点左边的这段性能曲线叫做非稳定工作区，把最高点右边的这段性能曲线叫做稳定工作区。因此，选用通风机时都把工况点选在性能曲线最高点的右边。

7.1.3.2 喘振产生的原因

风机的叶轮结构和叶片是由设计性能决定的。在设计工况下运转时，叶轮进口气流角较适当，风机的效率最高，当管网阻力逐渐增大时，风机的流量逐渐减少，进口气流的冲角也逐渐增大，使风机压力达到最高点，如图 7-7a 中的 A 到 K 一段。从 K 点以后如继续加大阻力，进口气流冲角也将继续加大，当达到一定程度时，叶片的非工作面就产生气流脱离。这时通风机的性能开始恶化，这种情况叫做失速。

失速大小的程度可分两种：一种是当通风机的流量逐渐减小到曲线最高点以后，如叶片非工作面的气流脱离区，压力也缓慢降低，这种失速现象的压力虽然继续下降，但工况点沿着特性曲线平滑移动，不出现剧烈喘振。另一种是压力迅速降低，当流量减少到一定程度时，叶片的非工作面突然出现相当大的失速区，这时通风机的压力和流量急剧下降。这种失速为实变失速，其特性曲线不连续，工况点会从一条特性曲线上的 A 点突然跳到另一条特性曲线上的 B 点，并来回跳动，如图 7-7b 所示，在这种情况下，运转的风机就会出现喘振。

7.1.3.3 防止喘振的方法

喘振对风机的正常运转危害极大，在设计风机、设计管路和选择风机时应特别注意。如果风机在运行当中发生喘振现象，应及时找出原因设法消除。在设计

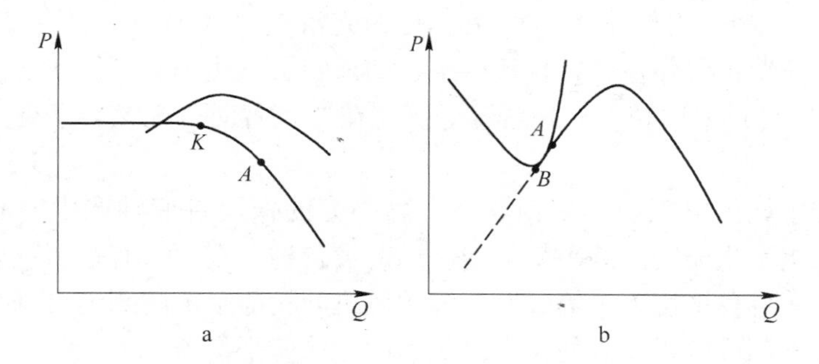

图 7-7 风机渐进失速及不连续特征曲线示意图

风机时，要选择合理的特性曲线，避免出现马鞍形特性曲线，最好是图 7-6a 或图 7-6b 所示特性曲线。在设计管道或选择风机时要使工况点在风机特性曲线压力最高点右侧尽可能远一点的位置。在运行中如果管网压力与风机压力不等时，可通过改变风机转速来获得稳定的工况。为了避免出现风机喘振，在运行过程中不要使系统的压力瞬间发生较大的变动，要使风机转速与系统压力合理匹配。这就要求转炉的吹炼平稳，二文喉口的调节适度、渐进。

7.1.4 风机转子的平衡

风机转子是风机的心脏部件。转子旋转时，若产生不平衡离心力，将会引起风机的振动，轻者增加轴承负荷，缩短轴承寿命，增大机器噪声，重者可使叶轮与机壳碰撞，摩擦甚至引起爆炸。因此，在风机检修过程中，进行平衡试验是不可忽视的重要工作。

风机转子平衡的基本原理：

（1）离心力与重径积。如旋转物体重心不在旋转中心线上，则产生离心力，其离心力 F 的值为：

$$F = mV^2/R = (2\pi Rn/60)^2 W/(gR) \tag{7-1}$$

式中 F——离心力，9.8×10^{-3}N；

W——不平衡重量，9.8×10^{-3}N；

g——重力加速度，981cm/s²；

n——转速，r/min；

R——不平衡物体到旋转中心的垂直距离，cm。

由此可见，离心力与物体的不平衡重量、不平衡物体到旋转中心的垂直距离和速度的平方成正比。为了计算方便，有人将 WR 变为不平衡的计量单位，称之为重径积。

（2）不平衡的种类。不平衡一般分为静不平衡和动不平衡。

1）静不平衡。将转子置于两条平行的光滑轨道或刀刃上，令其自由转动。如转子能在任意位置停住，并且很稳定，则该转子已达到静平衡状态。如转子转到某一位置（A）来回转动，最后转子仍停在A位置时，则该转子处于静不平衡状态。

风机转子如果出现静不平衡状态，离心力的作用将使轴产生向心方向的弯曲，并使风机发生振动。静平衡测定所用的设备种类很多，有平行导轨式、滚柱式、圆盘式等各种平衡天平等。对于转炉风机叶轮静平衡的测定可采用滚柱式或利用天平原理制成的操作方便、安全可靠的立式静平衡器。

当叶轮经过校正，发现有静不平衡现象时，首先要通过试验，找出偏重的方位，然后可在偏重的一方去掉一些材料，或在其对称的部位增加一些重物，经过反复细致试验，最后使其达到静平衡。

2）动不平衡。转子已经达到静平衡之后，如按一定转速转动时，仍可能出现不平衡，被称为动不平衡。

已经过静平衡校正，所配W_2重块的重径积等于不平衡W_1的重径积，但W_1、W_2的位置却不在垂直旋转轴的同一平面内，其距离为d。当转子转动时，两相等的离心力产生一个力偶M，使此转子两边摆动，其力偶大小为：

$$M = WRn^2 d\pi^2/900g \tag{7-2}$$

动平衡的测定必须在专门的动平衡机上进行。平衡与不平衡都是相对而言的，任何新出厂或经过严格校正的风机叶轮都不可能达到绝对平衡，只有在风机振动超过规定范围的情况下，而且确认是由叶轮的不平衡所致的时候，才进行校正。影响叶轮平衡的因素很多，保证风机转子转动系统的运行稳定，保证转子叶片的清洁都是防止转子发生不平衡的有效措施。

7.2 液力耦合器

液力耦合器是设置在动力输送设备上的一种装置，如电动机、内燃机（燃机等），这些原动机与泵、风机、压缩机等一切被拖动机器之间通过液体圆满地进行动力传递的这个联轴器即为液力耦合器。它具有使原电机容易启动、缓和过载冲击、吸收振动的特点。在转炉烟气净化系统中，当使用D型风机时，通过液力耦合器将电动机与风机转子连接起来。

如果把需要控制流量的泵、风机、压缩机等与恒速的笼型电动机组合一起使用的话，则比用阀门和风门的控制方法较为节约动力，另外，与电气控制方式相比，其设备费用低，不影响环境。机械不磨损，因而具有寿命长、维护容易等优点。

在转炉生产过程中，吹炼时间和非吹炼时间各约占一半，在非吹炼时期，没有炉气产生，因此转炉除尘系统的风机是长期处在一种间歇操作的负荷下工作，为了适应转炉的生产情况，在除尘风机与电机之间设置液力耦合器。应用液力耦合器有许多优点，可以实现无级变速，即被动轴的输出转速不随主动轴的输入转速改变而改变，在主动轴旋转时被动轴可以不旋转，也可以在最低稳定转速到接近最大转速范围内任意调速。这样，就可以控制风机在非吹炼时间的电力消耗，可以平稳地启动、平稳地停车，可以消除来自风机或电机的冲击载荷和振动。为了减少风机叶轮的积灰与震动，可以在低速下进行叶轮冲洗，从而改善电机和风机的工作条件。液力耦合器还具有过载保护性，这样不仅保护原动机，还可以使工作机构平稳工作，延长其使用寿命。使用液力耦合器后，操作方便，其间没有直接接触的零件的相对运动，减少了机械摩擦损失，且启动力矩小，启动电流也小，电动机不至于过载。液力耦合器的制造简单，可以实现远距离自动控制。

在非吹炼时间，风机处于低转速运转，冷空气的吸入量就大大减少，同时也减轻了汽化冷却器的水管外壁骤冷骤热的程度，从而改善了汽化冷却器的运行条件，其使用寿命也可相应提高。

7.2.1 耦合器的分类

液力耦合器可分为恒速型和变速型的。

变速液力耦合器除了具有前面介绍的优点外，它还能够利用移动的勺管来控制液力耦合器的叶轮内介质油充填量的多少，从而能自由地改变被动机的转速。目前在转炉除尘系统的风机上所用的液力耦合器多为变速型。

液力耦合器的腔型可分为单腔和双腔两种。

单腔的液力耦合器如图7-8a所示，结构简单，外形较小，但轴向推力大。

双腔的液力耦合器及其节流阀调节系统如图7-8b所示，轴向推力小，但结构比较复杂，外形较大。图7-9为1000W液力耦合器的结构示意图。

7.2.2 液力耦合器工作原理

两台风扇面对面地放在一起，假如使其中的一台旋转起来，那么另一台风扇的叶片也会随吹来的风而旋转起来，同时，风扇越大，风也越大，被动风扇旋转得也就越快，这是空气进行动力传递的结果。但是，使用空气作为传递动力的介质其效率很低，如果用油来代替空气，用泵和汽轮机的叶片来代替风扇叶片而面对面地组合起来，就能收到良好的效果，这就是所谓的液力耦合器。

为了提高效率，液力耦合器的叶片的形式要像把柑橘环切后那样的呈放射线状的直线叶片。

液力耦合器的基本构造如图7-9a所示。在驱动轴（输入轴）有泵叶片（一次叶轮），在被动轴（输出轴）有透平叶片（二次叶轮），两者大体都有同样数量的叶片，有的相差2~4片，它们是相间安装的。如果驱动轴旋转，一次叶轮内的油就会受离心力的作用而向外压出流入二次叶轮，在这个运动能量的作用下

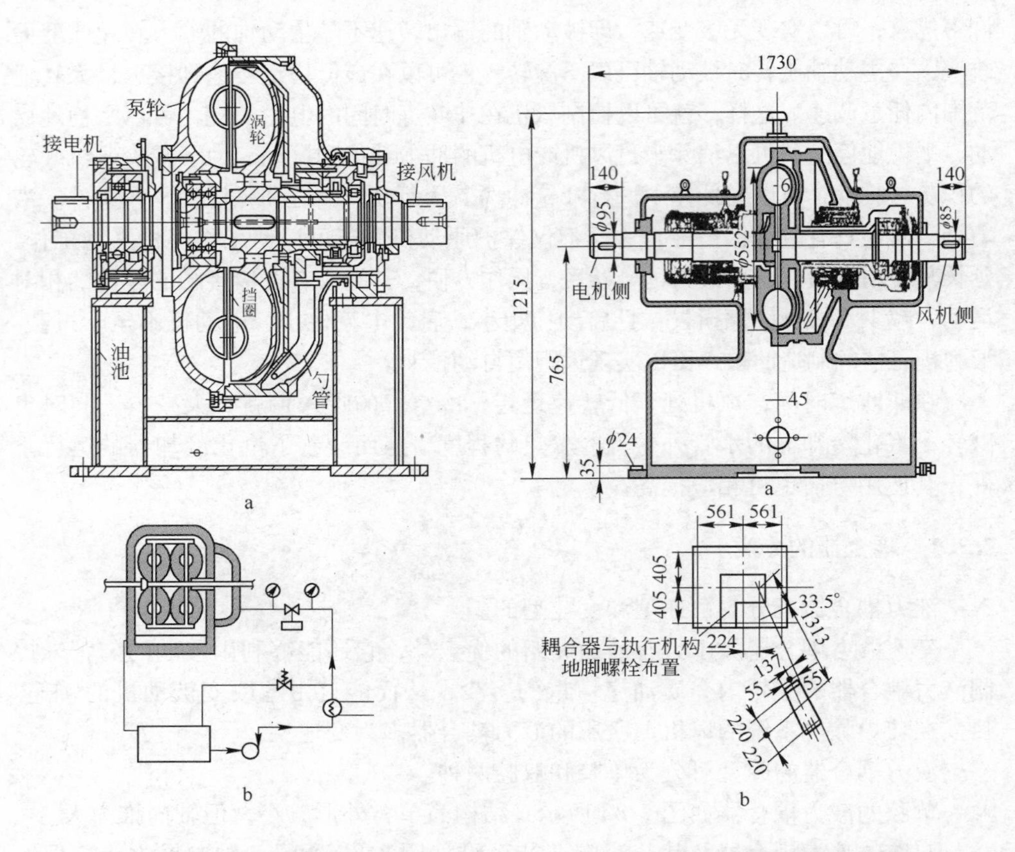

图 7-8 单、双腔液力耦合器　　图 7-9 1000W 液力耦合器结构示意图

二次叶轮也跟着旋转起来了。在一次叶轮和二次叶轮之间，如果有旋转差的话，则根据双方离心力之差，在叶轮回路内的流体就会进行回流，于是动力就被输送过来了，因此，如果二次叶轮停止不动，那么回路内的回流最厉害，其传递的力矩也最大，反之，如果二次叶轮以大体相同的转速转动，那就不产生回流，就不会产生回转力矩的传递。所以，为了传递动力，必须要有一个转差（亦称为滑差）率才行。

液力耦合器的转差率在使用上设计为3%左右（变速型，在输出轴最高转速和100%的负荷状态下）。改变液力耦合器叶轮内的油量，其传递特性即对于负载功率（动力）的转差率比例就会发生变化，把这个原理用在恒速型上，就要分阶段来制造液力耦合器的叶轮，即按照被拖动机械的规格要求选择具有合适性能的液力耦合器。对于变速型，在旋转过程中可以从外部进行操作使其中的油量增加或减少，从而改变其特性。因此可以设计成被动侧转速调整范围大的那种变速型的液力耦合器。宝钢炼钢厂所采用的变速型液力耦合器是由驱动侧旋转部件

(驱动轴即输入轴，一次叶轮等组成)，被动侧旋转部件（被动轴即输出轴，二次叶轮等组成）以及勺管等速度控制部件和固定部件等所构成的。双进风涡轮型离心风机与液力耦合器的方式如图7-10所示。

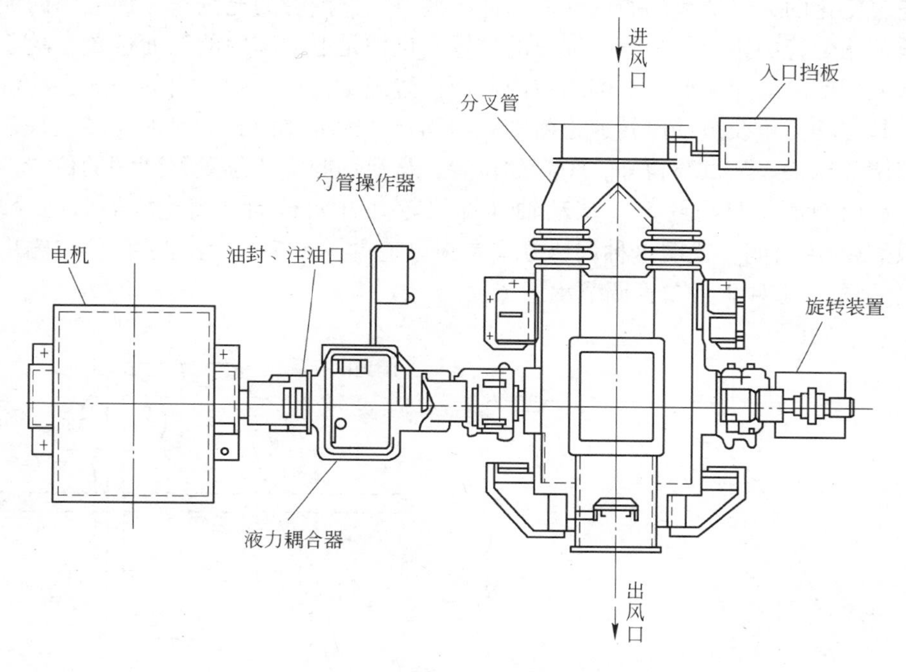

图7-10 双进风涡轮型离心风机与液力耦合器的方式

7.2.3 液力耦合器的调速方式

液力耦合器的调速方式主要可分为下列四种：

(1) 供油管道调节。利用外部供油管道上的节流阀来调节油腔的油量。

(2) 勺管调节。利用伸入油腔内的勺管来调节油腔的出油量。

(3) 改变环流通道调节。用改变环流通道的几何形状的方法，来调节其涡轮的转速。

(4) 转动叶片调节。利用转动叶片的方法，来调节涡轮的转速。

上述四种调速方式中的第一、二两种使用得比较普遍，其原理都是利用改变油腔油的充满率来实现调速的。可以近似地认为耦合器的特性曲线是随着油的充满率变化而有规律地改变，当充满率减小时，液力耦合器的转速也随之减少。利用节流阀的方法，尽管结构比较简单，但辅助设备较多，而且当变速范围比较大时，调节的速度很慢，且很难调节准确。从一种状态稳定到另一种状态需要2～3min，这就很难满足转炉风机的需要。

利用勺管调节方式最为适宜。首先进入叶轮内的油，由于一次叶轮的旋转产生离心力而被压在内壁上，从而在勺室内形成了圆筒状的油层。在勺室内其顶端有开口的直线运动的勺管，伸入转动的油腔内，泄油腔的油面与工作油腔的油面是随着变化的，调节泄油腔的油面，即可调节工作油腔的充满率，油腔内的油几乎全部从勺管中排出。勺管排油口的位置，也即是泄油腔内的油面位置，随着勺管深入程度的变化而变化。当勺室内油面位置确定以后，叶轮内的油面也就确定了，其传动力矩及被动侧转速也就随之而固定。因为泄油腔的泄油速度很快，故降速调节也快。从试验得知，勺管的位置，从泄油腔空的位置移到满的位置，整个行程时间最短只需约 5s，从动轴（即涡轮）开始转动到高速所需时间最短，也只需要 5s 时间，说明这种调速方式是很迅速的。图 7-11 为勺子行程与输出转数的关系，图 7-12 为勺管调节示意图。

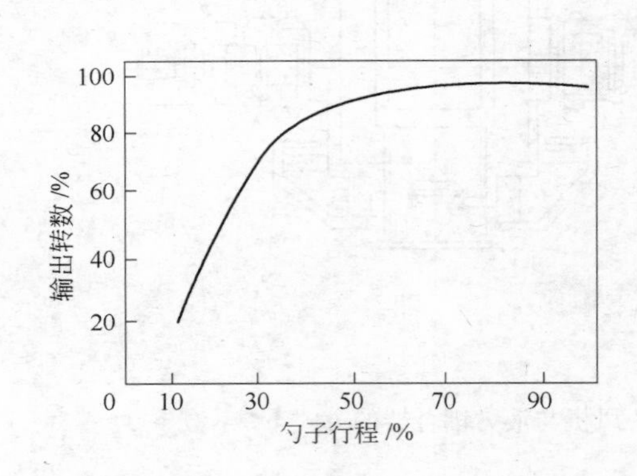

图 7-11　勺子行程与输出转数的关系

泄油孔
泄油腔
泵轮
进油孔
勺管

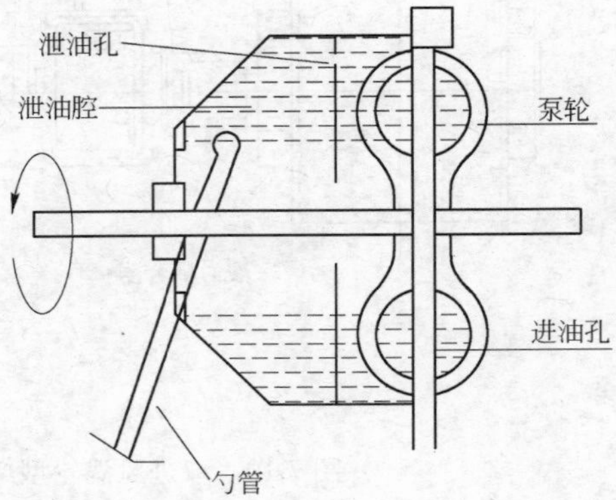

图 7-12　勺管调节示意图

勺管的移动操作方式有手动操作和远距离操作两种，手动操作是根据现场的运转情况手动操作手柄进行简单的速度控制。伺服马达的动力源有压缩空气、油压、电力三种。

液力耦合器腔内的工作液体，一般采用精制矿物油、20 号或 22 号透平油，它除了作为传动的介质及润滑油之外，还能带走耦合器在工作过程中所产生的热量，冷却传动系统。一般油泵出口压力为 0.08 ~ 0.0825MPa，当低于 0.08MPa 时，备用油泵应自动投入，但国内 300t 转炉的风机要求液力耦合器的油腔供油压力不低于 0.15MPa，轴承润滑供油压力不低于 0.3MPa。

7.2.4 调速比的确定

液力耦合器的最大极限转速与最低稳定转速之比，即称为调速比。液力耦合器的最大极限转速，一般均达不到（电机）主轴的转速，总比主动的转速低

2%～4%，这就是所谓耦合器的滑差率。一般调速式液力耦合器的使用范围为75%～100%。对于转炉烟气净化与煤气回收的工况来说，调速范围越大，对降低转炉非吹炼时期的电力消耗越有利。但是根据国外资料介绍，普通结构形式的耦合器，当速度调至60%以下时，运行很不稳定，可能产生周期性的震动，为了改善这种情况，在涡轮出口处装设挡圈，当此挡圈的直径与循环圆的有效直径的比值 $d_n/b \geq 0.55$ 时，耦合器工作的不稳定性可基本消除，在转速的变化范围内，工作都是比较稳定的。可以认为，在转炉烟气净化与煤气回收系统上采用的调速式液力耦合器的最低稳定转速控制在最大极限转速的75%左右是比较合适的。

7.2.5 常用液力耦合器的技术参数

常用液力耦合器的技术参数如表7-3所示。

表7-3 常用液力耦合器的技术参数

参　数	300kW	800kW	1000kW	1250kW
电机额定功率/kW	300	945	1000	1250
电机额定转速/$r \cdot min^{-1}$	1450	1480	2950	2985
耦合器理论额定效率/%	98.6		96.5	
调速范围/$r \cdot min^{-1}$	700～1430		600～2850	750～2900
腔体形式	“东方红”		“东方红”	
工作轮有效直径/mm	800	826	552	510
勺管行程/mm			325	180
供油量/$L \cdot min^{-1}$		170	290	463

7.3 水封

水封器是严密可靠的密封设施。在氧气转炉烟气净化及回收系统中，利用它的各种结构形式，可分别用以防止煤气外逸或空气渗入系统，阻止各污水排出管之间相互串气，阻止煤气逆向流动，也可以用作调节高温烟气管道位移，同时起一定程度泄爆作用的柔性连接器。在寒冷地区，为了防止水封内水冻结，应以蒸汽管道加伴热管进行保温。

7.3.1 水封分类

水封根据其作用原理的不同，可分为正压水封、负压水封和各种连接水封等，其结构如图7-13所示。现分别介绍如下。

7.3.1.1 正压水封

正压水封一般用于正压管道的冷凝水（或污水）排出口，以阻止煤气外逸。

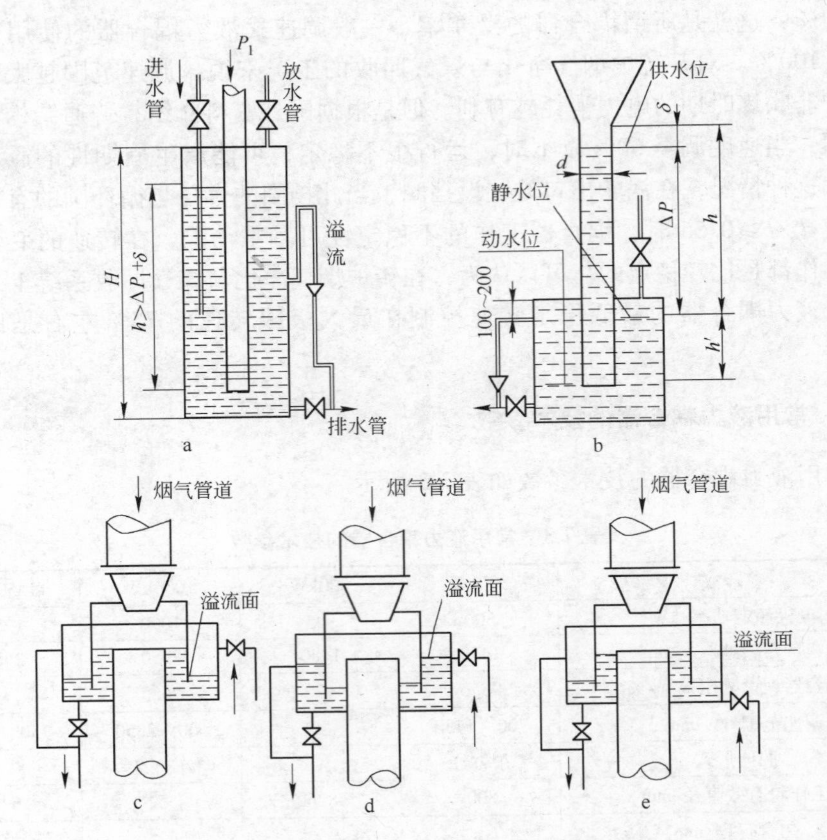

图 7-13　各种水封结构示意图

a—正压水封；b—负压水封；c—负压连接水封；d—正压连接水封；e—溢流连接水封

由于排泄管内的压力大于周围大气压力，其水封高度在水封器内形成，故称为正压水封，如图 7-13a 所示。确定水封高度时，H 应大于或等于排泄管内计算最大压力 ΔP_1 + 安全高度 δ（mmH_2O）。水封器总高度为：

$$H > \Delta P_1/10 + \delta \tag{7-3}$$

式中　H——水封总高度，mmH_2O；

ΔP_1——风机出口最大压力，Pa；

δ——安全高度，mmH_2O。

当用于鼓风机后至加压机前的正压管道时，ΔP_1 则取鼓风机出口的最大计算压力，δ 则取 $P_1/2$，折合成高度约为 200 ~ 500mmH_2O。

当用于煤气加压机后时，ΔP_1 则取煤气加压机的出口压力，δ 取 500mmH_2O 左右。

7.3.1.2 负压水封

负压水封一般用于负压管道的冷凝水（或污水）排出口，以阻止空气渗入负压管道。由于排泄管内的压力小于周围的大气压力，其水封高度在排泄管内形成，故称为负压水封，如图 7-13b 所示。此类水封器一般用于转炉除尘系统的风机前部分。

水封高度 H 要大于排水管内计算的最大负压值（折合成水柱）和 δ(mm)之和。

水封器的面积 F 和排水管插入深度 h' 是根据风机启动时水封面瞬间下降后，排泄管下口不露出水面的原则来计算的。

7.3.1.3 逆止水封器

逆止水封器是用来防止煤气倒流的，故称逆止水封器，其结构如图 7-14a 所示。当气流正常通过时（$P_1>P_2$），气体需冲破一定高度的水封，此时水封高度 H_1 相当于一个常设阻力，故其值不易取高，一般为 100mmH_2O（1mmH_2O = 9.80665Pa）左右。当出现 $P_2>P_1$ 的情况时，水封器的水面下降，水被压入进气管中而形成水封，阻止煤气倒流。

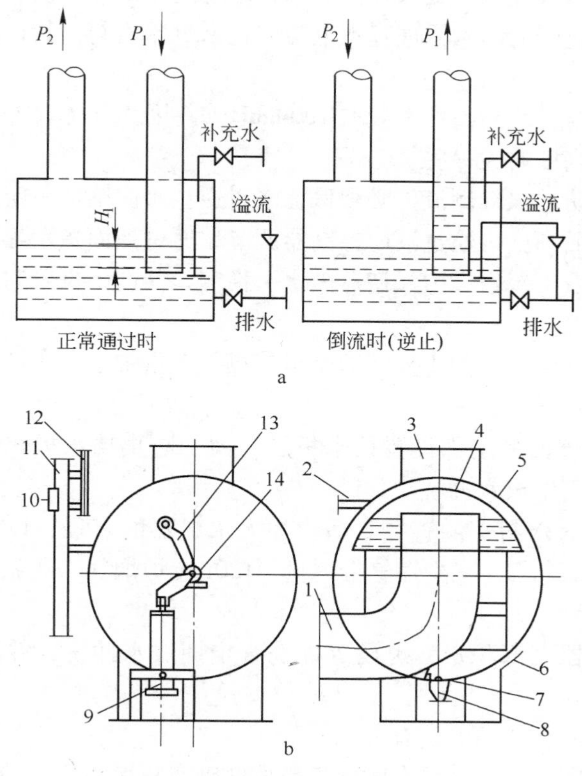

图 7-14　逆止水封及水封逆止阀

1—煤气进口；2—给水口；3—煤气出口；4—阀体；5—外筒；6—人孔；7—冲洗喷嘴；8—排水口；9—汽缸；10—液面指示器；11—液位检测装置；12—水位报警装置；13—曲柄；14—传动轴

7.3.1.4 连接水封和溢流水封

连接水封和溢流水封可用以调节高温烟气管道的位移，能起一定程度的泄爆作用，溢流水封还可消除干湿交界面的灰尘黏结。连接水封和溢流水封的结构形式如图 7-13c ~ e 所示。水封装在正压段时，按正压水封器的原则考虑，装在负压段时，按负压水封器的原则进行考虑。

7.3.2 水封器的应用

转炉烟气净化回收系统中要根据不同的需要选用不同形式的水封器，下面对几种常用的水封器的结构形式和使用情况做以简要的介绍。

7.3.2.1 水封逆止阀

这是转炉煤气回收系统中重要的设施，它安装在风机出口三通切换阀和煤气柜入口水封器之间，以防止三通切换阀关闭不严而导致已回收的煤气在非回收期间倒流进入三通切换阀和煤气鼓风机。水封逆止阀的位置都是靠近三通切换阀和风机房。水封逆止阀的结构原理基本上与逆止水封器相同，其计算方法可按逆止水封考虑。

在正常通气时，水封高度一般取 $100mmH_2O$，因为气体要冲出水面，因此实际压降要比水封高度略大一些。

为了可靠地防止煤气倒流，必须保证水封逆止阀内维持一定的水封高度，经常保证溢流。液面高度可通过液面控制器调节，通过液面指示器监视。液面过低时有液位警报器发出警报，为保持器内水平稳定，器内中央管与壳体之间设有几块消波板。

水封逆止阀在生产中的主要问题是出口煤气严重带水，为消除这种现象可采取以下两项措施：

(1) 在水封器内的上部设置挡水板层。为了防止挡水板积灰，在挡水板上设有冲洗水管，间歇放水冲洗。

(2) 适当加大水封器的直径。适当加大水封器的直径，以求煤气逸出水面后的速度为 1 ~ 1.5m/s，减少煤气带水量。120t 转炉烟气净化系统中水封逆止阀的直径为 6.5m。

为防止水封器底部积灰，也设置冲洗管定期放水冲洗，并通过排污管定期排污。

为了方便检修在侧面安装有人孔。

在水封逆止阀上部，安装有防爆板及放散管。防爆板是由薄铝板制成的，在压力增高或爆炸时起泄爆作用，以保证其他设备的安全。放散管用于设备检修前，放散净容器内的残余煤气。

因煤气在容器内必须与水接触，因此水封逆止阀也有一定的除尘和降温作用。除尘效果可达50%（这可能是与煤气抽风机的联合除尘效果），气体降温也比较明显。一般在水封逆止阀后的煤气含尘量为$35mg/m^3$，烟气温度为65℃。

水封逆止阀的阻力损失，随水封高度而异，当水封高度为$100mmH_2O$时，阻力损失约为$200mmH_2O$。

典型的逆止水封阀为塔式水封，其工作原理如图7-15所示。

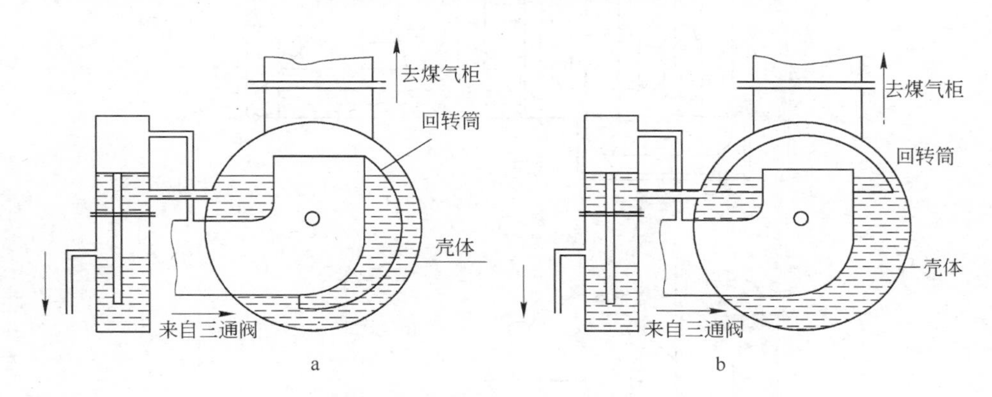

图7-15 水封逆止阀动作原理示意图
a—水封逆止阀全开；b—水封逆止阀全闭

烟气放散时，半圆阀体由汽缸推起，切断回收，防止煤气柜的煤气从管道倒流和放散气体进入煤气柜；这种水封的特点是水封逆止阀内液面稳定，密封性好，设备简单，体积小操作方便。该逆止阀由进水弯管、人孔、给水口、回转筒、配重、清洗喷嘴、排污口等组成。

回转筒（阀体）被两个带有中间支轴的汽缸及杠杆带动进行112°旋转（装有限位开关），气体的压力为0.4～0.7MPa。通过阀体位置的变换来实现水封的全闭和全开，其动作时间为10～20s。

为控制水面高度，设计了液面计、液面检测装置及水位报警装置等。为了在维护检修时清除底部积灰，在本体下部设置三个冲洗喷嘴及排水口。回收煤气时阀体拉下，回收管路打开，煤气可从管路内部并通过水封后进入煤气柜。

V形水封就是一段V形管道，内部充满水，置于水封逆止阀之后。在停炉检修时充满水以切断该系统中的煤气，防止回收总管发生煤气倒流。

国内300t转炉厂所设的水封逆止阀为回转筒形水封，切断阀门时的水封高度为$600mmH_2O$，是煤气柜压力的1.7倍。

7.3.2.2 气柜入口水封器

在水封逆止阀和煤气柜之间，装设气柜入口水封器，其目的是防止气柜里的煤气倒流或检修水封逆止阀至气柜之间管道设施时封住气柜内的煤气，使之不倒流。

常用的气柜入口水封器如图7-16a所示。

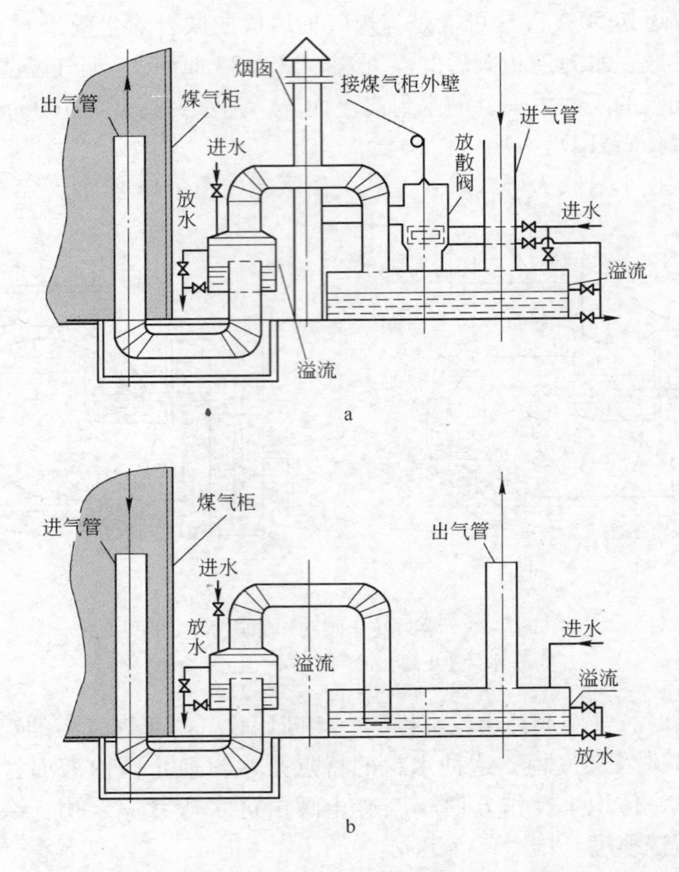

图 7-16　煤气柜入口水封及煤气柜出口水封

a—煤气柜入口水封；b—煤气柜出口水封

气柜入口水封器由逆止水封、正压连接水封和煤气放散阀组成。由于煤气柜质量大，其基础沉降需要长时间才能达到稳定，故设置连接水封用以调节沉降量和少量位移。在正常生产时，由于三通切换阀出口有水封逆止阀，故气柜入口水封器内一般可不充水，溢流水封器可充水约 100mm 深。

当水封逆止阀或煤气柜需要修理时，开启供水管进水至水封面，以隔断水封逆止阀和煤气柜之间的通道，水封高度等于进气压力加 1000Pa，一般取 500 ~ 700mmH_2O 柱高，但当风机出口压力较大时，应按实际压力确定。当煤气柜至高位时，由连锁装置自动开启放散阀，放散煤气。同样，本水封若设在寒冷地区也应用蒸气管等进行保温，以防器内的水结冰。

应该特别注意的是煤气柜入口水封的进水管必须保证畅通，水源必须充足，一旦水封逆止阀出现故障，能及时充水封住柜内煤气。否则，会使柜内煤气通过入柜水封器及管道逆行并从水封逆止阀处溢出，造成危害。

7.3.2.3 煤气柜出口水封器

在煤气柜和加压机之间装设气柜出口水封器，其结构形式如图 7-16b 所示。气柜出口水封由正压连接水封和逆止水封组成。在正常运行时，大水封器内不充水而溢流水封器内可保持 100mm 左右水封高度，使煤气加压机进口管道内保持正压。当修理煤气加压机时，大水封器内充水至水封高度 500mm 以上，以阻止煤气柜的煤气流向煤气加压机。

7.3.2.4 水封式回火防止器

为防止由于煤气用户使用不当而引起的回火爆炸，保证回火不致延伸至煤气加压机和影响煤气柜，在煤气加压机后设置有水封式回火防止器。其结构形式如图 7-17 所示。

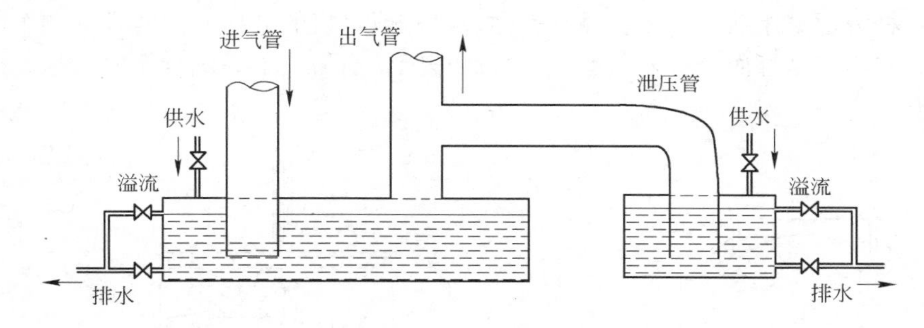

图 7-17 水封式回火防止器

水封式回火防止器由逆止水封器和泄压水封器两部分组成。煤气正常通过时，需通过 100mm 左右的常设水封，然后送至用户。泄压水封中的水封高度应稍大于加压机出口的全压（一般附加 1500Pa）。当输出管出现回火升压时，泄压水封立刻被击穿，压力随之消灭，此时逆止水封器内瞬时出现逆止水封，逆止水封的高度应大于泄压水封中的常设水封。泄压管下口离泄压水封底部应近一些，一般取 100mm 左右，进水水管应选得大一些，以便泄压后较快的恢复水封。

7.4 煤气切换阀（站）

煤气切换阀（站）用作煤气回收与放散之间的切换。当需要煤气回收时，水封逆止阀通往煤气柜的阀门打开，同时关闭通往放散烟囱的阀门，将煤气经柜前水封送至煤气柜；当不进行煤气回收而放散时，打开水封逆止阀通往放散烟囱的阀门，同时关闭通往煤气柜的阀门，烟气经放散烟囱燃烧放散。

对切换阀的要求是密闭性强，动作迅速、灵敏，不能因为通过烟气量的波动引起风机喘振。常用的切换阀（站）有 4 种形式，即球形三通切换阀、双联三通切换阀、箱式水封三通切换阀和双杯型三通切换阀站。前三种多用于湿法转炉烟气净化及回收系统，后者则用于干法转炉烟气净化及回收系统。

7.4.1　球形阀

该种阀的结构如图 7-18 所示，它由阀体、阀、定位挡、电机、驱动机构等组成。这种阀动作简单，是靠电机通过传动机构使阀左右旋转 90°，以达到切换的目的。当阀向左旋 90°时（图中的位置），横向管道与上管道相通，当右旋 90°时，横向管道与下管道相通，从而达到改变气体流向的作用。

7.4.2　双联三通蝶阀

双联三通蝶阀是由两个单体蝶阀通过机械联动组合成的一组三通切换阀，其驱动机构有电动和气动两种形式，其结构如图 7-19 所示，由两个蝶阀及汽缸、传动杠杆等部分组成。其工作原理是通过汽缸或电机的动作，同时带动两个蝶阀转动，其中一个蝶阀全开时，另一个蝶阀全闭，当另一个蝶阀全闭时，这一个蝶阀全开。

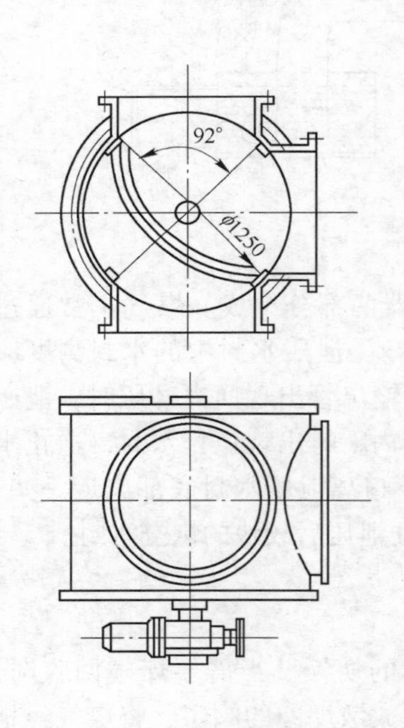

图 7-18　三通球形阀结构示意图

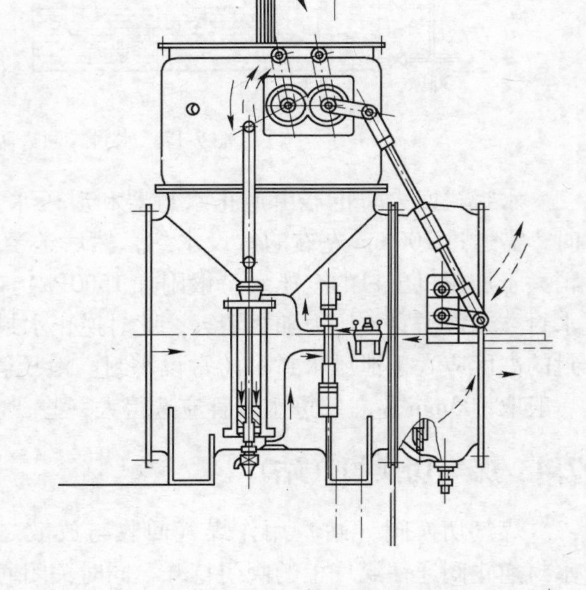

图 7-19　双联三通蝶阀结构示意图

早期的联动三通阀的两个蝶阀安装在同一根垂直管道上，但生产实践证明，这样的安装方式最大的问题是位于下部的阀门积灰太大，不易关严。为此将通向回收的阀门安装在水平管道上，这样可以避免下部阀门的积灰过多。同时，在阀门的密封（胶垫及不锈钢圈密封）处，用中压水定期冲洗，可以防止因积灰而使阀门泄漏。

当采用电磁气动装置时，阀门的电磁气动阀接受煤气成分分析仪的指令后，以电磁铁的通电和断电，控制工作气源的气体流向，用汽缸推动阀门翻动。一般工作气源采用氮气或压缩空气。其阀门动作时间可在 5 ~ 40s 内进行调节。

国内应用的联动三通切换阀有 ϕ700、ϕ1100、ϕ1400、ϕ1500 几种，其阀门直径分别为 700mm、1100mm、1400mm、1500mm。

7.4.3　箱式水封三通切换阀[4]

该阀的结构形式如图 7-20 所示。它由水封池、阀板、双阀空气分配器、汽缸部分组成。

当煤气放散时，双阀空气分配器中的 OF_{1-2}、OF_{1-4}的电动阀门均不通电，阀体工作状态如图 7-20 所示那样，压缩空气由外室管网供给，进入 d 室，此时汽缸左侧进气，右侧排气，汽缸向后运动，将阀板抽回，盖住煤气回收气路，废气经放散气路去往烟囱放散。

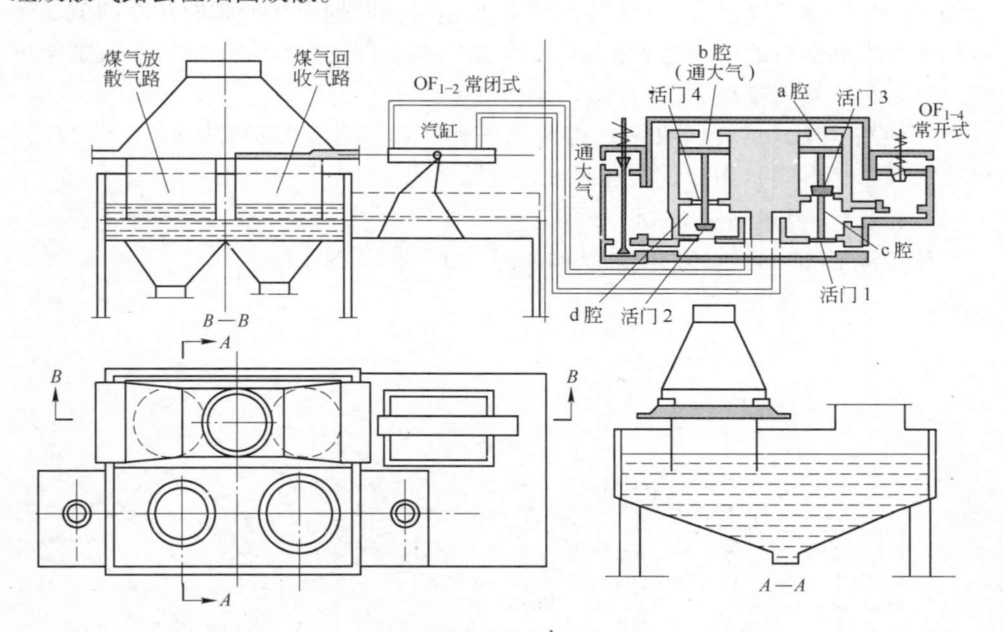

图 7-20　箱式水封三通切换阀平剖面及工作原理示意图

当煤气回收时，OF_{1-2}阀通电，进入 d 室的压缩空气，由 OF_{1-2}阀下部活门经单向阀进入 a、b 室，将 a、b 室的两活塞压下，则活门 2、3 关闭，活门 1、4 开启，OF_{1-2}阀断电，此时进入 d 室的气体经活门 1 进入汽缸右端，汽缸的右侧进气，左侧排气，汽缸向前运动将阀板推向前，盖住废气放散气路，煤气回收气路被打开，此时进行煤气回收。

当煤气回收完毕 OF_{1-4}阀通电，此时 OF_{1-2}阀上部活门打开，下部关闭，则 a、b 室内气体经 OF_{1-4}阀上部打开，活门通入大气。OF_{1-4}阀断电，此时 1、2、3

及4活门又恢复图7-20中所示状态开始放散。双阀空气分配器中的OF_{1-2}、OF_{1-4}电动气阀接直流电源，电压为110V，并可与CO及磁氧分析仪连锁，实行自控或遥控。这种阀门目前应用得很少。

7.4.4　干法除尘用杯形阀[5]

在干法除尘系统中煤气的回收和放散通过切换站的两个分别通往煤气柜和烟囱的杯形阀的开启来实现控制。

在放散转回收之前，首先通过烟囱杯形阀对风机下游的压力进行储压，直到高于煤气柜压力的煤气才能进行回收操作。

当回收切换至放散时，也必须保持一个小的正压以防煤气从煤气柜倒流。因此，针对这两种不同的切换方式，在程序中也必须由具有两个不同设定值的差压控制回路来控制切换过程。该控制器的输出信号控制烟囱杯形阀的开度调节，使煤气柜杯形阀前后的压差达到相应的设定值，从而保证煤气在正常切换或紧急快速切换过程中均能实现无压力扰动切换。

切换站（干式运转回收站）由两个具有密封、调节性能的杯形阀（回收杯形阀、放散杯形阀）组成，实现回收和放散功能。

7.4.4.1　结构特点及动作原理

放散杯形阀和回收杯形阀的结构如图7-20、图7-21所示。

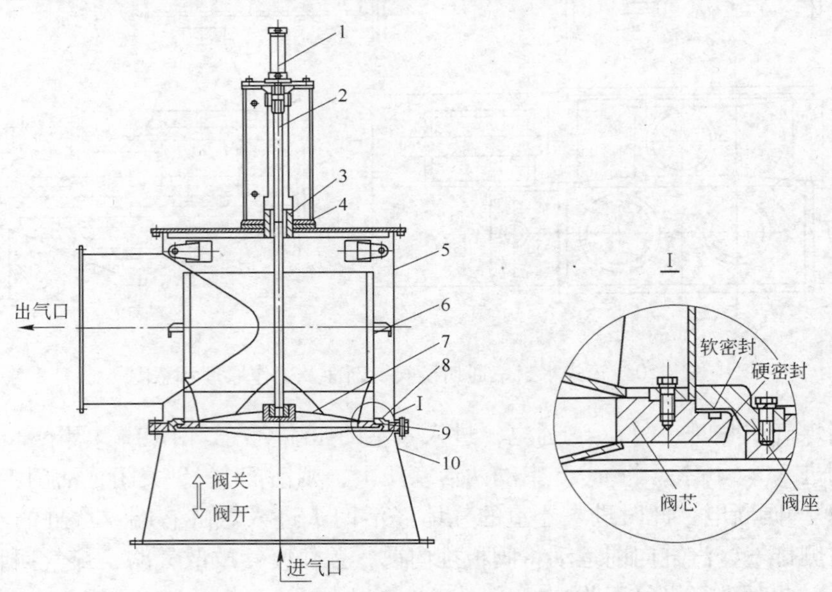

图7-21　放散杯形阀结构示意图

1—伺服油缸（带传感器）；2—阀轴；3—填料；4—轴承；5—阀体；6—导向笼；7—阀芯；8—阀座；9—密封圈；10—锥形管

杯形阀切换站由这两个具有密封、调节性能的杯形阀组成。杯形阀由伺服油缸、导向笼、阀体、锥形管、阀芯、阀杆和密封圈等组成。断电情况下，放散杯形阀能够靠自重落于开启位置（图 7-21），回收杯形阀能够靠自重落于关闭位置（图 7-22），保护系统不受损害。切换站的实物外形如图 7-23 所示。

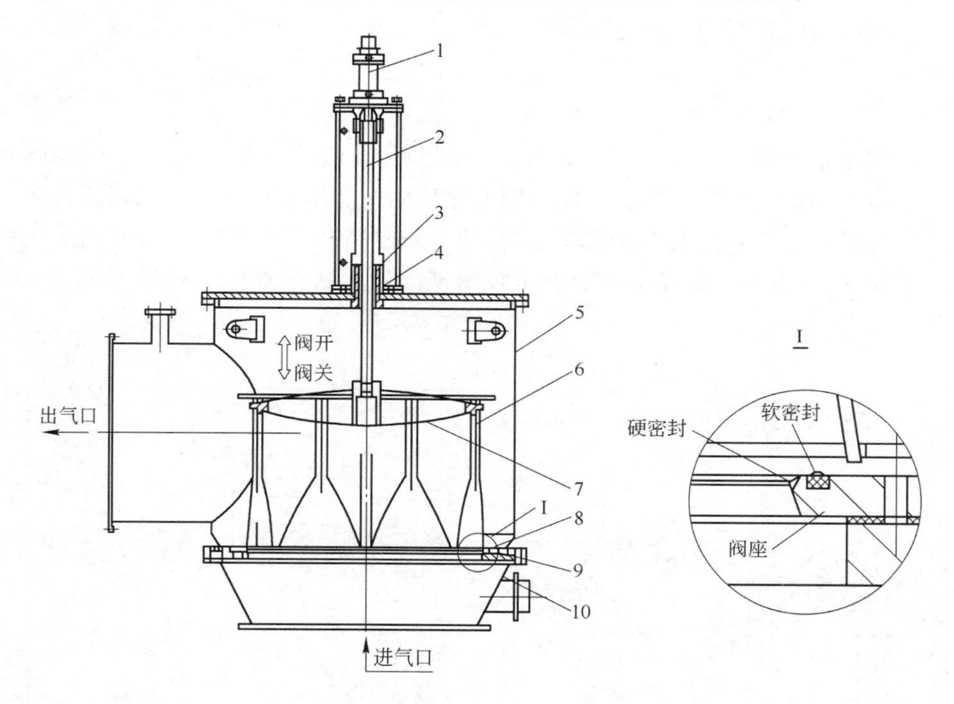

图 7-22 回收杯形阀结构示意图

1—伺服油缸（带传感器）；2—阀轴；3—填料；4—轴承；5—阀体；6—导向笼；7—阀芯；8—阀座；9—密封圈；10—锥形管

图 7-23 转炉干法除尘系统切换站实物照片

阀杆上设有导向装置和自动调心装置，阀芯上下运动定位精度高，密封面受力均匀。采用金属硬密封和橡胶软密封的双重密封类型，密封可靠。

伺服油缸配有磁致伸缩式位移传感器，定位精度高，调节性能好。杯形阀打开和关闭所需时间在正常情况下为8～10s，紧急情况下为4s。通过液压系统实现阀门的运行时间及阀门密封时的保压，阀门开启和关闭时间可以通过液压系统进行调节。

7.4.4.2 控制系统

伺服油缸与阀杆、阀芯连接，通过控制液压系统驱动油缸轴实现阀门的启闭。油缸轴运动过程导致阀门开度范围变化从而引起压力变化，实现调节功能。

液压控制系统由蓄能控制系统、阀门开关控制系统和阀门微调控制系统组成，如图7-24所示。在液压系统液压泵出现故障无法正常提供阀门开关的压力

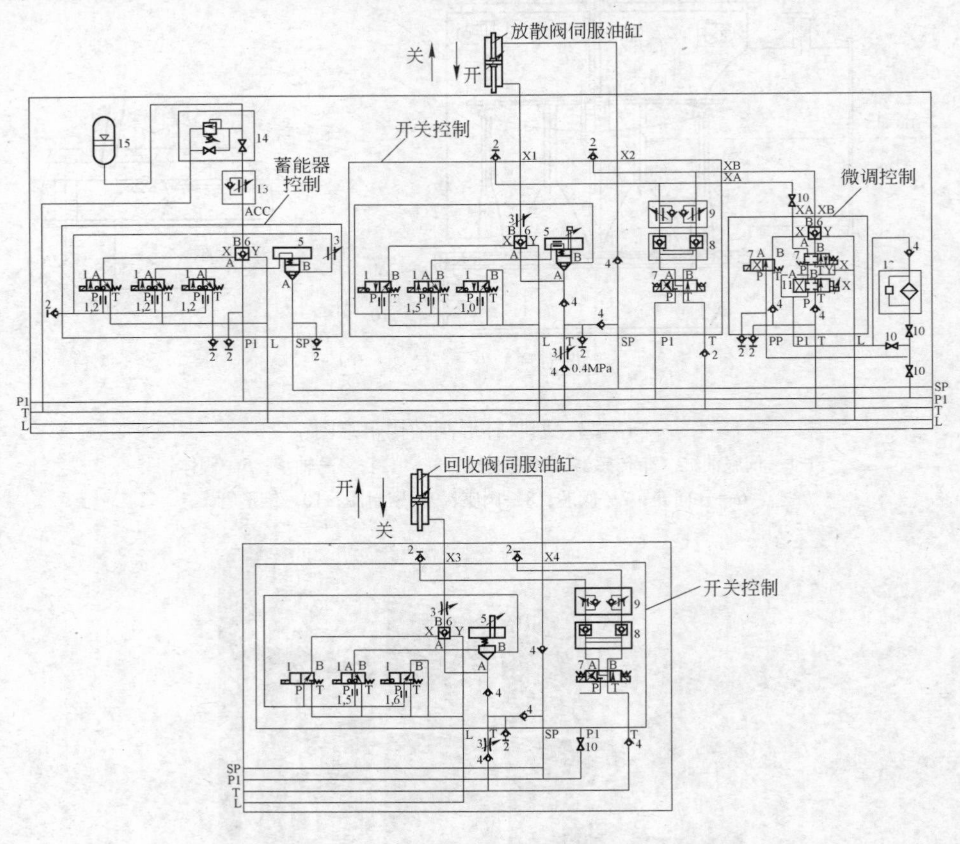

图7-24 杯形阀液压原理图

1—电池球阀；2—测压接头；3—节流阀；4—单向阀；5—插装阀；6—液压单向阀；7—电磁换向阀；8—叠加式液压单向阀；9—叠加式双单向节流阀；10—高压球阀；11—伺服阀；12—高压过滤器；13—单向节流阀；14—安全阀组；15—蓄能器

时，蓄能器释放储存的压力，在短时间内保证阀门正常的动作。阀门开关控制系统主要由阀门正常开关的控制部分和事故状态下快速关闭的控制部分组成。控制阀门正常开关部分由二位四通电磁阀、液控单向阀组成的“液压锁”和双向节流阀串联组成，确保阀门的开、关速度可调，同时确保阀门可停留在开关过程中的任意位置。

微调控制系统主要由三位四通的伺服控制阀、二位四通的电磁换向阀、液控单向阀和过滤系统组成。

国产的杯形阀切换站设备的可靠性较好，切换过程中对杯形阀的开关速度进行一定控制，不能造成烟气压力的突然变化，防止转炉回收期风机发生喘振，正常的切换速度为 8 ~ 10s，紧急切换的动作为 3 ~ 4s。

切换站液压站的实物照片如图 7-25 所示。

图 7-25 切换站液压站的实物照片

7.5 煤气柜

7.5.1 煤气柜的作用

在转炉烟气净化回收系统中，煤气柜是主要设施之一，它可以起到以下三个作用：

（1）贮存。转炉在生产过程中产生的煤气量是很不稳定的。产气是间断性的，气量也是波动的。同时煤气回收后当做燃料或原料使用，用户的用量也可能是波动的。为了解决产气和用气之间经常变化的矛盾，设置一个具有一定容量的贮气柜，起到调节气量的作用，可使燃料得到充分利用。

（2）稳压。转炉煤气在净化过程中，压力是波动的，如直接送往用户，将会使燃烧设备极不稳定，甚至造成事故。回收的煤气先送入煤气柜，再送入用户，就可以达到稳压要求，燃烧设备就比较容易控制。

（3）混合。第 1 章已介绍过，在转炉吹炼过程中的一氧化碳含量是在不断变化的。因此转炉生产的煤气，每一炉吹炼过程中其成分都是波动的。冶炼过程中脱碳速度波动大，煤气的热值波动也大。在相邻的炉次中，由于供氧强度、冶炼条件的变化，对产生的煤气热值也有影响。为使用户得到热值较稳定的煤气，就必须有一个混合设备，煤气柜就可以起到这个作用。

总之煤气柜是调节产气和用气之间若干矛盾必不可少的设备。

7.5.2 煤气柜的分类

煤气柜的种类很多，按其压力不同可分为低压煤气柜和高压煤气柜，压力低于7000Pa者为低压煤气柜，压力大于0.5MPa者为高压煤气柜。

按其密封方式不同又可分为湿式煤气柜和干式煤气柜。

按结构形式不同又可分为直升式煤气柜和螺旋式煤气柜。

按水槽形状不同又可分为满膛水槽煤气柜和环形水槽煤气柜。

按水槽的材质不同又可分为预应力钢筋混凝土水槽煤气柜和钢结构水槽煤气柜。

湿式煤气柜靠水密封，比较安全可靠，气柜容积可调节性较大。由于有水槽，煤气中含有水分，为防止柜体受腐蚀，柜体应定期刷油，此外一般无需其他检修，但气柜水槽，特别是钢筋混凝土水槽容易漏水，因而在日常操作时需要补充水。我国转炉煤气回收系统多采用湿式煤气柜。湿式煤气柜的分类如图7-26所示。

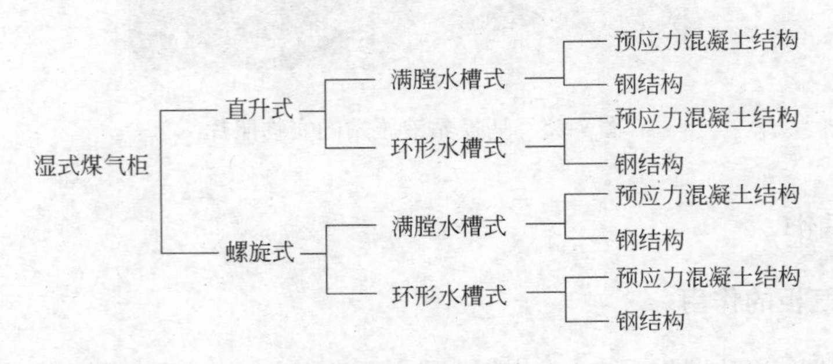

图7-26 湿式煤气柜的分类

目前国内氧气顶吹转炉炼钢厂在煤气回收中常用的煤气柜为湿式螺旋预应力钢筋混凝土煤气柜、满膛水槽式煤气柜。

7.5.3 煤气柜的结构

湿式煤气柜由塔身、水封、水槽等部分组成。水槽内放置钟罩，钟罩随煤气的进出而升降，并利用水封隔断内外气体来贮存煤气。小容量的煤气柜（3000m^3 以下）一般采用单节气柜，其高度取决于水槽的高度，水槽的高度为直径的30% ~50%。大容量的煤气柜为避免水槽高度过大而采用多节的气柜。多节煤气柜每节高度等于水槽的高度，而钟罩及塔节的全高约为直径的60% ~100%。所以煤气柜的节数可以由一节至五节组成。由里面开始顺次称为钟罩、一塔、二塔……外塔。水槽坐入地下，可以减少气柜总高和降低所受风压。

7.5.3.1 塔节之间的水封

当煤气柜充气时，钟罩杯状构造的杯环从水槽内汲水，在塔上升时，外塔上部挂环构造被杯环吊起一起上升，杯环里的水使煤气与外部气体隔断形成水封，按同样步骤各外侧塔身顺应排起吊上。

7.5.3.2 水槽

湿式煤气柜的水槽，一般根据地基条件好坏做成两种形式：一种是满膛水槽式，一种是环形水槽式。满膛水槽是国内通用的一种形式，其特点是施工简单，质量容易保证，水槽内液面水平度也易保证，但由于水槽容积大，用水量多，荷重增加，对基础及地质条件要求较高。环形水槽可以大大减少水量，在软弱地基上施工较容易，而且环形水封底部空间尚可充分利用。这种形式不宜采用钢结构水槽。但环形水槽施工困难，水平度不易控制，故应用不多。在北方地区水槽及各层水封都应有蒸气保温措施，防止槽中水结冻，而失去水封作用。

7.5.3.3 内压力

令煤气柜内压力为 P，则：

$$P = W/A \tag{7-4}$$

式中 P——煤气柜内压力，Pa；

W——上升罩及塔的质量，kg；

A——上升罩顶或塔节的圆面积，m^2。

上升罩及塔的质量包括水封内水重及摩擦力，摩擦力约为钟罩及塔节质量的10% ~15%。

可见当升高塔节增多时，W 增大，柜内煤气压力 P 增大，故压力有波动，一般为1000 ~4000Pa，当所要求的煤气压力高于或低于上述压力时，应另外装设压力调节装置。

7.5.3.4 煤气柜上升方式

依钟罩及塔节上升的方式，可分为直升式煤气柜和螺旋式煤气柜。

（1）直升式煤气柜。直升式煤气柜是我国在较小容积上常用的一种湿式气柜类型。它包括一个或多个塔节，安装在充满了水的圆柱体水槽中间。进出气是用管道通过水槽底部再伸出水封面以上。当充气时，塔身即从水中升起，借安装在水槽顶部四周立柱上的供导轮升降的导轨作垂直运动，导轨立柱可以直接安装在水槽侧板上，也可以在水槽周围单独设置。这种气柜的最大优点是操作简便，运行可靠，加工精度没有螺旋式气柜要求那样高。故在小容积气柜中，往往采用这种结构形式。

（2）螺旋式煤气柜。螺旋式煤气柜是一种没有导轨柱而柜身靠安装在每个塔身侧板上，并与侧板垂直方向成45°角的导轨来升降的湿式煤气柜。柜内由于受到气体压力的影响而缓慢地上升或下降，速度一般不超过1.5m/min，导轨互相牵制作用使气柜不至于在升起后发生倾斜。

导轮都是安装在水槽平台上或安装在相对下塔的塔身上端，并按等距离排列。这种煤气柜由于水槽上部不需设置永久性钢架而造价低。与直升式相比所需钢材少25%～35%。但要求加工精度、安装精度高，否则在塔节上升时容易卡住。国内现有的转炉多采用这种结构形式的煤气柜。

7.5.3.5 煤气柜的保护措施

煤气柜前装有入口水封，煤气柜后装有出口水封。除此之外，为保证煤气柜的安全运行，还装有限位开关、管帽、放散烟囱等。

气柜的高位保护一般是采用行程开关，当气柜升到一定高度时，碰到行程开关而将入口电动开闭器关闭，同时打开放空烟囱放散。

气柜的低位保护是采用安装在钟罩上的一个管帽，低位时管帽将出口管罩住，其下缘插入水中形成水封，不能再往外抽气，防止气柜造成真空将顶盖吸瘪。

由于煤气回收操作不稳定，有时可能会有含氧量过高的爆炸性气体进入煤气贮气柜，为了使用安全，必须把这种气体放掉。

煤气放散有两个途径：一是在煤气净化后利用放散烟囱放散（在放散烟囱一节时阐述），一是在进入气柜水封前，利用放空烟囱放散。根据磁氧分析仪分析的数据，用放空烟囱的电动开关控制其放散（如气柜入口水封图）。在煤气柜钟罩上面也设有放空管，主要是用于置换柜内空气。在放空管上设有煤气分析取样用的管，管上带有阀门。

7.6 放散烟囱

氧气顶吹转炉烟气净化回收系统必须设置有放散烟囱。当在非回收期时，将不符合回收标准的烟气从烟囱（燃烧后）排出。

7.6.1 放散烟囱的结构形式

目前国内转炉厂的放散烟囱均为钢质结构。每台转炉一根，然后几座转炉的放散烟囱架设在一起，组成一座烟囱架组。这样，在技术上具有防震性能好、受风压小、施工简单等优点。

烟囱的高度应以避免对周围环境造成污染为原则，同时考虑周围地形环境。一般来讲，50t以上转炉的放散烟囱高为60m左右。烟囱上部有点火燃烧装置时，在烟囱顶部设有操作平台和梯子以便检查维修设备。烟囱底部有定期排水阀门或水封排水器。

7.6.2 烟囱的点火与燃烧装置

点火器包括以下几种：

（1）可燃气体点火。焦炉煤气或丙烷气都可以作为火源使用。可燃气体点火比较可靠，点火器可以经常燃烧。特别是在钢铁联合企业的转炉厂，焦炉煤气气源容易解决。但使用焦炉煤气时，应该考虑到焦油在管内沉积和堵塞孔眼时的检修措施。

（2）焦炉煤气点火器。焦炉煤气点火器的构造如图7-27a所示，引火管上钻有一行小孔，旁有电阻丝，通电后首先点着引火管上小孔出来的煤气，小孔一个接一个直接烧到顶圈，顶圈燃起后，把火炬管上的三个小火炬点着。三个小火炬因有挡风板，故可以不受风向影响，把燃烧器大火炬点着。由于转炉是间断性作业，故让点火火炬经常燃烧，以便放散烟囱中有煤气放散时，随时都可以点着。在放散烟囱顶部的燃烧嘴上开有许多进气孔，便于进入空气，以利于煤气燃烧完全。点火用煤气压力一般在3000～4000Pa。

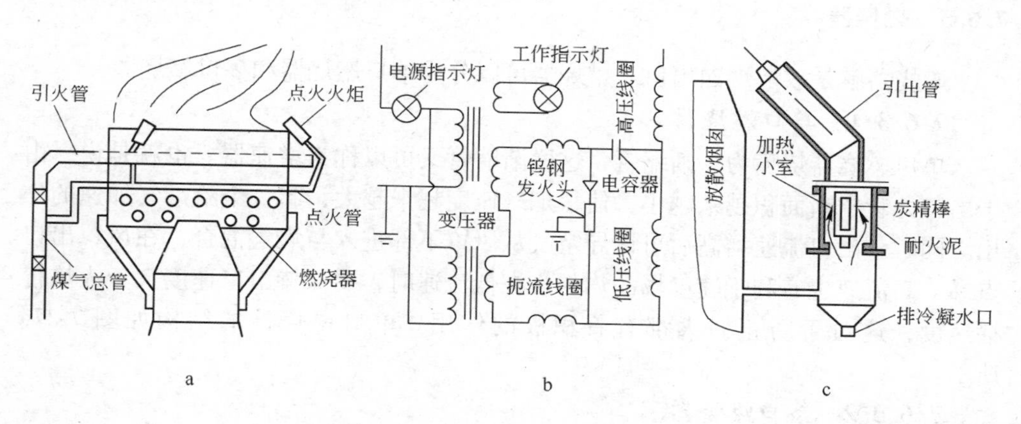

图7-27 各种点火器的构造

a—煤气点火器；b—电源点火器；c—炭精棒点火器

（3）电源点火。电源点火有电阻丝点火、高频电火花点火和炭精棒点火三种形式。

前两种可以直接点火，但点火装置容易被火炬烧坏，应加保护装置。也可以用间接燃烧方式，即先用点火器将引火管的可燃气体点燃，使点火用的可燃气体燃烧，再点燃烟囱的大火炬。间接点火方式的先决条件是要具备可燃气体。

炭精棒点火装置使用转炉本身产生的煤气，不需其他可燃气体，从放散烟囱出口前引一条旁路，切线进入点火装置下部，把气流中夹带着的机械水脱除，然后进入加热小室。在加热小室中有三根炭精棒，接通220V电源，炭精棒呈炽红状散热，把进入的煤气加热到燃烧温度，经引出口燃烧，去点燃烟囱口增速器发射出的烟气流。国外有许多转炉厂采用这种点火装置，其结构如图 7-27c 所示。

国内也有转炉厂对此装置进行了改造。有的引用外来气源即用焦炉煤气通过加热小室加热点燃。

采用转炉自身煤气用炭精棒点火时，每一炉都要点燃两次，但是由于质量等原因炭精棒损耗极快，经常到60m 高的烟囱上去更换炭精棒也是一件极困难、危险的工作。但如果采用引进外来气源时，可以使点火装置常明，从而减少打火次数，降低炭精棒消耗，便于生产。这种点火装置在国内尚应用得不多，而且仍需不断完善和改进。

高频电火花点火器由汽缸或其他传动装置带动火花发生头伸到燃烧器顶部点火，火炬点燃后，火花头后撤并保护起来。高频火花发生装置电路图见图 7-27b。采用这种点火器应注意两点，一是钨钢火花发生头应有瓷套管保护，并注意绝缘措施。二是火花发生头由伸缩装置带动，点火时伸出，火点着后应立即缩回，离开火焰，不然容易被烧坏。

7.6.3　燃烧器

燃烧器就是放散烟囱出口。燃烧器可以分为单口燃烧器和多口燃烧器。

7.6.3.1　单口燃烧器

单口燃烧器烧嘴为一渐缩管，这段渐缩管又可以称为增速器。也就是说，由于出口处管子断面积越来越小，使得烟气速度越来越大，起一个给烟气加速的作用。同时，出口流速增高后可诱导空气从风罩下部进入与煤气混合，在风罩出口点燃。高流速也有利于速度场的均匀。在低流速时，要保持出口速度大于火焰传播速度，这对于防止回火都有着积极的作用。单口燃烧器的结构如图 7-27a 所示。

7.6.3.2　多口燃烧器

每个燃烧器由 3 ~6 个口组成，被称为多口燃烧器。每个出口的流速在小气量时也应大于火焰传播速度，在大气量时比单口燃烧器的燃嘴流速低。速度太高也不利于点燃，速度低容易引起回火。多口燃烧器比单口燃烧器容易点燃。

7.7　转炉煤气回收系统烟气取样与分析

转炉煤气回收的首要问题是，要安全运行并尽可能地提高煤气热值。如第一章所述，转炉煤气的发热值随其一氧化碳的含量而改变。各转炉炼钢厂根据本厂对能源要求的不同，其回收期间要求煤气中的一氧化碳含量也不一样，最低在25%以上。为了防止系统爆炸，煤气中氧气含量不得大于2%。

在转炉吹炼期间，烟气中一氧化碳的含量是不断变化着的，在吹炼前期一氧化碳含量低，在吹炼中期一氧化碳含量较高，如果冶炼低碳钢时在吹炼末期 CO 含量低，氧的含量高，为了回收合格的煤气，必须随时监测煤气中一氧化碳和氧的含量，以便决定回收时期。因此，准确、及时地分析烟气的成分对保证煤气回收数量、热值以及人身和设备安全是至关重要的。

7.7.1 转炉煤气取样分析系统[6]

转炉煤气取样分析系统分为高温取样系统和低温取样系统，高温取样系统是从汽化冷却烟道顶端取出气体样，而低温取样系统则是从风机后的三通切换阀处取出气体样。高温取样分析系统包括取样、冷却、净化、分析四大部分，低温取样系统包括取样、净化、分析三大部分。这里以国内某厂现用的煤气分析系统为例，对此做以阐述。

7.7.1.1 低温端取样过滤系统

A 低温端取样过滤系统的组成

系统由两个低温取样探头、两个水气混合器、两个水洗装置及一个分析装置组成，其系统如图 7-28 所示。

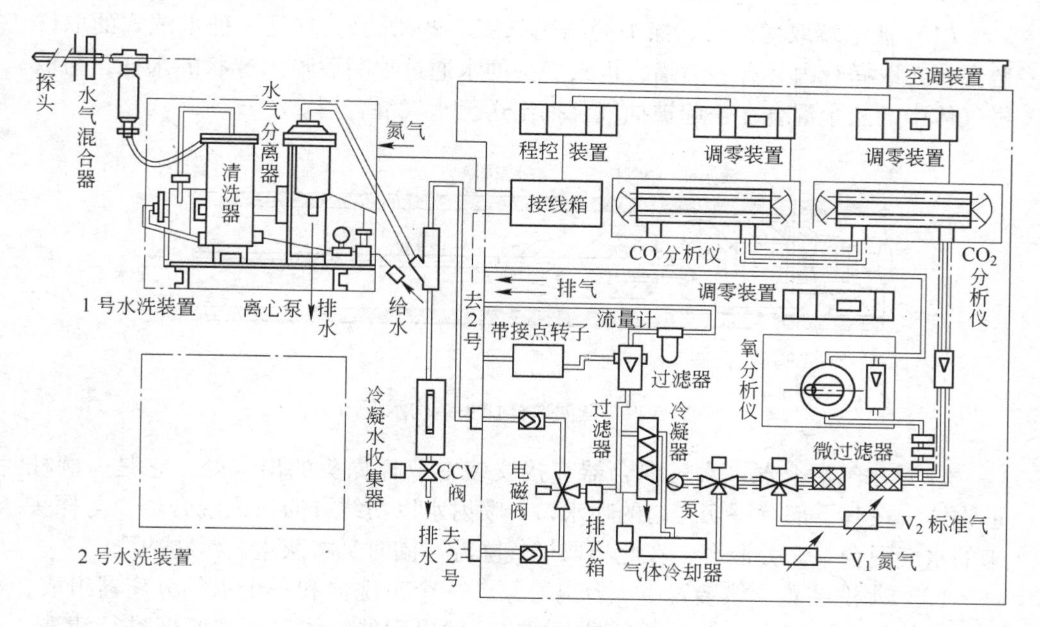

图 7-28 低温端煤气取样分析系统图

取样气体在低温取样探头口与探头内的喷嘴喷出的露状水一起被吸至水气混合器中，取样气体中的灰尘在此与水充分混合后再被吸至清洗器中，在清洗器中气体灰尘被水清除净化，然后经水气分离器将取样气体中的水分从分离器下部排除，取样气体则经分离器上部送至分析柜旁的 Y 形分离器和冷凝水收集器，如取样气体中有冷凝水生成，冷凝水就在这里被排出。

在分析柜内装有两台大型膜式抽气泵和一台小型膜式抽气泵。两台大膜式抽气泵分别与两个清洗装置相连。分析取样时只有一台大膜式抽气泵工作，另一台作为备用。当工作取样的探头被堵时，另一台泵立即自动投入运行，同时被堵的探头用氮气进行清洗。

取样气体进入Y形分离器后，由大膜式抽气泵抽出（抽出约40L/min的气量），经过滤器后送至冷凝器，对取样气体进行冷凝干燥，除去水分。然后由小型膜式抽气泵抽出约4L/min的气量分两路去分析仪，一路送至一氧化碳、二氧化碳分析仪，另一路送至氧分析仪，多余的气体则通过分析柜内带有接点的转子流量计后放空。如果放空的取样气体流量低于40L/min，说明取样管路发生故障，这时转子流量计立即发出信号并自动切换，大膜式抽气泵工作氧、一氧化碳、二氧化碳分析仪将分析的结果以电流信号送至二次仪表进行数字显示和记录。

为保证分析系统能正常工作及保证分析精度，系统还设置了自动校零和刻度校验装置，每当一炉钢冶炼完毕后，分析系统自动进行校零。

B 系统中主要装置简介

（1）低温端取样探头。探头的结构如图7-29所示。它是一种水洗式的取样装置，在取样管内装有一喷嘴，进入探头的水通过喷嘴后喷出雾状的水珠，与取样气体中的灰尘混合在一起被抽气泵抽出送至水气混合器。

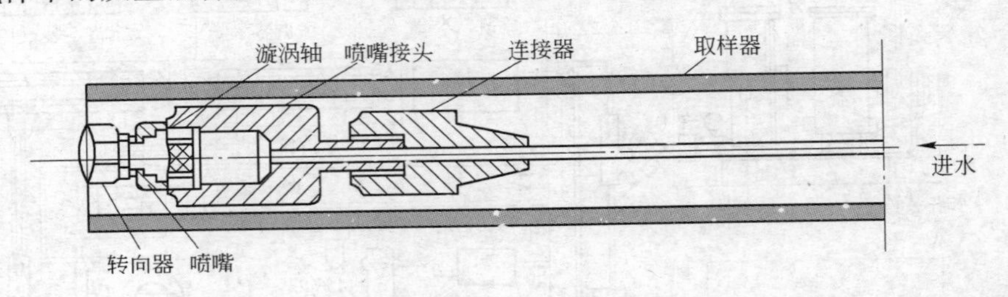

图7-29 低温取样探头结构示意图

（2）水气混合器。水气混合器直接安装在取样探头的出口处，它是一圆柱形物体，在其下部有一切线向的喷水口，喷射水以切线方向喷入混合器，与探头来的水气混合气充分混合，在此将取样气降温，同时又将灰尘及污物冲洗。

（3）水洗装置。该装置由一台离心泵、一个清洗器和一个水气分离器组成，泵把气体从取样探头、水气混合器中抽出，抽出后的气体送至清洗器进行清洗，然后经水气分离器进行分离，干净气体就进入分析柜内进行分析。送至清洗器的补给水必须是净水，而且水温至少要比周围温度低5℃。

（4）带接点的转子流量计。分析系统正常工作时约有40L/min的气量通过该流量计后被排放，如果取样探头被堵或清洗装置出故障时取样气体流量减少，流经转子流量计的流量也减少，这时流量计即发出信号去控制膜式抽气泵的切换，使备用系统投入运行，并控制清洗反吹系统对探头及管路进行清洗。

（5）冷凝器及气体冷却器。取样气体进入分析柜时，虽然气体温度已降至常温，但仍含有一定的温度，如直接进入分析仪，则分析的误差较大，同时为了进一步除去取样气体中的含水量，取样气体必须进行干燥处理，冷凝器就能同时起到这两个作用，通过冷凝器后的气体既能被干燥又能被降温。冷凝器出口气样的温度为2℃。冷凝器的冷量是由气体冷却器供给的。气体冷却器的作用原理与家用电冰箱冷却原理相同。

（6）抽气泵。抽气泵为膜式泵，大的模式泵的能力为40L/min，抽出的取样气体分两路，大部分气体流经带接点的转子流量计排放，只有少量气体送至分析仪表进行分析。在两个大膜式抽气泵后还配置了一台小膜式抽气泵，其作用是恒定地向分析仪提供4L/min的气样。

（7）自动调零装置。为保证分析仪表分析的精度，每当转炉冶炼结束后，自动调零装置同时对一氧化碳分析仪、二氧化碳分析仪、氧分析仪进行零点校正。用高纯度的氢气校正三个仪表的零点。用标准气校正一氧化碳分析仪、二氧化碳分析仪的刻度。用空气校正氧分析仪的刻度。校零气体和标准气体分别通过三通电磁阀SV_1和SV_2进入分析仪。SV_1阀和SV_2阀是受自动调零系统控制的。

（8）空调装置。空调装置安装在分析柜的顶部，其作用是保持分析柜内的温度恒定在20~30°C之间，以保证仪表能正常地工作。

C 分析系统的响应时间

分析系统的响应时间是指从取样后至分析仪90%满刻度输出时的时间。TPA公司根据取样管路总长为3m时给出的分析系统的响应时间如下：

一氧化碳、二氧化碳分析系统的响应时间不大于17s，O_2分析系统的响应时间不大于20s。

7.7.1.2 高温端取样分析系统

A 高温端取样分析系统的组成

系统由两个高温取样探头、两个热过滤箱和一个分析柜组成，其取样分析系统采用两个高温取样探头和两个热过滤箱，是为了当一个取样管路堵塞以后能自动切换到另一个取样管路继续进行取样，保证取样过滤系统正常工作。

整个高温端取样分析系统如图7-30所示。

被测气体从高温取样探头抽出后，经过较短的取样导管，送至热过滤箱中的热过滤器，在过滤前，热过滤器和取样导管均用电加热器加热至85℃，以免取样气体在导管内因温度下降所生成的冷凝水与灰尘黏结而将导管堵塞，并能确保灰尘在干燥的条件下能被清除掉。经过滤器过滤后的取样气体通过有一定坡度的导管送至分析柜旁的V形分离器和冷凝水收集器，气体出热过滤器后温度已下降，再经过这一段导管后，温度已逐渐降至室温，在降温中如结有冷凝水则通过

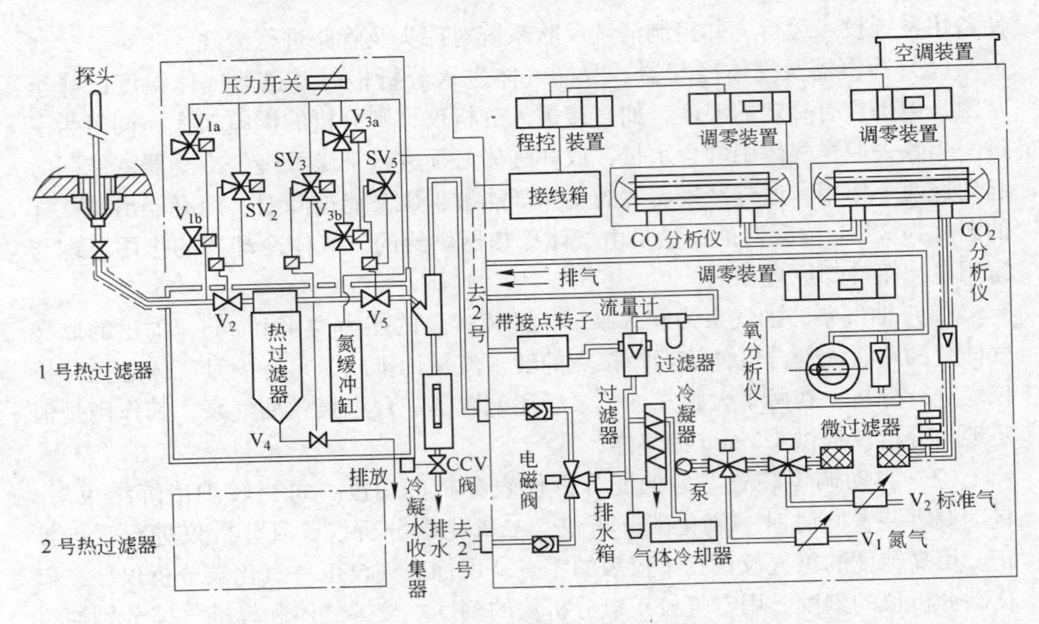

图 7-30　高温端煤气取样分析系统图

Y 形分离器流至冷凝水收集器，而取样气体则被膜式抽气泵抽出（抽出约 40L/min 的气量），经过滤器精过滤后通过冷凝器冷凝、干燥，然后由小型膜式抽气泵抽出约 4L/min 的气量分两路送出，一路送至一氧化碳分析仪、二氧化碳分析仪，另一路送至氧分析仪，多余的气体则通过一带有接点的转子流量计放空。一氧化碳分析仪、二氧化碳分析仪、氧分析仪的结果通过电流信号送至二次仪表进行显示、记录。

为保证系统取样能正常工作，系统中设置了对管路及过滤器进行清洗的程序控制装置。为保证分析仪表的分析精度，系统还设置了自动校零装置。为了使分析柜内温度保持在一定温度范围内，分析柜内设有空调装置。这些都与低温取样分析系统类似。

B　系统中主要装置简介

（1）热过滤器。过滤器内装有一耐高温的陶瓷过滤芯，其过滤精度为 0.3μm。被测气体进入过滤器后由于旋涡作用，灰尘中较大的颗粒沉落在过滤器底部，被测气体经过陶瓷过滤器时灰尘吸附在过滤芯子的表面上而不渗透到芯子内，这样被除尘的气体则从芯子内通往分析柜。

每当一炉钢吹炼完毕后或导管过滤系统堵塞后，都要对过滤器芯子用氮气进行清洗，主要是清除积在过滤芯子表面上的灰尘。清洗时，通过控制阀的开闭，将过滤器内的灰尘排除。

（2）自动清扫装置。该装置的主要作用是对热过滤箱内的热过滤器、取样探头及取样导管用氮气进行反吹清扫。通过 V_3 阀对过滤器芯子表面进行清洗。通过 V_4 阀将过滤器内的灰尘排出。通过 V_2 阀清除管道内及探头内的灰尘并从取样探头处排出。通过 V_3 阀、CCV 阀将管道内和冷凝水收集器中的冷凝水排出。如果取样探头处于备用状态时，这时 V_1 阀打开对探头进行冲氮，以防探头堵塞。

（3）高温取样探头。探头是由特殊的陶瓷材料制成的，可耐温 1400℃，具有耐磨，耐高温性能。其结构如图 7-31 所示。

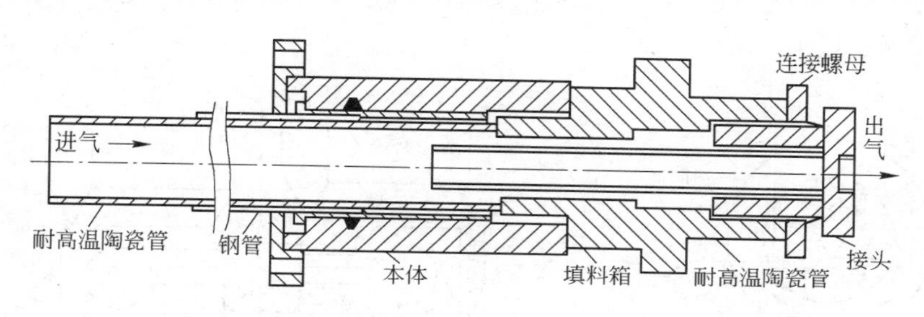

图 7-31 高温取样探头示意图

取样探头有两根，是相互交替工作的，一根处在备用状态时，用 N_2 对探头进行冲洗，为了使取样气体成分的真实性不受影响，在安装探头时要注意其安装位置，最好两根探头安装在管道同一断面的两侧。探头安装方式应与气体流向相垂直或从一定倾角度与气体流向相同，这样就能不使一根探头冲洗流出的 N_2 进入另一探头里，保证了取样成分的真实性。

除上述装置外，自动调零装置、抽气泵、带接点的转子流量计、空调装置等的功能均与冷端取样分析系统相同，在此不再重复。

7.7.2 烟气成分分析仪

在烟气成分分析仪中常用的是磁氧分析仪。其原理是：各种气体在磁场中呈现的磁性强弱有很大的差异，其中氧的顺磁性极为突出，其他气体则呈现很弱的顺磁性或呈现抗磁性。利用氧气的这一性质，制成了各种形式的磁氧分析仪。广泛应用的有两种。

（1）热磁氧分析仪。如国内自己生产的 QZS5101、QZS5102 等属于热磁氧分析仪。

图 7-32a 为热磁式氧分析仪的原理示意图。这是一个有中间通道 L 的圆形通道。中间通道的左端装有一对磁极 N 和 S，用以产生不均匀磁场，在中间通道上绕有两个铂电阻线圈 R_1 和 R_2，它们和固定电阻 R_3、R_4 组成一个电桥，电桥的不平衡信号由显示仪表指示出来。

待测气体从入口处进去，分两路流过环形管，然后从气体出口处出去。其中沿左侧流动的气体经中间通道口时，由于磁场的作用，气体中的氧气被吸入中间通道，然后从右端的中间通道口排出。气体通过中间通道的过程中，要从 R_1 和 R_2 那里吸收热量，使电阻的温度下降，热电阻的阻值将变小。又因为气体先经过 R_1 后经过 R_2，所以 R_1 的阻值比 R_2 的阻值下降得要多一些。电阻 R_1 和 R_2 的差值使电桥产生不平衡输出。气体中含氧量越大，被吸到中间通道中的氧就越多，R_1 和 R_2 的差值就越大，电桥的不平衡输出也越大。这就使得气体的含氧气量和电桥的输出成一定的对应关系，故可通过电桥的不平衡输出来显示出气体中的含氧量。

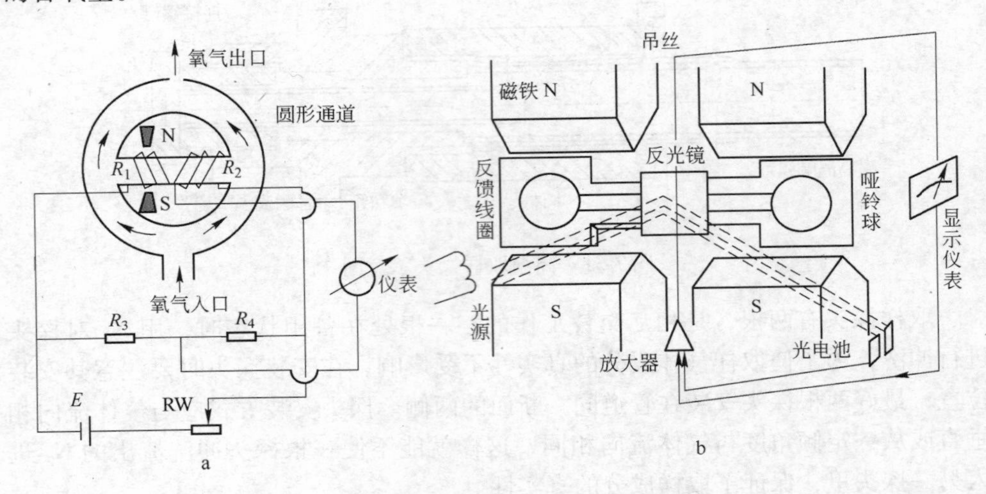

图 7-32　两种磁氧分析仪原理图

a—热磁氧分析仪；b—力磁氧分析仪

该仪表结构简单，易于制造，维修方便，但精度低，测量范围窄，而且易受气体中的其他成分和环境温度的影响而造成误差。

（2）力磁式氧分析仪。如国产的 CJ-10、CJ-03，引进的 540A 等，都属于此种产品，其结构如图 7-32b 所示。

由于在不均匀的磁场中，氧气被磁场所吸引，磁场强的区域氧分子的密度大，而磁场弱的区域则氧分子的密度小，这就使得沿磁场梯度的方向产生一个正比于氧含量的压力差。如果在这样的磁场中放入一个可旋转的试验物，则此物体将在这压力差的作用下而旋转。其旋转的角度与氧含量有一定的关系。所以，我们测量出旋转角，也就间接地测量出流过磁场气体的氧含量。

仪表用一个"哑铃"形的磁敏元件测量这个压力差。哑铃内充满氧气，在两个哑铃中间贴上一块反射镜，用灵敏度很高的张丝吊装在尖劈形磁极的两侧。在周围没有氧气存在时，磁场对"哑铃"的推力与吊丝中的扭力相平衡，两个哑铃处于原始位置。光源的一束光照在反光镜上通过机械零位调节，我们使两个光电池的光照相等，这时输出信号为零，回路中没有电的输出。

当哑铃周围存在氧气时，哑铃将在压力差的推动下旋转一角度，反射镜随之偏转，反射的光使两个光电池的照度不等，于是产生了差动电信号，经放大器放大后形成电流输出，一方面供显示仪表指示用，同时电流流经磁场中的反馈线圈，使线圈受到电磁感应力，迫使哑铃转回原处。这一负反馈原理，使哑铃的偏转角很小，因而提高了仪表的线性度、精度、抗震性，也大大减少了其他因素对仪表性能的影响。这是一种目前国内外广为采用的测氧仪器。

（3）红外线一氧化碳分析仪。除了由相同原子组成的双原子气体（如氢、氮等）和单原子气体（如氩、氦等）外，几乎所有的气体对红外线都有吸收作用，而且不同的气体有不同的吸收波长和吸收强度。例如二氧化碳的吸收波长为4.23μm，一氧化碳的吸收波长为4.73μm。当红外线通过被测气体后，就会因气体对红外线的吸收而使红外线的能量发生变化，而能量变化的大小又与被测气体的浓度有关。所以只要测定红外线能量的变化，就能间接地测定出气体的浓度。人们根据这个原理制造出红外线一氧化碳分析仪。红外线分析仪的原理如图7-33所示。

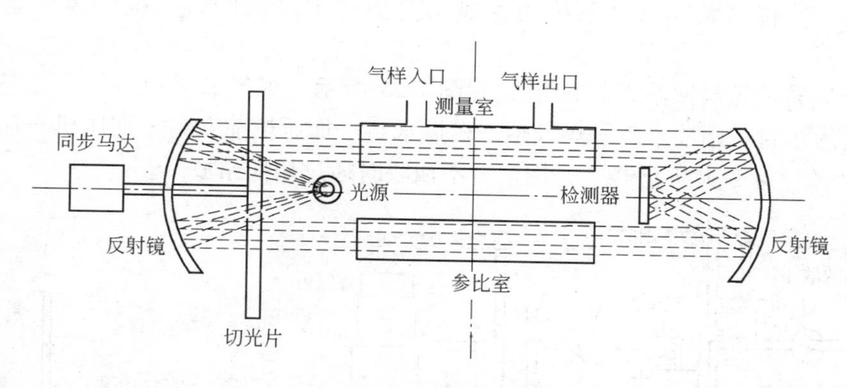

图7-33 红外线分析仪原理示意图

光源发出的红外线由反射镜分成两束能量相等的平行光束，经由同步马达带动的切光片，调制成一定频率的两束断续发射的红外线，分别通过参比室和测量室。参比室中充入不吸收红外线的气体，并加以封闭，而测量室中连续地通入被测气样，气样在测量室中吸收了一部分红外线能量，因此经两室出来的两束红外线的能量就不再相等了。此红外线再经反射镜将红外线聚焦到检测器上，检测器测量出能量变化的差异，并将其转化成电信号，经放大后由二次显示表指示出气样的浓度。

7.8 煤气回收系统的组成

煤气回收系统包括从煤气鼓风机开始到送往煤气用户的管路位置的所有工艺

设备。湿法、半干法和干法转炉煤气回收系统的组成上是有差别的。

湿法转炉煤气回收系统的组成如图 7-34 所示，煤气鼓风机—三通阀—大水封—V 形水封—柜前水封—煤气柜—柜后水封—加压机前水封—加压机—加压机后水封（包括回火防止器）—用户。不回收时通过三通阀放散。

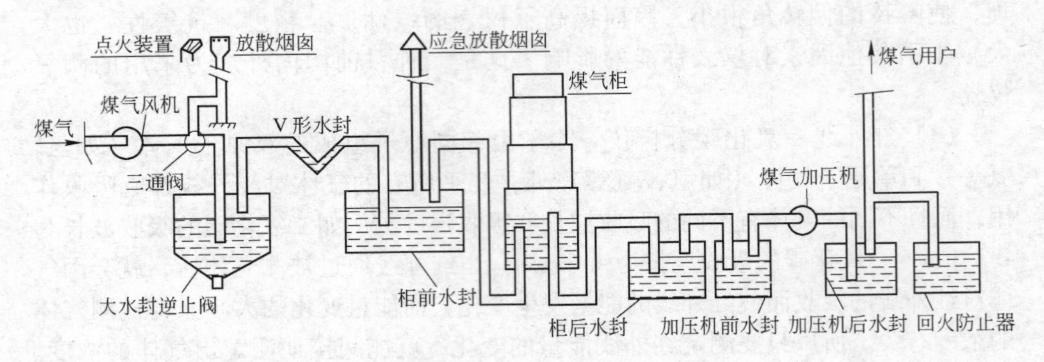

图 7-34 湿法转炉煤气回收系统的组成

半干法转炉煤气回收系统的组成与湿法转炉煤气回收系统的组成基本相同。

干法转炉煤气回收系统的组成如图 7-35 所示，煤气鼓风机—切换站—洗涤塔—V 形水封—柜前水封—煤气柜—柜后水封—加压机前水封—加压机—加压机后水封（包括回火防止器）—用户。不回收时通过切换站放散。

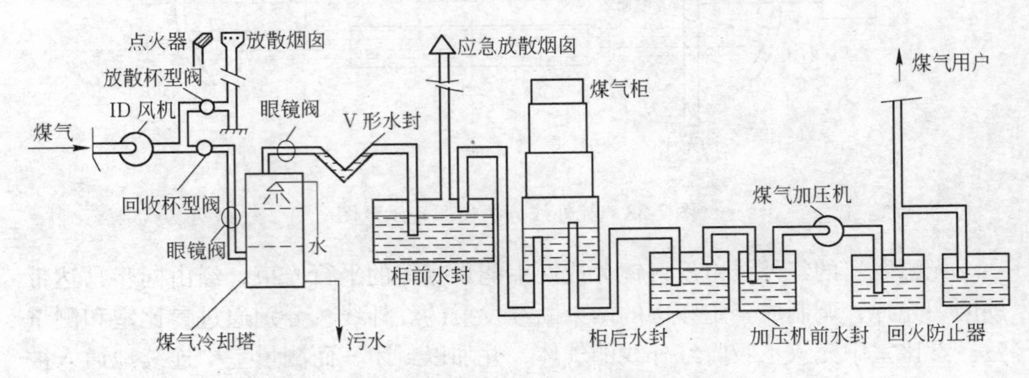

图 7-35 干法转炉煤气回收系统的组成

湿法转炉煤气回收系统中，一般在风机前煤气温度较低（约 60℃），机后不需设置煤气降温装置。

干法转炉煤气回收系统中，从静电除尘器出来的煤气温度较高（约 150℃以上），为保证安全，在切换站之后设置煤气冷却塔，将煤气温度降到 60℃以下。

参 考 文 献

[1]《氧气转炉烟气净化及回收设计参考资料》编写组．氧气转炉烟气净化及回收设计参考资料[M]．北京：冶金工业出版社，1975.

[2]《转炉干法除尘应用技术》编委会．转炉干法除尘应用技术[M]．北京：冶金工业出版社，2011.

[3] 马春生．转炉烟气净化与回收工艺[M]．北京：冶金工业出版社，1985.

8 转炉煤气回收的工艺

如前所述，煤气回收是转炉炼钢烟气净化与回收工作中的主要内容，是实现转炉负能炼钢的关键，是转炉炼钢安全、节能、高效的生产的基本保证。正确地制定、认真执行回收工艺更是提高回收煤气热值和数量的必要条件。

本章主要介绍微差压调节及阻力平衡、煤气回收时间的确定、煤气回收异常现象的分析、转炉煤气的毒性及防毒措施、转炉煤气的可爆性及防爆措施以及有关电除尘泄爆事宜的讨论。

8.1 微差压调节及阻力平衡

在转炉吹炼期间产生的炉气量是不断变化着的。吹炼前期炉气量较少，在吹炼中期炉气量较大，在吹炼末期炉气量又变小。由于风机的吸力关系，在吹炼前期、末期炉气量较小时，会有大量空气由活动烟罩口吸入，导致烟气中的氧含量增加，也增加了烟气中一氧化碳的燃烧，从而降低了煤气中的一氧化碳含量。这不仅降低了煤气的热值，而且还增加了煤气回收系统的不安全因素。为此，必须采取有效的自动控制手段，根据吹炼期间炉气量的变化，调节系统的阻力，使炉口保持处于微正压状态，防止在炉气量少的时期空气进入烟罩以及炉气量大的时候炉气大量外溢。

湿法除尘系统通过二文可调喉口的调节与烟罩升降来控制炉口微正压，干法除尘系统则通过风机转数的调节和烟罩升降来控制炉口的微正压。

在煤气回收与放散转换的瞬间或进入烟罩的炉气量大时炉气大量外溢。同时，由于风机后部系统阻力发生突然变化，也易引起诸如“风机喘振”之类的事故，需采取一定平衡措施，避免事故的发生。综上所述，在转炉煤气回收系统中设置炉口微差压控制装置及阻力平衡器等是必不可少的工艺措施。

8.1.1 湿法除尘系统的炉口微差压调节

湿法除尘系统的炉口微差压调节通过可调喉口文氏管（二文）的调节与烟罩升降来控制炉口微正压。一般在煤气回收开始时都采用降罩操作，并在此时进行微差压调节。

由于工艺操作的限制，一般将炉口烟气压力测试点设为活动烟罩下缘，即此处代表缝隙的静压差。

所谓烟罩微差压自动调节就是通过烟罩与炉口之间缝隙（亦称烟罩口）的差压控制烟罩吸入烟气量的大小。当烟罩吸入量等于炉气量时，烟罩口处于零压状态，当烟罩吸入量小于炉气量时，烟罩口处于正压状态，当烟罩吸入量大于炉气量时，烟罩口处于负压状态，利用这种正负压的关系，自动调节，维持转炉产气量与抽风机抽气量之间的平衡，也就是时刻维持烟罩口内外的压差在一个很小的范围内（一般要求不超过100Pa），烟罩口微差压调节系统是实现这一目标的主要装置。

图8-1为国内某转炉厂微差压自动调节原理图。从图中可以看出，它通过调节可调喉口文氏管的重砣升降，并利用电动执行机构与烟罩处微差压连锁来实现炉口微差压调节。

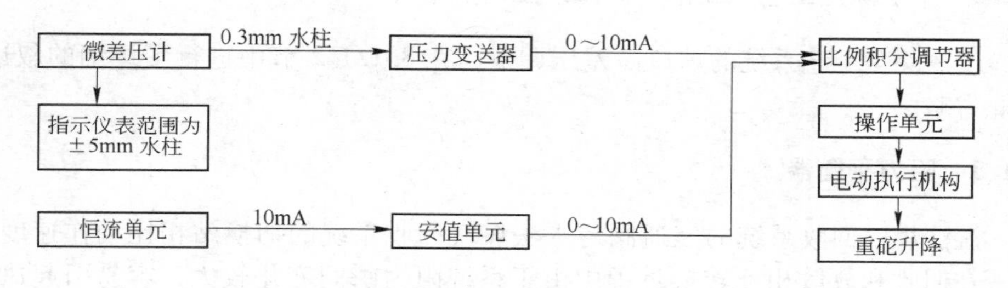

图8-1 微差压自动调节原理图

在冶炼过程中，当炉气量减少时烟罩口就出现负压差，微差压计一方面将负压差反映在指示仪表上，一方面将负压差的信号送到压差变送器，压差变送器能将压力信号转变为电信号，并将电信号传送给比例积分调节器，积分调节器将从压差变送器接收来的实测信号与由恒流单元和给定单元发来的给定信号进行比较，并向操作单元发出调节信号。调节信号指令电动执行机构带动可调喉口文氏管的重砣移动，减少可调喉口的流通断面，从而使风机的抽风量减少量与炉气量相当，同时也维持了烟罩口的静压差接近零。

相反，当炉气量增大时，烟罩口就出现了正压差，按上述程序改变可调喉口文氏管重砣的位置，扩大喉口流通截面积，从而使风机的抽风量与炉气量平衡，同时又维持了烟罩口的静压差接近于零。

实践证明，通过这种自动调节过程可以保证烟罩内外的压差控制在±30Pa范围以内。但是在转炉吹炼过程中如果发生大喷以及向炉内加造渣材料时，烟罩口压差就要发生较大的波动（10～20Pa），这对调节系统来说是一个剧烈的干扰因素，这个问题有待于进一步解决。

一般在吹炼开始2～5min左右，烟气中的一氧化碳含量达到回收规定值，根据一氧化碳、二氧化碳、氧的分析结果决定降罩回收煤气，当在吹炼结束前0～5min左右（根据吹炼终点含碳量的不同，时间长短不定）时，煤气中的一氧化碳含量可能低于回收规定值，再根据煤气中一氧化碳、二氧化碳、氧的分析结果停止回收并抬罩。

有些采用湿法转炉烟气净化与回收工艺的炼钢厂，由于不希望频繁地调整可调喉口文氏管的开度，所以只在冶炼中间的煤气回收期投入使用炉口微差压计及控制系统。

由于微差压计在活动烟罩下沿这样一个条件恶劣的环境下工作，因而必须做好防护措施，防止测压孔由于溅渣等导致堵塞，由于个别设备常发生滞后现象，在必要的时候可对可调喉口文氏管的开启度进行手动遥控操纵。

可调喉口文氏管的调节功能在 6.2 节中已经做了详细介绍，故不再赘述。

8.1.2 干法除尘工艺系统的炉口微差压调节[1]

干法除尘工艺系统的炉口微差压调节已在 8.1.1.2 节中进行了详细的叙述，在此省略。

8.1.3 阻力平衡器

湿法煤气回收系统的三通阀与干法煤气回收系统的切换站相比动作速度较慢，在回收和放散相互转换过程中由于系统阻力瞬间变化较大，容易引起风机“喘振”，故需设置转炉烟气净化与回收系统的阻力平衡调节系统。

在煤气放散转为煤气回收，或由煤气回收转为煤气放散时，都是通过三通切换阀的动作来实现的。在煤气三通切换阀动作时，风机后的正压系统压力发生变化(风机后的回收部分管路正压系统的阻损为 5000 ~ 6000Pa，放散部分管路阻损为 1000Pa 左右)时，风机的负荷就会产生突变，抽风量也要发生巨大的变化，这一扰动就会打乱微差压调节系统的正常工作，尤其是流量的急剧变动，在气流中有可能造成调节重砣后面的冲击波，引起预料不到的事故。为了避免上述缺点，采用风机阻力自动调节，使之保证在切换时风机负荷近似不变。此系统调节对象为三通切换阀两侧的压力差，控制端为放散管上的蝶阀，其系统如图 8-2 所示。

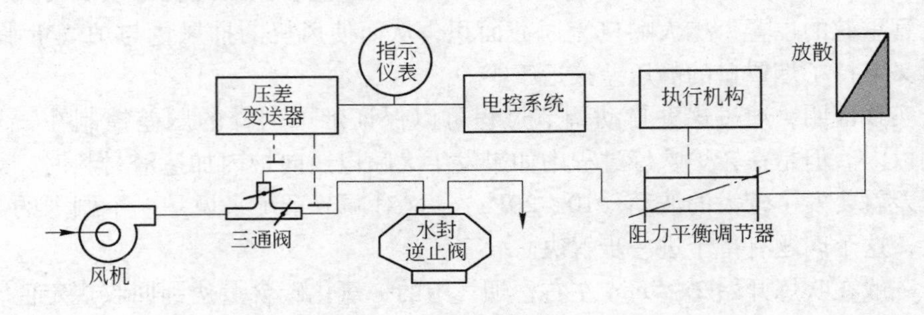

图 8-2　阻力平衡调节系统

在烟气净化回收系统处于煤气回收状态时，阻力平衡调节阀在一定的位置，当由煤气回收转换为放散时（系统阻力由大向小改变），由测压计测得压力差，将信号送到差压变送器，并将压力信号变为电信号，通过信号放大及继电系统使伺服马达动作，从而使阻力平衡调节阀动作，直到阻力相等，压差消失为止。

8.2 煤气回收时间的确定

在第1章已经叙述过，转炉炼钢的特点之一是炉内反应激烈，产生的炉气量大，吹炼过程中铁水中的碳等元素发生激烈地氧化，生成大量的一氧化碳和少量的二氧化碳。在目前绝大多数采用“未燃法”工艺的条件下，出炉口后的烟气中含有大量的一氧化碳，在不同的吹炼时间段，一氧化碳含量为20%～80%，平均为60%以上。每炼1t钢可以回收一氧化碳含量为60%左右的转炉煤气约100m^3或更多，年产100万吨的转炉炼钢厂年回收煤气约为1亿m^3以上一氧化碳量为60%左右的煤气，将节约大量能源，创造十分可观的财富。

在当前世界性能源紧张的形势下，对搞好循环经济、回收能源、节约能源更具有现实意义。搞好煤气回收也是实现负能炼钢的根本途径。因此，确保安全的前提下延长回收期、提高煤气热值、增加回收煤气的量等，一直是转炉炼钢工作者研究的重要课题。

8.2.1 确定煤气回收时间的要素

转炉炼钢煤气回收期的长短是决定煤气回收量多少的关键，回收期越长，回收煤气的量（体积）就越多。想要回收期长，就必须在煤气中一氧化碳含量较低时就开始回收，这必然导致煤气柜中的煤气平均热值降低。所以回收煤气的总量和热值是一对矛盾的对立统一体。

回收煤气是一项危险性很高的作业，煤气有可燃性和爆炸性，根据混合气体爆炸极限成分可知（见8.5节），当煤气回收时一定要严格控制烟气中的一氧化碳、氧、氢的含量。

显然，确定煤气回收期必须首先具备两个必要条件，即回收安全和煤气热值。

从第1章里介绍的转炉炼钢的基本原理可知，转炉开吹后，吹入的氧气首先与铁水中的硅、磷、锰、铁等发生氧化反应，生成二氧化硅、五氧化二磷、氧化锰、氧化亚铁（氧化铁）等，放出热量，促进渣料熔化并使钢水温度升高。但是，由于吹炼初期钢液的温度较低，碳氧反应很少，故烟气中的一氧化碳含量很低。吹炼前系统中充满空气，也就是说系统中含有大量的氧气，开吹一段时间（1～2min）才能将系统中的空气抽光。

如上所述，吹炼前期碳氧反应不激烈，有些由氧枪吹入炉内的氧气未来得及反应便随炉气进入系统，从而导致吹炼前期烟气中的氧含量高。

随着硅、磷、铁等发生氧化反应不断进行，熔池的温度不断升高，只有当熔池温度达到1470℃以上时碳氧反应才开始激烈地进行，烟气中的一氧化碳含量迅速提高，在脱碳高峰时烟气中的一氧化碳含量可高达85%以上。这时部分没有来得及与熔池中的碳进行反应而进入烟气中的氧，也会有一些与烟气中的一氧化碳反应生成二氧化碳。所以，开吹一段时间后，烟气中的氧含量呈下降趋势。

在吹炼后期，特别是吹炼低碳钢或超低碳钢后期，熔池中的含碳量很低，碳氧反应的速度受到熔池中碳的扩散速度的影响。此时碳氧反应的速度急剧减缓，烟气中的一氧化碳含量降低，氧的含量相应地增加。

8.2.1.1 开始回收时间的确定

确定开始回收的时间需要满足以下两个条件：

（1）煤气中氧含量。由表8-3可知，煤气中氧气含量的爆炸极限为5.25%，为了留出足够的安全系数，一般情况下，当在煤气中氧气含量达到1.5%～2.0%时才可安全回收。

（2）煤气中的一氧化碳含量。确定煤气中的一氧化碳含量为多少时开始回收的前提是根据煤气用户对煤气热值的要求，以保证回收后煤气柜中煤气的平均热值能满足用户的需求。用户要求的煤气热值高，就必须在烟气中的一氧化碳含量高一些时才开始回收，反之，煤气中一氧化碳含量低一些时就可以回收。一般在煤气中氧的含量低于2%，煤气中CO含量达到30%时就可以回收，近年来由于能源比较紧张，也有在煤气中氧的含量低于2%，煤气中一氧化碳含量达到24%时就开始回收煤气。

8.2.1.2 停止回收时间的确定

吹炼后期，当煤气中氧的含量高于2%时，就必须停止煤气回收。

当煤气中氧的含量低于2%时，或一氧化碳含量低于30%（或24%）时，停止煤气回收。

在冶炼非超低碳钢时，由于吹炼终点熔池中碳含量较高，烟气中一氧化碳含量也较高，如果煤气中氧含量不超过2%，一直到吹炼结束前都可以进行煤气回收。

总之，煤气中氧的含量低于2%，这是煤气回收的必要条件；煤气中一氧化碳含量高于既定值，这是煤气回收的充分条件。

8.2.2 煤气回收量和热值的关系

转炉吹炼过程中产生的一氧化碳就是吹入的氧气与铁水中的碳发生氧化反应的结果。可见，产生一氧化碳量的多少取决于氧化掉碳的多少。由下式可知，

$$\underset{24\ (g)}{2C} + \underset{32\ (g)}{O_2} = \underset{\substack{56\ (g)\\44.8\ (L)}}{2CO} \tag{8-1}$$

也就是说，每氧化掉24kg碳就能产生44.8m³一氧化碳。按铁水中含碳4.6%、吹炼终点含碳量0.2%计算，吨钢产一氧化碳量约为82.44m³。根据经验数据，冶炼过程中约有8%～10%的一氧化碳将燃烧成二氧化碳，剩下的一氧化碳只有74.20m³，扣除前期未回收部分（因前期煤气中含一氧化碳较低，故假设为3m³），理论上能回收的纯CO为71.2m³。

按实际煤气中含量60%计算，理论上最大煤气回收量为119m³，其热值为7574J。

当然，加入炉内原材料的不同（是否含碳质材料或含碳酸根材料）、铁水原始含碳量的不同、回收期的长短、回收期降罩与否、炉口微差压控制的水平以及操作工艺的优劣都会影响回收的量和热值。

在铁水和原材料条件固定的前提下，冶炼过程中一氧化碳的发生总量是固定的，因此，回收煤气的量和热值是矛盾的。想回收高热值的煤气，就必须缩短回收期，就必然减少回收总量。想增加煤气回收总量就必须延长回收期，必然导致煤气热值的下降。归根结底要根据用户对煤气热值的要求，在保证安全的条件下，尽量延长回收期。

8.3 煤气回收异常现象的分析

8.3.1 煤气回收量低的原因及对策

在冶炼脱碳量一定的情况下，煤气回收量低可能由以下原因造成。

8.3.1.1 炉口冒火

除尘风机的总压力等于机前总负压的绝对值与机后正压之和，如图8-3所示。在风机能力一定的状态下，如果机前负压增加得太多，导致风机吸力不足，烟气流动不畅，必然产生炉口冒烟现象。

炉口冒烟时，含有大量一氧化碳的炉气从炉口冒出，并与空气中的氧反应生

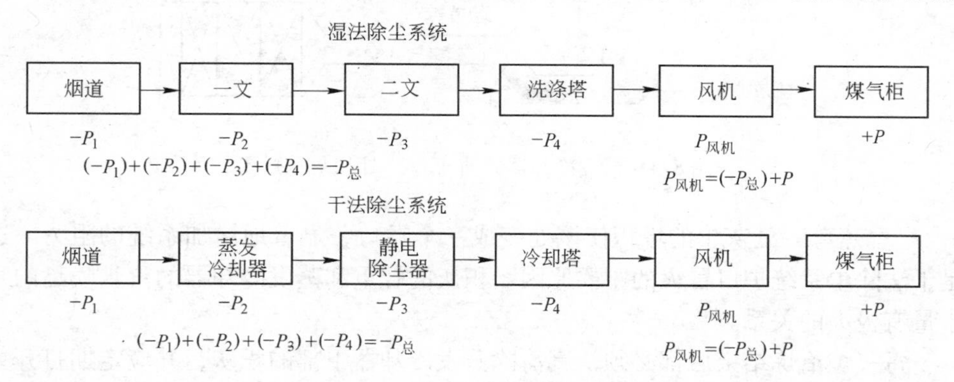

图8-3 烟气净化系统压力平衡示意图

成二氧化碳，放出热量，不仅极大增加了二次除尘设备的负担，严重地损害炉口上部的机械、电气设备，而且降低了煤气的回收量和煤气中的一氧化碳含量。

机前系统负压增加主要是由系统阻力增大引起的。系统堵塞是造成系统阻力增大的直接原因。

（1）湿法除尘系统可能发生堵塞不畅的地方及处理方法：

1）汽化冷却烟道积灰。原材料质量不好，或吹炼中经常发生喷溅等原因造成堆积在固定烟罩上部的拐弯处，使烟道阻力增加。故应随时检查，发现堆积，及时处理。

2）文氏管结垢。由于浊环水水质含尘量高或硬度较高，溢流饱和文氏管和可调喉口文氏管内壁结垢，使文氏管内径变小导致阻力增加。在改善浊环水水质的基础上，应该定期检查文氏管内壁的结垢情况，如有结垢及时用高压枪清洗。

3）可调喉口文氏管重砣升降机构失灵。可调喉口文氏管重砣升降机构执行调解喉口的截面积的任务，机构失灵或误差太大，都会导致喉口阻力发生较大变化。特别是在喉口收缩段装的重砣，若吊挂重砣的钢丝绳发生断裂，将会使上装重砣落下堵死喉口，会造成炉口严重冒火，甚至会抽瘪机前管道。

应经常保养、检查可调喉口文氏管重砣升降机构，保证其运行的可靠性和精度。有条件时可将重砣改装在可调喉口文氏管的扩张段。

4）弯头脱水器堵塞。湿法除尘系统中有重力脱水器、90°弯头脱水器、180°弯头脱水器等脱水装置，一旦发生堵塞必将增加系统阻力，故需定期反冲清洗。

（2）在干法除尘系统可能发生堵塞不畅的地方。干法除尘系统中除汽化冷却烟道以外，最容易发生堵塞的地方是蒸发冷却器的“香蕉弯”处，如图8-4所示。

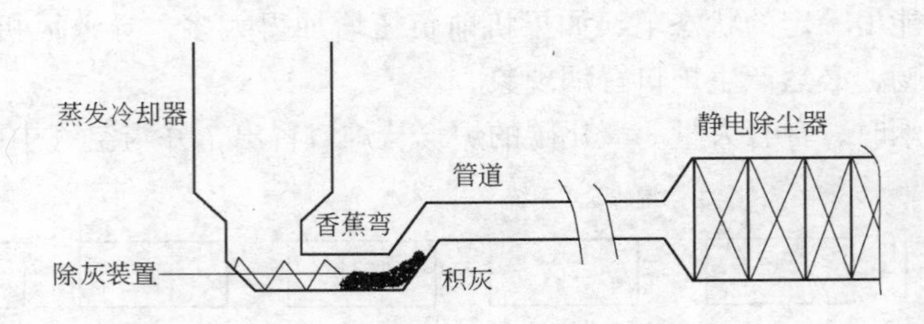

图8-4 蒸发冷却器“香蕉弯”处积灰示意图

“香蕉弯”处灰尘的堆积使该处变成一个喉口，显著地增加系统的阻力。这是干法除尘系统炉口冒火的主要原因。积灰的轻重和蒸发冷却器的汽水喷嘴的喷水量有极大的关系。

每一炉冶炼结束后都必须认真清除蒸发冷却器下部的积灰，并应定期打开人孔将香蕉弯处积灰清理干净。

（3）湿法除尘烟气温度过高。OG 除尘设计的风机入口温度不大于 65℃，工况烟气量是标况干烟气量的 2 倍，升高到 70℃为 2.24 倍，而降低到 60℃为 1.88 倍。由于系统冷却水量低，烟气冷却效果不好会造成煤气风机入口处烟气温度超过 65℃。

根据气态方程可知，比如 50t 转炉设计标况干烟气量 35000m^3/h（标准状态），则 65℃工况烟气量为 70000m^3/h（标准状态），当设计风量为 72000m^3/h（标准状态）时，就可能导致炉口冒烟，因为风机运行一段时期后往往达不到设计转速。如果降低到 60℃，工况烟气量只有 65800m^3/h（标准状态），就容易满足。所以湿法烟气净化与回收系统中，严格控制机前烟气温度是至关重要的。

（4）负压段系统密封不好。烟气净化与回收系统做的负压段（从活动烟罩—风机入口处）密封不好，将会使大量空气进入系统中，增加了系统的烟气量，如果烟气量超过了风机的能力，会导致炉口冒火。

对系统的管路必须严格执行巡检制度，特别是对各氮封口、各连接处更要仔细检查，发现问题及时处理。

（5）锅炉漏水。当烟罩、烟道这些汽化冷却器（亦称为锅炉）发生漏水时，大量的水会变成水蒸气，增加了烟气的量，严重时也会导致炉口冒火。

第 5 章已经介绍过，锅炉漏水的危害性极大，发现漏水必须及时处理。

8.3.1.2 机后正压部分阻力大

从风机出口到煤气柜入口这一部分系统中，管路太长、管道积灰、阀门失灵等因素造成系统阻力增加，使煤气不能顺利进入煤气柜。有的厂家将回收的煤气直接送入用户系统管路，由于用户系统管路中压力较大也会导致煤气回收困难。

8.3.1.3 操作不正常

吹氧操作不正常，多次提枪、下枪，既影响回收煤气的热值又减少煤气回收的量，还给安全带来威胁。采用二次造渣工艺，缩短了煤气回收的时间，必然减少煤气回收总量。

8.3.1.4 过分强调回收煤气的热值

过分强调回收煤气的热值，也会缩短回收煤气的时间，减少回收煤气的总量。

8.3.2 煤气回收热值低的原因及措施

影响回收煤气热值的因素有回收时间、系统密封、炉口微差压控制以及供氧方式等。

（1）回收时间。在一氧化碳含量较低时（如 24%）就开始回收，煤气平均热值就低，若在一氧化碳含量较高时（如 30%）才开始回收，煤气平均热值就高。

（2）系统密封。活动烟罩与固定烟罩接缝处、固定烟罩与烟道接缝处、烟道与烟道接缝处、氧枪口、付枪口、下料口等部位密封不好，有空气进入，空气中的氧与部分一氧化碳反应生成二氧化碳，造成煤气热值下降。如果氧枪口、付枪口、下料口等部位氮封耗氮量太大，大量氮气进入系统稀释煤气，也会降低煤气热值。

（3）炉口微差压。干法除尘系统风机转数调整过大或湿法除尘系统可调喉口文氏管的开度过大都会使炉口呈负压状态，大量空气从炉口进入烟道造成部分一氧化碳燃烧，降低煤气热值。

活动烟罩升降不灵活开度过大同样会降低煤气热值。

8.4 转炉煤气的毒性及防毒措施

转炉煤气的主要成分为一氧化碳，不同的操作工艺回收煤气中的一氧化碳含量也不同，一般为 30% ~ 80%。一氧化碳是无色具有微臭的气体，密度为 1.25kg/m^3，比空气稍轻。一氧化碳是一种对人体非常有毒的气体。当有氧存在且一氧化碳和氧的比例达到一定值时，一遇到火种有可能发生爆炸，将会造成设备和人身事故。

因此，我们必须对它的毒性和爆炸性有深刻的认识，在转炉烟气净化回收系统中采取一系列有效措施，防止煤气中毒事故和煤气爆炸事故的发生。

8.4.1 煤气中毒的机理

人吸入一氧化碳以后，一氧化碳经肺部进入血液，由于一氧化碳与血红素的亲和能力要比氧与血红素的亲和能力大 250 ~ 300 倍，因此进入血液的一氧化碳很快就会与血红素形成碳氧血红蛋白，从而使血液失去输送氧气的能力，造成人体全身组织，尤其是中枢神经系统严重缺氧，发生病态，即一氧化碳中毒。一氧化碳中毒的表现为心跳加快、头昏、四肢无力、太阳穴呈现显著的跳动，重者则失去知觉，甚至死亡。

8.4.2 影响中毒程度的因素

（1）一氧化碳的浓度。空气中一氧化碳的浓度低，中毒较轻，浓度越高，中毒越深。

（2）身体素质。身体健壮者，对中毒抵抗力较强，患贫血、新陈代谢亢进者中毒严重。儿童、孕妇耐受力小，易于中毒。

若以 c 表示一氧化碳浓度，即每标准立方米空气中含一氧化碳的立方厘米数，以 t 表示人在中毒环境中呼吸的时间（h），在各种 $c \cdot t$ 乘积下一氧化碳对人的生理影响见表 8-1。单纯一氧化碳对人体的影响见表 8-2。

表 8-1 各种 $c \cdot t$ 乘积下一氧化碳对人的生理影响

$c \cdot t$	中毒表现
300	没有明显反应
600	头痛、眩晕、耳鸣、精神不振，重体力劳动时感觉呼吸困难，全身无力
900	意识障碍、嗜睡、全身明显无力，甚至发生神经错觉
1500	陷入昏迷、呼吸微弱而浅衰、危及生命

表 8-2 单纯一氧化碳对人体的影响

空气中一氧化碳含量		作用时间与症态
体积/%	质量/mg·L^{-1}	
0.01	0.125	在几小时内没有明显反应
0.05	0.625	在 1h 内没有明显反应
0.1	1.25	经过 1h 头痛、呕吐、身体不适
0.5	6.25	经过 20～30min 即受致命作用
1	12.5	吸入几口即失去知觉，经过 1～2min 有致命危险

8.4.3 引起煤气中毒的原因

在转炉烟气净化回收系统中由于系统封闭不严，造成煤气外泄，引起煤气中毒。可能导致煤气外泄的原因有：

（1）炉口烟气外溢。转炉炉口烟气外溢，燃烧不完全，空气中残留一氧化碳。因此在转炉炉口以上区域的空气中可能有较高的一氧化碳含量，在该区域操作的人员，有可能一氧化碳中毒。

（2）氮封装置的密封效果不好。下料口、氧枪口、副枪口等处氮封装置的密封效果不好，使烟气外冒，燃烧不完全，使空气中残留较多的一氧化碳，故在该区域操作人员可能会一氧化碳中毒。

（3）管道破裂。正压系统管道破裂、泄漏等造成煤气外泄，可能引起一氧化碳中毒。

（4）排水水封不严。各排水水封不严，造成一氧化碳泄漏，使各排水区空气中一氧化碳含量较高，在这个区域操作也可能一氧化碳中毒。

（5）低处沉积。各地沟、人井等处由于排水中带出部分一氧化碳，加之这样的地方空气流通不好，一氧化碳含量高。不戴防毒面具在排水暗沟、人井里操作极易一氧化碳中毒。

（6）水封中水流失。由于设备失灵或误操作，水封中水流失，致使水封失灵，一氧化碳泄漏，引起一氧化碳中毒。

（7）气压低。放散管放散的废气中含有一定量的一氧化碳，当气压低时，特别是北方冬季，可能引起地面操作人员的一氧化碳中毒。

（8）残余煤气。在系统管道及设施中进行检修时，由于未彻底清扫净残余煤气，特别是死角部位没有清扫干净，会导致操作人的一氧化碳中毒。若在此处动火，还可能引发爆炸事故。

（9）检修程序确认不好。检修结束准备生产时由于确认不好、联络不畅或鼓风机站操作失误造成煤气倒灌，导致作业人员的一氧化碳中毒。

（10）爆震或爆炸。由于系统中局部发生爆震或爆炸，造成煤气泄漏，导致作业人员的一氧化碳中毒。

8.4.4　防止煤气中毒的措施

具体如下：

（1）控制好炉口微差压。在炼钢操作及炉口微差压控制上多加注意，尽量使炉口保持微正压，减少炉气外冒。

（2）严格遵守维护规程。按维护规程定期对净化回收系统的设备进行检查、清扫、维护、检修，发现问题及时处理，保证系统密封良好，管路畅通。检修时的注意事项见后续章节。

（3）保证各氮封口的密封效果。对于氧枪孔、下料孔、副枪孔等处要注意密封用气体的压力，以保证良好的密封效果。

（4）加强操作区通风。加强炼钢厂房内高位操作室、风机房的通风，并定期（有条件可以连续检测）测量危险区空气中的一氧化碳含量。

（5）保持水封效果。密切注视各水封的水位变化，发现异常及时处理，确保良好的水封效果。

（6）点火放散。系统的烟气放散系统要有足够的高度，并点火放散，使一氧化碳充分燃烧。各放散管也应高度适宜，寒冷地区气压低时应采取一定的防护措施。

（7）停止生产的转炉的水封逆止阀应将其水封高度提高到8000Pa，必要时应将出口盲板堵死，防止煤气倒流。

（8）随时掌握煤气柜煤气量、用户用量以及加压机后的煤气压力，防止煤气压力过高而冲出水封造成煤气泄漏而引起一氧化碳中毒。

（9）经常检查烟气净化回收系统的密封性。系统应符合严密性试压要求。根据《冶金工厂煤气安全规程》规定，煤气加压机前的车间内部管道试验压力不小于3000Pa。正压部分为了防止煤气外泄，煤气总管到加压站前的管路系统的试验压力为20000Pa。试验时，2h内的漏气率为室内不大于2%，室外不大于4%。

漏气率可按下式计算：

$$漏气率 = 1 - \frac{P_1 T_0}{P_0 T_1} \times 100\% \tag{8-2}$$

式中 P_0——试验开始时管内空气绝对压力，Pa；

P_1——试验结束时管内空气绝对压力，Pa；

T_0——试验开始时管内空气绝对温度，K；

T_1——试验结束时管内空气绝对温度，K。

在运行中检查正压系统的密封性时可采用涂抹肥皂水的方法来鉴别系统是否漏气，切忌采用点火试验的方法。

（10）煤气管道都应有蒸汽伴管，其作用是：

1）煤气管道停气修理或送气之前都需用蒸汽清扫。

2）管道中积存的焦油等沉淀物需用蒸汽吹扫。

3）流量导管、孔板等需用蒸汽保温。

4）煤气管道着火时需用蒸汽灭火。

5）寒冷地区冬季管道结冰时，要用蒸汽解冻。

6）寒冷地区的排水水封需用蒸汽保温。凡是向煤气设备和管道供蒸汽的汽管用完后必须在汽门处堵上盲板或断开，防止蒸汽管路停汽时，煤气窜入蒸汽管网内造成中毒和爆炸事故。因此煤气管道敷设的蒸汽管应作为煤气管道的专用蒸汽管，不得用于其他取暖设施。

（11）严格执行操作规程：

1）在炉口以上区域操作人员必须佩戴 CO 检测仪，当发生检测仪报警时应迅速撤离到安全地带，并通知有关部门及时处理。

2）在煤气泄漏区域检查或维修时必须佩戴防毒面具。

3）必须设立煤气“救护站”，配备具有煤气救护知识的专业人员值班。站内防毒面具等救护设施必须随时维护、定期更新，保证能随用随到、安全可靠。

4）在煤气回收区域内严禁火种。

5）停产检修时严格执行“挂牌”和“签字”制度，停炉前和检修后开炉前都必须由各施工班组人员和生产调度人员一起清晰掌握设备状态及施工人员位置并签字确认后，方可组织生产。

（12）严格执行烟气净化回收系统设备检修安全规程：

1）停炉后风机应继续运转 20min，以便将风机前系统中残余转炉烟气抽净。

2）进入系统设备、管道内检修时，必须可靠地切断煤气来源，堵上盲板，断绝一切可能窜入检修设备内的煤气（烟气），再用惰性气体或蒸汽进行清扫，吹扫后经测定确认没有中毒危险后，再将试验用鸽子放在检修的设备内 10 ~ 15min，观察鸽子活动正常后才准入内。

设备内的空气要流通，使作业人员能呼吸到新鲜空气。

进入设备内的工作人员至少应两人以上。工作中使用的照明电压应在12V以下。工作地点内部要与外部设有联系信号或设专人监护，工作负责人在作业开始和结束时要清点参加作业人数。

3）进入烟气净化水排水沟、人井内作业时，需先将盖板、井盖等打开，进行自然通风或机械通风，经检测确无中毒危险时方可进入，必要时应戴好防毒面具才能进入内部施工，同时应有专人负责监护联络。

8.5 转炉煤气的可爆性及防爆措施

8.5.1 爆炸性

转炉煤气中含有大量一氧化碳及少量的氢，这种煤气与空气或氧气混合在特定条件下会产生速燃，使设施中的压力突然增高而造成设备损坏和人身事故。这个特定条件包括以下内容：

（1）煤气与空气混合，煤气浓度在爆炸极限范围之内，是爆炸的必要条件。若煤气浓度在极限范围之外，即使混合，并满足其他条件也不会爆炸。

（2）煤气与氧气（空气）在燃点（着火温度）以下混合才可能发生爆炸。如果两者在燃点以上混合就会发生燃烧，而不发生爆炸。

（3）在燃点以下的煤气与空气的爆炸性混合物如遇火种便会迅速爆炸。火种是爆炸的充分条件。

以上条件缺少一个都不会产生爆炸。各种气体的爆炸极限及着火温度见表8-3。

表8-3 各种气体的爆炸极限及着火温度[2]

气体名称	空气中着火温度/℃	气体含量下限(20℃,760mmHg)/%	气体含量上限(20℃,760mmHg)/%
CO	630~650	12.5	75
H_2	510~590	4.1	75
O_2		5.25	18.4
CH_4	600~800	5	15
C_2H_6	530~570	3	14
C_2H_2	335~450	2.3	82
C_2H_4	520~540	3	16
C_3H_8	530~580	2.4	9.5

必须注意表中的爆炸极限是在20℃、7000Pa的条件下及某种纯组分气体与空气混合状态下测得的。在测定条件改变时，爆炸极限将改变。

温度对爆炸极限的影响是温度升高将使爆炸极限扩大（即下限降低，上限增高)。

压力对爆炸极限的影响是可燃气体不同，影响不同。

组分纯度对爆炸极限的影响是可燃组分中掺入惰性气体（氮、二氧化碳、水蒸气）将使爆炸极限缩小。

由几种可燃气体混合而成的复杂气体的爆炸极限（例：转炉烟气可燃组分除一氧化碳外有时还有少量氢）与混合物中各组分爆炸极限的大小有关。当没有惰性气体时，爆炸极限可按下式计算：

$$n = [\varphi(a) + \varphi(b) + \varphi(c) + \varphi(d)]/[\varphi(a)/A + \varphi(b)/B + \varphi(c)/C + \varphi(d)/D] \tag{8-3}$$

式中 $\varphi(a)$, $\varphi(b)$, $\varphi(c)$, $\varphi(d)$——可燃成分含量,%；

A, B, C, D——复杂气体中各组成部分的爆炸限。

对于含有不燃成分的煤气，其爆炸极限可按下式求出：

$$N\sigma = \frac{1 + \sigma/(1 - \sigma)}{100 + n\sigma/(1 - \sigma)} \times 100\% \tag{8-4}$$

式中 n——气体混合物中可燃成分的爆炸限；

σ——气体混合物中不燃成分的体积分数。

根据公式（8-3）可算出一氧化碳含量为60%的转炉煤气的爆炸下限为17%。

图8-5为$CO - O_2 - (CO_2 + N_2)$混合气体的爆炸范围。

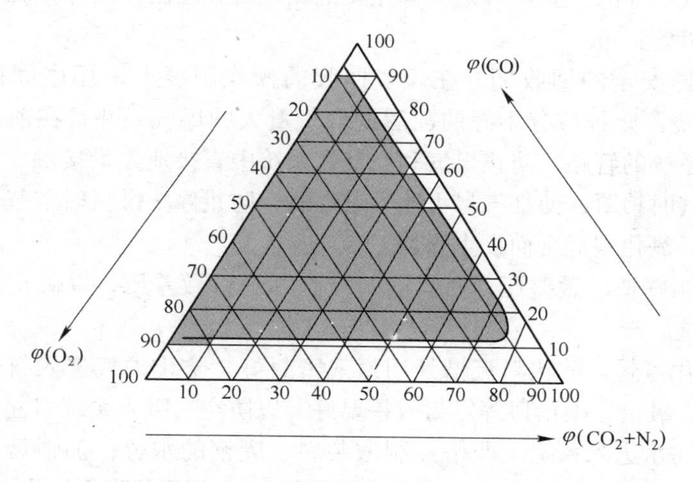

图8-5 $CO - O_2 - (CO_2 + N_2)$混合气体的爆炸范围[3]

8.5.2 系统中可能产生爆炸的原因

（1）烟气温度低。在溢流饱和文氏管（一文）或蒸发冷却器以前炉气温度低于 630 ~ 650℃可能引起爆炸。

（2）一文或蒸发冷却器后有火种。溢流饱和文氏管后的烟气温度已被冷却到 100℃以下，如有火种存在，可能引起爆炸。

（3）负压区密封不好。由于转炉烟气净化回收系统负压区密封性能不好，吸入空气，当有火种时，可能引起爆炸。

（4）开吹时。转炉刚刚开始吹氧时，由于系统内存在大量空气，燃烧不充分的炉气与大量空气混合，如出现火种，可能引起爆炸。

（5）停氧时。当转炉停止供氧时，系统内的炉气与空气混合，如遇火种，可能引起爆炸。

（6）下料氮封口密封不良。在散状料溜槽及料仓等处，若密封不良，由于炉气进入与空气混合并有红渣等火种进入，可能在下料管或料仓里引起爆炸。

（7）设备漏水或原材料带水。因为氢的爆炸极限比一氧化碳的爆炸极限要大得多，所以炉气中增加氢含量将使转炉煤气易爆。因此，散装料带水，氧枪、烟罩、余热锅炉漏水均可使煤气中的氢含量增加，增加了爆炸的可能性。

（8）随意动火。在有残余煤气的地方动火，可能引起爆炸。

8.5.3　转炉烟气净化回收系统的防爆措施

8.5.3.1　控制回收的煤气成分

根据煤气爆炸的三要素可知，首先要把煤气成分控制在爆炸范围以外，为此可采取以下措施：

（1）选择安全的回收期。在煤气回收的操作制度上采用中间回收法，用“前烧”“后烧”烧掉成分不好的前后期含氧量大的煤气。并且在前期依靠其烟气冲刷回收系统的管路，防止煤气和空气在系统中直接地大量接触。在吹炼后期停止回收煤气时抬罩，使烟气尽可能大量燃烧，防止停止供氧时空气大量吸入并与未燃烧的一氧化碳混合而发生爆炸。

（2）控制好炉口微差压。回收期间控制好炉口微差压，以微正压操作防止空气吸入系统。

（3）强化氮封。散状料流槽处用氮气密封好，防止炉气进入料仓与空气混合发生爆炸。氧枪、副枪口等氮封效果要好，以防空气吸入系统引起爆炸。

（4）严防水进入系统。严格控制散装料、废钢的水分，加强烟罩、汽化冷却烟道、炉口的维护，不能在漏水情况下运转，这样可以防止发生水煤气反应，防止恶化烟气成分及避免烟气中氢含量的增加而引起爆炸。

（5）加强系统检查维护。加强系统检查维护，保证负压系统密封良好，防止吸入空气。为此，要简化负压段的管道系统，减少管道附件，减少连接法兰及阀门。各法兰盘间垫采用浸过铅油的石棉绳，提高密封效果。

（6）设置必要的气体分析装置。设置磁氧分析仪和一氧化碳分析仪，根据仪器分析的烟气成分来控制三通切换阀（切换站）。只有在烟气中氧含量在爆炸极限以下（实际生产中一般控制在2%以下），一氧化碳含量大于规定值时才回收，否则放散。

在煤气柜区设置一套一氧化碳和氧的分析装置，连续测定煤气中一氧化碳和氧的含量，当接近爆炸极限时予以放空。

（7）减少死角。减少回收管路中的死角、盲肠（有进无出的管路），以减少系统内可爆性混合物。

8.5.3.2 控制烟气温度及防止产生火种的措施

（1）控制烟气温度。设计中应考虑到溢流饱和文氏管或蒸发冷却器前煤气温度高于着火温度，即要高于650℃，保证一文或蒸发冷却器前煤气的燃烧条件。

（2）保证喷水效果。保证溢流饱和文氏管的喷水量，控制好蒸发冷却器的汽水冷却效果，使烟气经过一文喉口或蒸发冷却器后，一次灭火彻底完全。

（3）防止静电火种。实行管道接地，法兰间设置过电导线，防止一文后或蒸发冷却器后管路系统因静电产生火种。

（4）严格安全操作规程。严格执行烟气净化回收安全操作规程，在设备运行期间严禁用铁器敲打管道和设备，在煤气区禁止吸烟、明火及堆放易燃、易爆、油质等物品。

（5）建立健全煤气设备动火制度：

1）凡是在煤气设备范围内进行动火工作，均需办理动火许可证，并有煤气防护员在场做好监护。动火前必须对烟气中一氧化碳含量进行测定，当一氧化碳含量低于规定值后，在做好一切安全防护措施的条件下方可动火。

2）动火证必须用规定的统一表格。煤气管道设备需动火时，应由动火负责人到安全部门领取，进行填写，不得随意或自立表格。

3）动火证必须按表格要求详细填写，动火前，经煤气防护人员到现场检查，确实各项安全措施确已落实后才能在动火证上签字生效。

4）煤气防护员到现场检查后若发现安全措施或其他准备未做好，有权拒绝在动火证上签字。

5）动火工程负责人必须在批准的范围内工作，在动火前必须预先清除现场的可燃物，对确实不可搬动的物品应用石棉布等防火器具盖好。

（6）动火前应做好以下两点：

1）必须切断煤气，用盲板严密隔离，通入氮气或蒸汽，打开放散阀驱尽管道或设备内残余煤气。

2）鸽子试验。吹扫后经过测定确认管道或设备中的煤气含量低于规定值后再用试验鸽子试验 15 ~ 20min，确认鸽子活动正常，方可动火。

(7) 溢流饱和文氏管设计。在设计中溢流饱和文氏管溢流槽按锅炉所需泄爆面积考虑。

(8) 管路系统要在适当位置设置防爆板。防爆板是薄铝板制成的，当系统发生爆炸时，首先将防爆板破坏，进行泄压，从而保护系统的设施不受损失。防爆板应带有防止二次爆炸的盖板，当防爆板破坏后盖板应将破口堵死，防止防爆板破坏后空气由破口进入系统而引起二次爆炸。

(9) 加强安全教育。应经常对职工进行煤气知识及安全教育，使其明白事故发生原理，明确防止事故的措施，懂得急救方法，严格遵守各项规章制度。

8.5.4 关于煤气放散点火系统安全性的讨论

放散点火是防止一氧化碳地面中毒的有效措施，但是又给放散系统带来了回火爆炸的可能性。

这里有两点原因：一是在煤气回收之前和回收完之后这两段非回收期大量抽吸空气时，若炉气与空气混合物在汽化冷却烟道中燃烧不完全，就要产生可爆气体的放散，这种煤气点火易回火爆炸。二是在系统由放散转为回收时，将有大量煤气残留于放散管内，顶部有不灭的火炬，也易回火爆炸。

因此，为了确保放散点火系统的安全，应该满足下述条件，即在最小废气放散量时，气体的放散速度要大于火焰传播速度，在煤气停止放散的瞬间向放散管中充入蒸汽或惰性气体，使放散管中的残留煤气得到稀释，改变气体的成分，防止继续回火。充入蒸汽或惰性气体也可加大由回收转放散之际放散管内气体的流速，使之大于火焰传播速度，防止爆炸。同时在放散管上应设置防爆板，防止发生爆炸破坏放散管，以保证安全。

8.5.5 转炉煤气事故的处理

由于煤气具有爆炸、着火、使人中毒的三大危险，使用不当时，就可能发生上述事故。

正确处理发生的事故，对于保证人身安全、保护国家财产、减少损失和缩小事故有很大的意义。

8.5.5.1 煤气中毒事故的处理

具体如下：

(1) 抢救。发生煤气中毒事故时应迅速组织抢救，立即通知煤气救护站戴防毒面具来现场维护、抢救。在救护人员一时赶不到的情况，现场救护人员要在佩戴防护面具或采取紧急防护措施的前提下，尽快将中毒者抢救出煤气危险区域并抬到空气新鲜、流通的地方，根据下述不同症状，采取相应的急救方法：

1）中毒较轻者的抢救。中毒较轻者的表现为头痛、恶心、呕吐、心跳加快、腿软等。首先迅速将中毒者撤离到空气新鲜的地方呼吸新鲜空气，可直接送往就近的医疗单位急救，也可嗅稀醋或氨水，以刺激呼吸道。一般情况下只要休息几分钟就可恢复正常。

2）中毒较重者的抢救。中毒较重者的症状为口吐白沫，失去知觉但仍能呼吸。抢救出煤气危险区后，要迅速解开中毒者的衣扣及腰带并通知医务人员立即来现场进行抢救，可给中毒者吸氧等。中毒者在未恢复知觉前，不得送到较远的医院急救，避免途中发生意外。

3）中毒特别严重者的抢救。中毒特别严重者的症状是呼吸微弱或停止呼吸。将中毒者撤离现场后就地解开衣扣腰带进行人工呼吸（每分钟 15 ~ 16 次），并请医务人员迅速来现场急救。中毒者在未恢复知觉前，不得送到较远的医院急救，避免途中发生意外。

（2）切断煤气源。发生煤气中毒后，救护人员应迅速地查清煤气来源，并采取果断措施切断煤气源。再按煤气管道的抢修规定予以抢修。

（3）保证现场抢救秩序。发生煤气中毒事故后，除抢救人员外，其他无关人员必须撤离现场，预防事故扩大化。救护人员应服从统一指挥，紧张而有次序地进行抢救工作。

8.5.5.2 煤气着火事故的处理

发生煤气着火事故是指煤气在不该着火的地方发生着火，如煤气管道的泄漏、煤气设备上冒出煤气等遇到明火而发生的煤气着火。

发生煤气着火事故时，不准立即切断煤气来源以防止发生回火爆炸。发生煤气着火后应立即用石棉板、泡沫灭火器或黄泥堵住火口，如不见效，可将煤气压力降低到 1000Pa 左右。通知用户止火，向管道内通入大量惰性气体或蒸汽，但管内应保持一定正压。如果因着火煤气设备被烧红时，不得用水急骤冷却，避免产生氢气使事故扩大化。

因煤气着火而涉及周围建筑物等的安全时，应通知消防队员来现场处理消火并断开电源和移开附近的易燃易爆物。

在处理煤气着火事故时，要预防煤气中毒。若有人中毒按 8.5.5.1 节要求处理。

8.5.5.3 煤气爆炸事故的处理

爆炸是可燃气体在瞬间发生的激烈燃烧反应，反应的生成物产生激烈的气体膨胀，因而使设备、容器、管道、厂房建筑等遭到破坏，附近的人员遭到伤亡。既然是燃烧反应，在爆炸时还会伴有火球产生，易于烧伤人员或烧毁设备。如果发生着火时可按处理煤气着火的有关要求处置。

一旦发生煤气爆炸，要立即切断煤气来源。向设备内通入惰性气体或蒸汽，冲刷设备内的残余煤气，以防再次发生爆炸。

因爆炸而造成大量煤气泄漏时，非抢救人员要迅速撤离现场，适当降低煤气压力消除泄漏。如果因泄漏造成煤气中毒时，按煤气中毒事故处理规定处置。

如有因爆炸受伤人员时，通知医务人员迅速来现场急救，及时送往医院。

8.6　关于电除尘泄爆的讨论

8.6.1　电除尘器泄爆的概念

因除尘器内部一氧化碳浓度达到爆炸极限，发生爆炸，使电除尘内部压力迅速超过泄爆阀所允许承受的最大压力，迫使泄爆阀迅速打开，烟气外泄，就造成了电除尘器泄爆。泄爆是干法除尘系统常见的现象。

一般电除尘器入口和出口各安装有四个泄爆阀，允许承受的最大压力为2.5kPa，当电除尘器内部压力超过2.5kPa后，泄爆阀就会打开，使电除尘器内部压力外泄，对电除尘器起到保护作用。但是发生泄爆之后需转炉提出氧枪停止吹炼，待将泄压阀重新关闭锁好之后，转炉才能开始继续吹炼，所以如果电除尘器频繁泄爆，则会严重影响炼钢生产节奏并直接影响煤气回收，使企业蒙受经济损失，所以在生产过程中应严格控制电除尘器泄爆次数。

8.6.2　电除尘器泄爆的条件

影响电除尘器泄爆的因素有烟气在煤气管道和电除尘器内部的湍流状态，气体的组成（氢气、氧气和一氧化碳浓度）和火种的存在。

8.6.2.1　烟气在煤气管道和电除尘器内部的湍流状态

在蒸发冷却器以前，烟气温度均保持在800℃以上，以柱塞流方式向前运行，即使存在径向局部混合，也会以局部燃烧的方式存在，而不会引起爆炸。所以不去考虑这段烟道内烟气的流态。

烟气进入蒸发冷却器以后速度开始降低，温度也在逐渐降低，特别是进入电除尘器后流速更加降低，其温度也降到150℃左右，远远低于转炉煤气的燃点(650~700℃)。

风机转速较高或波动较大时，本身就会对烟气造成较大的扰动。当烟气经过电除尘器入口变径处的导流板后，流速降低，加上极线、极板等电除尘器内部构件对流体流态的影响，烟气进入静电除尘器后，在原来运行方向上产生紊乱，出现局部或整体混合现象。极线、极板之间产生间歇性放电，电弧温度很高，一般可以达到3000~6000℃。如果此时混合烟气中氧和一氧化碳含量达到或超过此时混合气体的爆炸极限，就会产生爆炸，造成泄爆。

因此，烟气的扰动促进了氧气或氢气与一氧化碳的混合，增加了泄爆的可能性。

8.6.2.2 烟气组成的影响

在8.5.1一节中已经阐述了烟气组成对煤气爆炸的影响。烟气组成对煤气爆炸的影响有三种可能：一是氧气和一氧化碳同时存在，且一氧化碳含量大于9%，氧含量大于6%；二是氢和氧同时存在，且氢含量大于3%，氧含量大于4%；三是氢气含量大于6%，如图8-6所示。

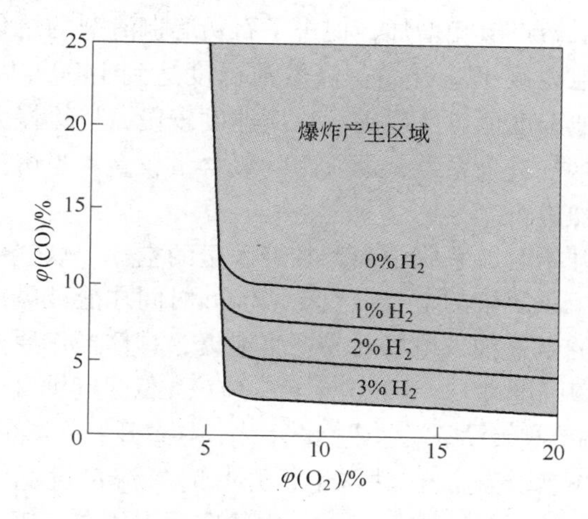

图8-6 烟气中气体组成爆炸条件[4]

由于转炉生产具有间歇性的工作特性，因此整个干法除尘系统必须以快速变化周期交替的接受大气（在吹炼停止阶段）和易燃气体如一氧化碳、氢（在吹炼期间）在其内部流动，而除尘器电场工作放电产生火花是根据电除尘器原理而定的。当转炉吹炼的脱碳期烟气中的一氧化碳浓度高达30%～85%，如此高浓度一氧化碳通过ID风机进入带有火花产生的电场，如果氧浓度较高，其混合物一氧化碳、氧在电场内必然产生爆炸，造成电场泄爆。故而在转炉吹炼过程控制氢浓度、氧浓度和一氧化碳浓度的比例是阻止泄爆的关键。

8.6.2.3 产生火种的原因

（1）蒸发冷却器冷却效果不好。蒸发冷却器因喷嘴安装角度不正确，结垢堵塞或供水量、蒸汽量不足造成冷却效果不好时灭火不彻底，可能将红渣带入静电除尘器，形成火种。

（2）极线、极板之间产生间歇性放电。极线、极板之间产生间歇性放电，电弧温度很高，一般可以达到3000～6000℃。这种火种的出现是由静电除尘器本身的工作性质所决定的，是不可避免的。

（3）烟气中含水量较大，在除尘器内部增加了放电的几率，放电可能将水电离成氢气和氧气，为泄爆创造了条件。

8.6.3 泄爆原因分析

转炉吹炼大致可以分为三个阶段，即前期、中期和后期。每一期均有爆炸的可能。不仅如此，在二次下枪或非吹炼期也有泄爆的可能。

8.6.3.1 吹炼初期的泄爆原因分析

转炉吹炼开始后，熔池中元素氧化顺序是硅、锰、磷、铁等，使渣中的二氧化硅、氧化亚铁等低熔点渣相增加，促进了石灰等造渣剂的熔化。上述氧化反应放出大量热，使熔池温度迅速升高。当熔池温度达到1400℃左右时，碳开始氧化，但由于此时熔池温度低，所以碳氧反应速度较慢，呈缓慢上升趋势。这一段时间内部分氧气随烟气进入系统，烟气中的氧含量较高。当熔池温度达到1470℃时，碳氧反应才激烈进行。

另外，吹炼刚开始时，系统中尚存在着大量的空气，烟气中的含氧量自然就高。这些原始存在于系统中的空气需要1~2min时间才能被风机抽净并排除。

这时含氧量高的烟气抽入电场后易产生泄爆，具体操作原因如下：

（1）开吹时供氧强度过大。下枪开氧后，应该先低强度供氧，90s后慢慢达到正常氧流量，但由于调节阀等设备问题或操作不当，导致开氧一瞬间氧流量过大。

（2）开吹后，轻型废钢漂在铁水上，开吹时氧流量过低，点火不畅，在吹炼时上下动枪，在动枪的过程中加速了渣中氧向钢中传递，钢中氧的大量积蓄和突然点火引起的碳氧反应，产生泄爆。

（3）下枪时渣层较厚点火不畅，氧气富集在电场内，容易引起泄爆。

8.6.3.2 吹炼中期泄爆的原因分析

吹炼中期为碳氧化期。此时硅、锰已基本氧化完，铁水温度已上升到碳的激烈反应温度（1523℃），碳氧反应速度以最大速度进行，此间通入熔池中的氧气绝大部分与碳发生反应，此时碳反应速度仅取决于供氧强度，最高脱碳速度可高达（0.40~0.60）%/min。

吹炼中期由于某些原因导致系统中氧含量超标也有可能引起泄爆。

8.6.3.3 吹炼后期泄爆

吹炼后期碳含量已下降到0.60%以下，虽然熔池温度高，渣中氧化铁含量高，但脱碳速度仅取决于熔池中碳的扩散速度。碳氧反应速度呈缓慢下降趋势，根据经验应为（0.12~0.18）%/min。吹炼后期供应给熔池中的氧除了用于脱碳以外，还增加渣中的氧化亚铁和钢液中的氧，同样烟气中的氧含量也增加，容易引起泄爆。

不同的冶炼钢种终点碳的控制量是不一样的。冶炼中、高碳钢时终点碳含量控制得高，渣中和钢液中的氧含量就低，烟气中的氧含量也就低；冶炼低碳、超低碳钢时终点碳含量控制得低，渣中和钢液中的氧含量就高，烟气中的氧含量也就高，可能引起泄爆。

8.6.3.4 二次下枪泄爆

由于事故、二次造渣、温度低、成分不合等原因，必须进行二次或多次吹炼。在吹炼过程中提枪时，提枪在前，停氧在后，必然造成大量氧气从炉中进入系统，导致烟气中含氧量增高，再下枪吹炼时有可能引起泄爆。

提枪或倒炉后，由于风机仍在运转，大量空气进入炉内或系统，造成系统中氧含量增加，再重新下枪吹氧产生的一氧化碳与氧混合，成分进入爆炸区域而引起泄爆。

8.6.3.5 氢气超标泄爆

废钢、原材料含水分量大，增加了烟气中的氢含量，产生泄爆。

炉口、烟罩、汽化烟道汽化管漏水，或其他地方漏水，当伴随含有碳颗粒或其他杂质的烟尘被电场抽入后，电场内的放电次数增加。频繁放电不仅电离出氢和氧，也会引起泄爆。可根据氢气含量高低来判断系统是否漏水。

8.6.3.6 系统进入空气引起泄爆

烟气净化回收系统的负压部分密封不好会使空气进入系统。导致系统中含氧量增高，有可能引起泄爆。

8.6.3.7 非吹炼期泄爆

具体如下：

（1）补吹时泄爆。吹炼后期渣的氧化性强，有时补吹前为了降温加入铁矿石，使渣中的碳置换出氧化铁中的铁生成一氧化碳，发生泄爆。

（2）兑铁、加废钢时泄爆。原材料质量差，废钢中渣铁潮且粒度小，兑铁时有水汽和碳颗粒燃烧形成的一氧化碳，产生泄爆。

（3）溅渣时泄爆。溅渣时系统内空气多，氧含量高。溅渣改性料含碳 12% 左右，在溅渣中或在溅渣前加入炉内后与高温、高氧化铁的炉渣反应生成一氧化碳，可能引起泄爆。

（4）出钢时泄爆。出钢时，钢水严重过氧化，加入增碳剂冒大火将碳颗粒抽入电场燃烧可能引起泄爆。

8.6.4 防止和减少电除尘器泄爆的应对措施

在影响电除尘器泄爆的因素里，通过人为操作，能够影响的因素有：烟气中氧浓度、一氧化碳浓度和烟气的流动状态，其中对一氧化碳浓度的控制主要是改变一氧化碳在电除尘器内部的爆炸极限范围。通过对以上三个因素的控制，可以有效降低电除尘器的泄爆频率。

（1）降低烟气扰动程度。根据转炉吹氧量，适当降低风机转速，减小对煤气管道内烟气和电除尘器内部烟气的扰动，降低一氧化碳与氧的均匀混合程度。

手动控制风机过程中，必须使风机转速均匀变化，避免出现较大波动。

（2）开吹时低流量供氧。开吹时的氧气流量控制在正常供氧流量的60%～70%，1.5min以后（此时，系统中原始残留气体已被抽净）逐渐将供氧流量提高到正常值。

（3）减少二次下枪。尽量利用副枪进行测温、定碳、定氧，减少二次或多次下枪吹炼。

正确执行冶炼操作规程，避免喷溅，减少中期提枪现象。

认真保养、维护机械和电器设备，保证其正常运转，杜绝因设备故障引起吹炼途中提枪。

必须二次下枪时，下枪前要摇正炉口，等待适当时间，且吹氧量和枪位适当降低。

在应用二次造渣工艺时要有相应的避免泄爆的对策。

（4）保证一次点火成功。严格控制铁水、废钢及原材料的条件，保证下枪后一次点火成功。一旦发生点火失败，可提枪后轻轻摇炉，使铁水液面露出，再下枪吹炼。不允许瞬间反复升降氧枪。

（5）保证蒸发冷却器的灭火效果。在系统各项参数均处于正常范围的情况下，适当增大蒸发冷却器内喷枪的喷水量，增加烟气中水蒸气的含量，消灭火种，降低温度，缩小一氧化碳爆炸极限范围。

（6）降低系统泄漏率。定期检查、及时维修系统的管路及设施，保证煤气回收系统的严密性，将系统泄漏率控制在1%以下，把负压区域进入系统的空气量降到最低。

（7）提高原材料的质量。严格控制入炉废钢、矿石、造渣材料的含水量为0.5%以下，细粉量小于5%。

（8）防止漏水。经常检查烟罩、汽化冷却烟道、水封等部位，发现漏水及时处理。

（9）稀释。必要时打开煤气回收系统的氮气稀释阀，增加烟气中的氮含量，缩小一氧化碳爆炸极限范围。

参考文献

[1]《转炉干法除尘应用技术》编委会．转炉干法除尘应用技术[M]．北京：冶金工业出版社，2011.

[2]《氧气转炉烟气净化与回收设计参考资料》编写组．氧气转炉烟气净化及回收设计参考资料[M]．北京：冶金工业出版社，1975.

[3] 马春生．转炉烟气净化与回收工艺[M]．北京：冶金工业出版社，1985.

9 转炉水质净化及污泥回收系统

对于采用全湿法或半干法转炉烟气净化与回收工艺的炼钢厂，必须根据本厂的工艺实际情况选择合适的水质净化、污泥处理的工艺。

在全湿法转炉烟气净化回收系统中，由文氏管、脱水器及洗涤塔等排出的洗涤水中含有大量的泥尘，因此必须采用一系列必要的工艺设施将污水中的固体除掉，将水质净化处理循环使用或在国家规定的污水排放标准内排放，同时将含有大量铁氧化物的污泥进行浓缩、脱水、成型、干燥后回收利用。因此，湿法除尘系统用水量较大，烟尘都是以泥浆的形式收集，并有庞大的水质净化处理和污泥回收系统。

半干法烟气净化回收系统用水量较少，其水质净化处理和污泥回收系统相对比较简单。

干法烟气净化回收系统中蒸发冷却器用水基本全部汽化，到煤气冷却塔时才凝结成水，除此之外只有煤气冷却塔使用喷淋水对煤气进行降温，循环水量更少，其水质净化和污泥回收系统更为简单。

在湿法除尘系统中水处理的部分基本相同，在污水的处理方面可分为浓缩池沉淀工艺和斜管沉淀罐处理工艺。

20 世纪以前，我国全湿法烟气净化回收系统中的泥浆处理部分基本上都采用浓缩池沉淀工艺，但是浓缩池占地过大，20 世纪末开发了斜管沉淀罐工艺。

斜管沉淀罐工艺设备比较简单，占地面积与浓缩池相比小得多，工艺效果较好，以往采用浓缩池工艺的工厂都逐渐改造为斜管沉淀罐工艺。

本章主要介绍浓缩池沉淀工艺、斜管沉淀罐工艺和干法除尘系统的水处理工艺流程及主要的设备。

9.1 水质净化与污泥回收工艺流程

9.1.1 浓缩池沉淀工艺

常见的浓缩池沉淀工艺流程如图 9-1 所示。

来自转炉烟气净化系统的污水，首先进入粗颗粒分离装置，然后进入浓缩池，向浓缩池内加入絮凝剂以及其他稳定水质的药剂。经浓缩池浓缩后的泥浆由砂泵抽出，送往泥浆处理间的分矿箱，再由分矿箱送往压滤机，挤压成含水量 30% 以下的泥饼，送往用户。“清水”经高架冷却塔冷却后被循环使用。

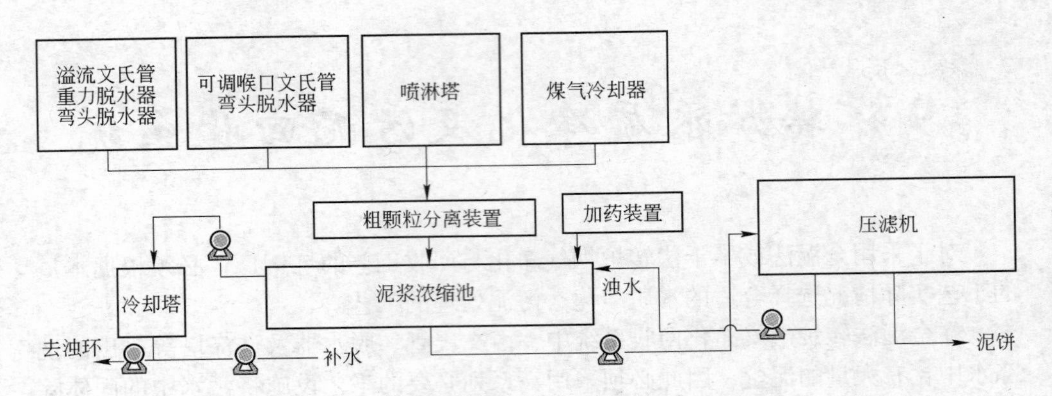

图 9-1　浓缩池沉淀工艺流程示意图

转炉污水中含尘颗粒较大，污泥多，常常造成浓缩池圆锥门及泥浆泵堵塞。为此，不少转炉厂在污水进入浓缩池之前，先通过旋流分离器除掉一部分粗颗粒泥尘。为了便于泥浆输送，由沉淀池抽出的泥浆含水量一般为 50% ~70% 左右，经压滤机处理后的泥浆含水分小于 30%，可以直接送到用户。

该工艺的主要缺点是泥浆沉淀池占地面积太大。一个转炉厂一般需设两个以上沉淀池，占地面积约为 $3000m^2$。为此，近年来开发出斜管沉淀罐泥浆处理工艺。

9. 1. 2　斜管沉淀罐泥浆处理工艺流程

斜管沉淀罐泥浆处理工艺流程如图 9-2 所示。

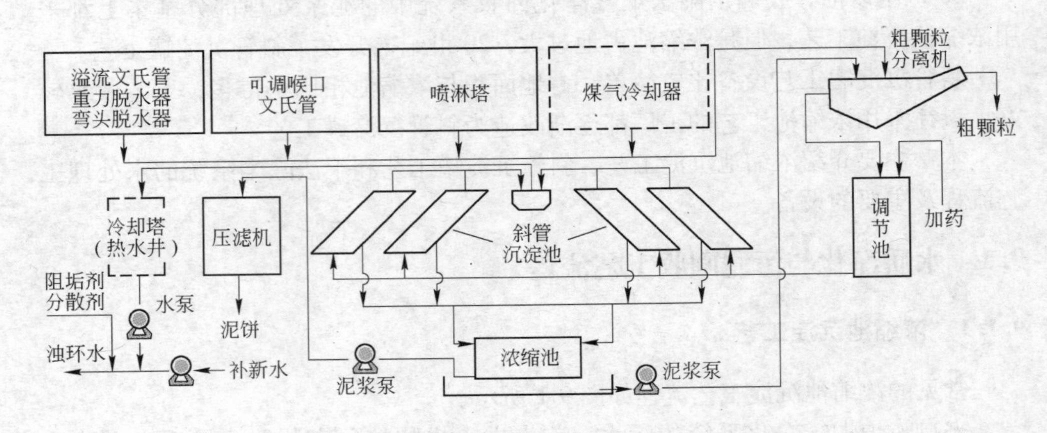

图 9-2　斜管沉淀罐泥浆处理工艺流程示意图

来自转炉烟气净化系统的污水，经管道自流首先进入粗颗粒分离机，分离出粗颗粒后进入调节池式配水井，利用管道静态混合器向污水中投加絮凝剂或助凝剂进行絮凝沉降，然后进入斜管沉淀罐处理。自流进入斜管沉淀罐的污水在此进行两相分离，分离后上清液从斜管沉淀罐上出水口溢流汇集到清水高架流槽，自流进入热水井（或冷却塔），冷却后经加压泵送循环系统回收利用，在此需投加适量的阻垢分散剂对水质进行水质稳定。

系统内所用高压冲洗水源，引自热水井后加压泵出水口。

系统内的冲洗水、溢流水、滴漏水等都汇集到浓缩池下面的污水井，加压送至粗颗粒分离器。

斜管沉淀罐分离出的污泥（含水率不大于85%）通过排泥总管，自流进入布置在地坑中的浓缩池，浓缩后的污泥（含水率不大于75%）由渣浆泵加压送至压滤设备进行脱水处理。压滤后泥饼的含湿量小于30%，送至用户。

该工艺的优点是泥、水分离效率高，设施占地面积少。处理前悬浮物含量为3000～7000mg/L，处理后悬浮物含量不大于55mg/L。每台转炉需设12个左右高效斜管沉淀罐，该工艺的浓缩池很小，占地面积很少。

9.1.3 干法除尘循环水系统

9.1.3.1 水需求分析

除尘用水主要有两部分：第一部分为蒸发冷却塔喷淋水雾化蒸发冷却，用水位置在车间内；第二部分为煤气冷却塔喷淋冷却，在车间外。其余另有少量的风机、设备冷却净循环水，与常规净循环冷却水系统相似。

A 蒸发冷却塔喷淋雾化冷却用水

蒸发冷却塔喷淋雾化冷却用水为直流用水。水质可以选用工业水或经过沉淀、过滤处理后的工厂回用水。水质主要以悬浮物SS和水中杂质粒径为控制指标。

SS应不大于10mg/L，颗粒粒径不大于0.1mm。经深度处理后的焦化废水、冷轧废水也可应用。

用水点位于车间内高跨平台，标高在45m左右，供水压力以车间地坪计约需0.8MPa，具体用户为雾化喷头。以单台150t转炉配套的LT蒸发冷却塔为例，塔的耗水量约为60m^3/h，间断运行。

B 煤气冷却塔喷淋冷却用水

煤气冷却塔喷淋冷却用水为循环水系统。煤气冷却塔冷却用水的水质要求与蒸发冷却塔喷淋雾化蒸发冷却用水相类似。

循环供水温度一般要求在35℃以下，循环回水温度最大为60℃。循环水在循环中与烟气直接接触，在冷却烟气的同时也吸入了少量烟尘。煤气进入煤气冷却塔喷淋冷却前的粉尘含量一般约为15mg/m^3（标准状态），经煤气喷淋塔喷淋冷却后一般可达到10mg/m^3（标准状态），因此有约5mg/m^3（标准状态）粉尘进入水体。因此，煤气冷却塔喷淋冷却水实质上是浊循环水系统。用水点位于车间外，标高在 20m 左右，供水压力以车间地坪计约需 0.7MPa，具体用户为喷淋喷头。以单台 150t 转炉配套的 LT 法喷淋冷却塔为例，其循环供水量为 $250m^3/h$。

9.1.3.2　LT 干法除尘水处理工艺的选择[1]

为了给 LT 蒸发冷却塔提供蒸发用水，需在车间内设置供水增压泵站。源水经加压后送蒸发冷却塔使用，所供用水全部蒸发至转炉烟气中，随着烟气温度的降低，烟气中的过饱和蒸汽在煤气冷却塔部位冷凝下来，进入煤气冷却塔浊循环水系统。

从煤气冷却塔出来的水，为重力流无压回水。温度最高可达 60℃ 以上，含有一氧化碳等化学残留物，进入密闭空间是危险的，所以回水必须进入敞开式热水池。再由热水泵提升至冷却塔冷却后，由供水泵供用户循环使用。循环系统如图 9-3 所示。

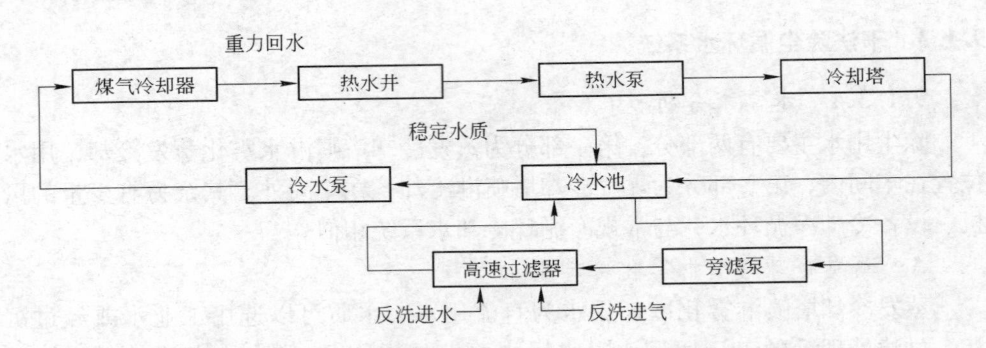

图 9-3　干法除尘（LT）浊循环水处理流程

为去除水中悬浮物杂质，考虑设置部分过滤处理设施，过滤水量约占循环量的 50%。旁滤、过滤、反洗排水可送连铸浊循环水系统或 RH 浊循环水系统。为保证循环水水质，须在循环水中投加水质稳定药剂。

A　蒸发冷却塔供水系统

车间内蒸发冷却塔供水泵站包括吸水池、增压泵以及相应的管路、阀门等。增压泵应采取变频控制方式。由于蒸发冷却塔供水为间断式供水，建议在供水总管上设置回流管，回流管上设置泄压阀。

当蒸发冷却塔喷雾喷头停止工作时，喷雾喷头供水管上的控制阀门会自动关闭，必然导致供水总管压力升高，此时回流管上的泄压阀即可开始工作，使管道中部分水回流至吸水池。

在进行吸水池的容积设计时，应考虑管道内灰和浊水以及考虑管道部分水的回流问题，适当留有富余量。

B 煤气冷却塔浊循环水系统

煤气冷却塔浊循环水系统给排水设施包括冷水池、热水池、热水泵、冷水泵、浊循环玻璃钢冷却塔、高速过滤器、过滤器反冲洗水泵、过滤器反洗风机等。

LT干法除尘目前为连续供水、间断排水方式。在进行冷热水池容积的设计时，必须考虑相应的调节容积。

仍以单台150t转炉配套的LT蒸发冷却塔为例，其连续循环供水量约为$250m^3/h$，但其间断循环回水量最大可达$500m^3/h$。

高速过滤器是现代工业水处理的主要装置之一。高速过滤器非常适用于钢铁企业中轧钢、连铸的浊水（含有氧化铁皮及油质），以及循环系统中旁滤处理，对于处理LT干法除尘浊循环水系统而言，也是比较好的选择。

9.2 污水净化、泥尘回收系统的主要设备

污水净化、泥尘回收系统的主要设备有旋流分离器（旋流分离井）、螺旋粗颗粒分离机、浓缩池、固体杯蜗杆离心机、磁滤旋流器、磁网捕集器、磁滤沉淀池、浓缩沉淀池、过滤机（压滤机）、干燥机等。

9.2.1 旋流分级器

从泥浆中充分去除悬浮的尘粒，使水能循环使用，实际上是一个简单的过程，就是使水的速度降低到这样一点，以致靠重力就能把大多数尘粒沉淀下来。然而控制这个过程，使沉淀只在能以有效而可靠的方式去除固体的那些地方发生，则往往需要颇为高明的技巧。流程图中第一件泥浆处理设备“分级器”（见图9-4a）就是个好例子。

分级器是装在敞开的倾斜螺旋运送机上的旋水器，其作用是去除较大的悬浮

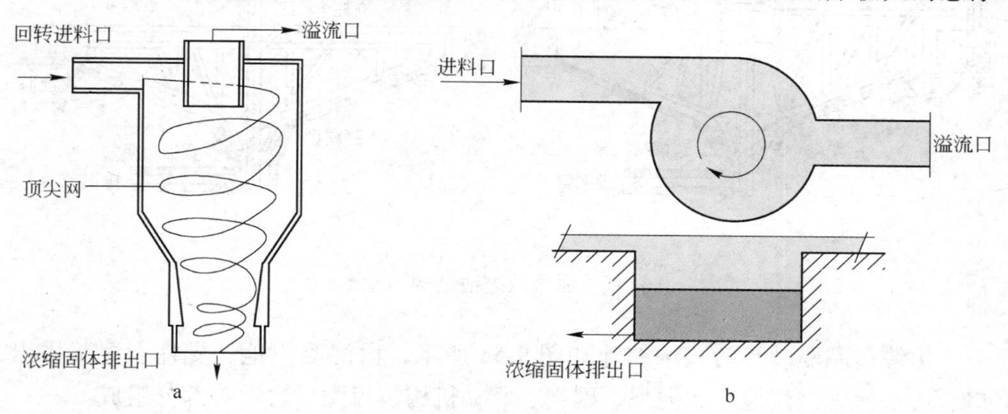

图9-4 旋流分级器结构示意图

固体颗粒。水以切线方向进入，在通过的过程中继续旋转，使重的尘粒在离心力作用下沿容器作旋转下降运动并沉淀下来。较轻的尘粒卷入旋涡，并与水的主流一道从旋水器上部溢出。底部有一开口，用一部分水把较大的尘粒送入螺旋运送机。重颗粒沉到槽底螺旋周围，并被从底部耙出。污水从槽的顶端溢出，通过管道进入浓缩池。由于分级器去除了大颗粒，残余泥浆的浓度较为均匀，为后面的操作创造了较为有利的条件。

这类分级器的制作和操作都是很简单的。因为旋水器只不过是一个衬以橡皮或其他耐磨材料的容器，而螺旋运送机是标准设计。唯一的运动件是螺旋本身，一般不产生磨损问题。

使用分级器时需要再从旋水器到浓缩池的泥浆管里增加一些压头，因为来自倾斜螺旋运送机底部的水必须靠重力流进浓缩池。然而，由于旋水器的位置，这个压头往往是现成的，而分级后泥浆性能的改善，对于以后的泥浆处理是很有意义的。

旋流井实际上是在污水流道上设置一个表面积比流道宽且下沉的部分，如图 9-4b 所示。当污水经过这里时流速减小，水流沿切线方向进入旋流井，大颗粒的尘泥沉积到井下，用泵抽走。

9.2.2 浓缩池

虽然普遍称为浓缩池，但这个设备具有双重作用，所以正确的名称应该是澄清-浓缩池。它使大部分尘粒从转炉污水中沉淀出来，使净化后的水可以循环使用。同时它将尘粒加以浓缩，变成稠的泥浆，使之能以适当的方法加以处理。图 9-5 为典型的浓缩池的示意图。

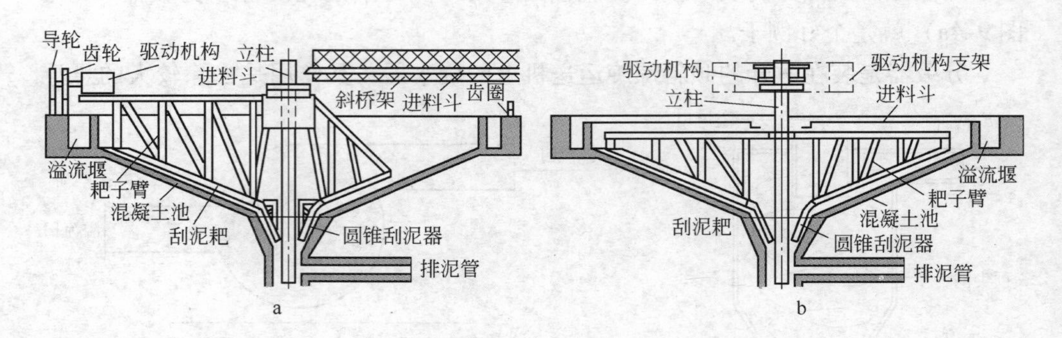

图 9-5 泥浆浓缩池结构示意图

边缘齿圈驱动旋转式浓缩池如图 9-5a 所示，由混凝土池、支柱、泥浆排出口、进水槽、溢流堰、刮泥耙、副耙、驱动机构、齿圈、轨道等部分组成。

在浓缩池的中央有钢筋混凝土的支柱，耙架的一端通过轴承固定在钢筋混凝土支柱的支架上，耙架的另一端与传动架子固定，并通过传动机构的辊轮支撑在轨道上，轨道和齿圈固定在混凝土池边堰的圆周上，电动机经蜗轮减速机带动齿轮沿齿圈绕池中心回转，从而带动耙架作圆周回转运动。

集电装置由电刷和集电环等主要零件组成，电源的导线经过槽架接至电刷上，电刷固定在不动的支撑套环上，集电环固定在回转的旋转支架上，并用导线接入驱动机构的电机上。

因驱动机构与耙架固定，所以当传动齿轮沿齿圈转动时，即可使耙架沿浓缩池周边旋转。

中心驱动旋转式浓缩池如图 9-5b 所示，是把浓缩池耙子旋转的驱动机构安装在浓缩池的中央。由混凝土池、支柱、泥浆排出口、进水槽、溢流堰、刮泥耙、副耙、中心驱动装置、驱动机构、轨道等部分组成。

这种浓缩池的耙子架是一种悬臂结构，长期使用容易发生倾斜，特别是当池底有障碍物或刮泥耙与池底接触时，常常会使耙架发生变形。在通常情况下刮泥耙与池底距离 40mm 左右，因此从设备正常运行的角度来看，前者的齿圈式旋转机构是可取的。

浓缩池的浓缩原理如下所述：浓缩池的直径都比较大，约为 9 ~ 36m，其溢流量的设计值一般为每平方米池面积 3.2 ~ 10.8L/min。在这个流量下，能使由污水管经进水槽流入浓缩中心的污水中的固体沉到底部，在那里旋转着的耙子上的刮泥耙把它们逐渐推向中心，稠化了的泥浆可以用泥浆泵从池底泥浆排出口抽出，送到过滤机去。

为了便于用过滤机或离心机处理泥浆，希望泥浆尽可能稠，因此通常都允许泥浆在浓缩池里堆积，每隔一定时间抽一次。根据固体颗粒的特点，有时在堆积期内把泥浆打回到浓缩池中心，以防底部泥浆脱水或板结。有些浓缩池装有可升降的耙子，可以升高耙子让泥浆在池底堆积，排出泥浆时使耙子逐渐下降刮掉池底的堆积物。

浓缩池出水的澄清度取决于溢流量和水在浓缩池内的停留时间（池体积/体积流量）之间的适当关系和悬浮物的下降速度。

计算泥浆浓缩池处理能力的经验公式为：

$$Q = 3600 \times (v/1000) FK$$

式中 Q——浓缩池处理污水能力，t/h；

v——泥尘粒下降速度，m/s；

F——浓缩池面积，m^2；

K——浓缩池面积系数。

可见浓缩池的处理能力与泥尘粒的沉淀速度有关，而尘粒的沉淀速度又与尘粒的粒度有关。从污水中尘粒分布来看，大粒、细粒较多。

表9-1为某厂在浓缩池入口处测定的污水中尘泥的粒度分布，有人计算各种颗粒的沉降速度如表9-2所示。

表9-1 某厂在浓缩池入口处测定的污水中尘泥的粒度分布

粒度/μm	>30	30~20	20~19	9~5	4~3	2~1	<1
分布/%	57.6	0.7	2.8	2.1	3.6	8.9	24

表9-2 各种颗粒的沉降速度[2]

粒度/μm	100	90	80	70	60	50	40
自然沉降速度/m·s^{-1}	46.6	37.5	29.6	22.7	16.7	11.6	7.42
自然沉降时间/s	73	63	114	149	203	292	456
粒度/μm	30	20	10	5	3	1	0.5
自然沉降速度/m·s^{-1}	4.17	1.86	0.464	0.116	0.042	0.005	0.001
自然沉降时间/min	13.5	30.5	122	480	1355	12184	18680

按一般污水在浓缩池内停留时间来看，粒度在20μm以上的尘泥是完全可以沉下来的，而10μm以下的尘泥来不及沉淀下来，悬浮于浊环水中，造成水质恶劣。为了改善水质效果，一般要投入絮凝剂，促进尘粒聚集沉降。

由于浓缩池中耙子是唯一的运动部件，故操作不需要多少控制，一旦确定了满意的时间表，操作要求就成为规范，简易可行。但是在操作中应该严禁大块异物进入浓缩池，以防堵塞下部排泥管道。

为防止浓缩池倾斜底面泥浆突然滑流到排出口造成堵塞，在下部应设有水冲洗，以便排除故障。在通常情况下，一个转炉厂往往要设置两个浓缩池，同时运行或交替运行。

9.2.3 斜管沉淀罐[3]

高效斜管沉淀罐是对引进的设备消化吸收后而进行开发设计出的具有自主知识产权的新产品，斜管沉淀罐充分吸收和运用了Boycott现象、浅层沉淀理论和附面层理论。

将血液注入试管内，然后将试管倾斜，发现血液的沉降速度加快了，这是一种Boycott现象。

20世纪初哈真（Hazen）提出浅层沉淀理论，理论认为，沉淀池的处理效率仅与颗粒的沉淀速度和表面负荷有关，与沉淀池的深度无关。如果把沉淀池分成n层，就可把处理能力提高n倍。

附面层理论认为，水流在斜管沉淀罐的板间或管束内具有较大的湿周，较小的水力半径，从而降低了雷诺数，增大了弗劳德数，降低了水的紊乱程度，提高了水流稳定性，增大了沉淀罐的容积利用系数，对沉淀极为有利。

斜管沉淀罐的设计取得了最佳的水利模型，使水流处于层流状态，此时颗粒的沉降不受水流的干扰，提高了沉降的稳定性，增加了沉淀面积，缩短了污泥颗粒的沉淀距离，减少了沉淀时间，大大提高了颗粒的沉淀效率。

某厂 150t 转炉泥浆处理用高效斜管沉淀罐的结构如图 9-6、图 9-7 所示。

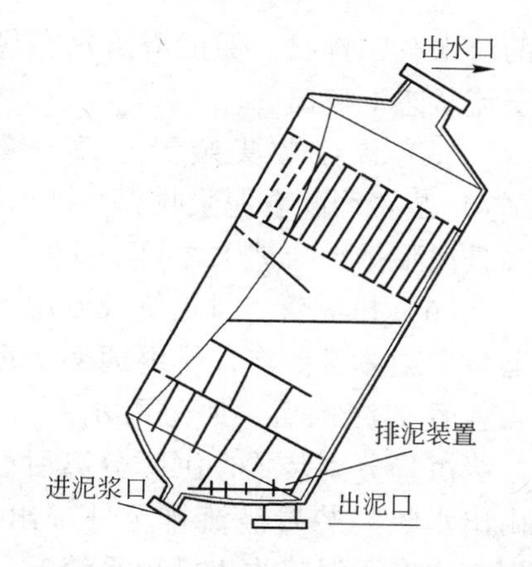

图 9-6 斜管沉淀罐的结构示意图

主要由配水系统，一、二级斜板沉降分离装置，三级斜管沉降分离装置，泥浆收集装置，排泥管等部分组成。设备厂家介绍的各部性能如下所述：

（1）配水系统。采用缝隙栅条配水，缝隙前狭后宽，便于沿罐体截面均匀配水。

（2）一、二级斜板沉降分离装置。能有效地分离出沉速 $u_0 \geqslant 0.8$mm/s 的悬浮颗粒杂质及相应的絮体，对于除尘污水，悬浮物去除率 $n \geqslant 80\%$。

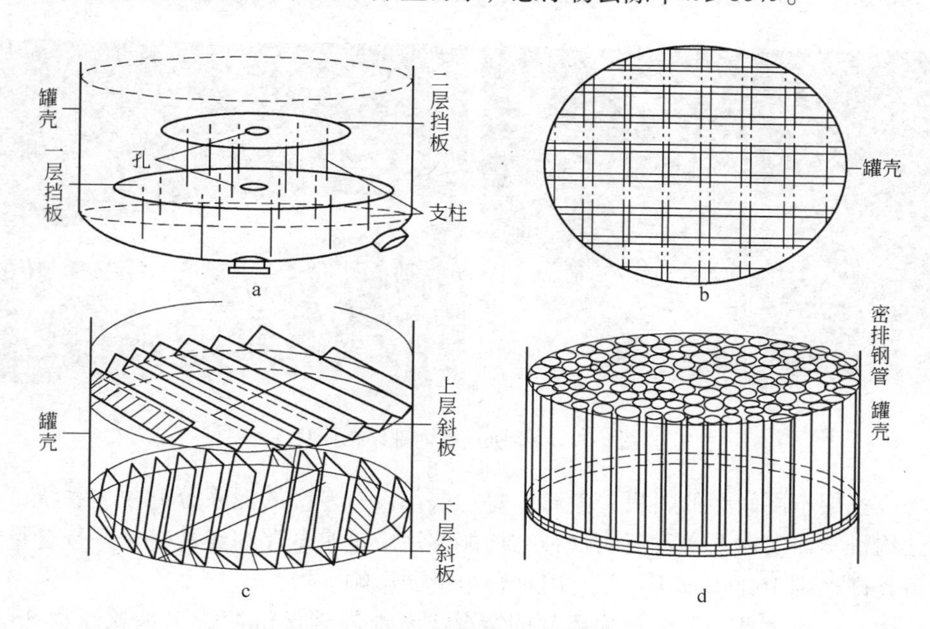

图 9-7 斜管沉淀罐的详细结构示意图

（3）三级斜管沉降分离装置。该装置总的有效沉降面积为 260.4m^2，对于沉降速度 $u_0 = 0.2$mm/s 的悬浮颗粒，杂质及相应絮团有效去除率可达 99%。

（4）三级沉降分离后的出水装置。该装置采用穿孔溢流槽回收沉降分离后的清水有序排出，保证澄清水在稳定的层流状态下流出。

(5) 泥浆收集装置。每一级斜板(管) 装置均配有泥浆收集及排出装置，并且泥浆排出与进水之间不发生干扰。

(6) 排泥管。排泥管及专用的清泥器位于罐体最低点，排泥通畅。污水进入斜管沉淀罐后，通过配水系统，二、三级沉降分离装置，沉降分离后澄清水由出水收集装置溢流排至外部出水槽。泥浆由专用泥浆收集排出系统通过清泥器、排泥管排出。

图 9-8 斜管沉淀罐外形照片

总的悬浮物去除率达到98%，出水悬浮物平均含量是 SS 约为 80mg/L，最低为 50mg/L，沉降分离效率极高。实物外形如图 9-8 所示，实物内部如图 9-9 所示。

图 9-9 斜管沉淀罐内部结构照片

内三层不同间距的斜板、斜管，每一层都设有专门的泥浆分离收集系统。这种结构科学而实用，实践证明这种结构能够适应进水悬浮物经常变化并且含量最高可允许达到 16000mg/L，而对出水含尘量的影响甚微。

因此，该设备在适量投加药剂的情况下，能够确保沉淀罐出水悬浮物 SS 不大于 50mg/L。

由新材料复合制成的斜板、斜管具有耐磨、耐蚀、表面光洁不淤积结垢等优点。高效斜管沉淀罐处理效率高、占地面积小、处理成本低、投资省、操作简便、运行可靠、维护检修方便。

9.2.4 过滤机

从浓缩池底将泥浆抽上来，其泥浆含水量都较大，约为50%～70%。为了使这些污泥便于运输、储存和进一步利用，一般必须脱掉其中大部分水，完成这种分离最常用的方法是真空过滤、离心分离和布袋挤压法。

9.2.4.1 转鼓-布带过滤器

转炉烟气净化系统排出的尘粒很小，因此泥浆过滤中有的采用转鼓-布带过滤器。转鼓通常隔着分别接有管子的若干格子，部分浸在泥浆里并不断旋转。由于鼓内保持真空并吸取泥浆中的水分而使泥尘成为泥饼。泥饼达到大约与垂直方向成30°角的位置时，真空管关闭，泥饼由布带支撑直到卸料辊。此处泥饼靠重力落下，然后喷水冲洗布带两面。很细的微粒有吸入滤布的可能，所以充分的清洗是很重要的。转鼓-布带过滤器的工作示意图如图9-10a所示。

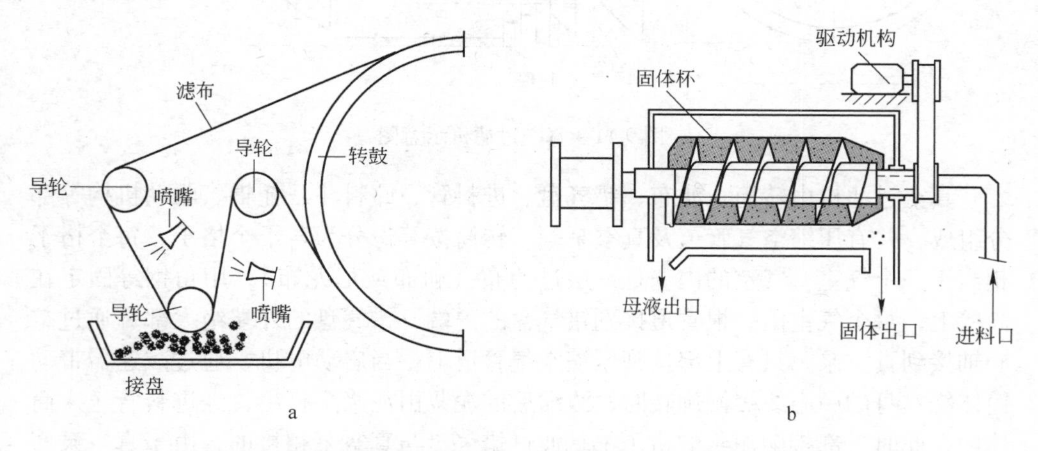

图9-10 转鼓-布带过滤器及固体杯蜗杆排泥离心机的工作示意图

只有采用合适的滤布才能使过滤器获得最高的效能，所以要根据所处理的泥浆颗粒度范围、皮带的工作温度等来确定过滤材料。滤布的稳定性（以免收缩或延长）要好，耐磨性要高。

净化滤布、转鼓和辊子的喷水器必须正确定位和调整，做好这些工作，给顺利操作打下良好的基础。要适当调整转鼓速度，以保持适宜的泥饼厚度。每当停止运转时，还需要彻底清洗过滤器，以防泥浆干结在转鼓的辊子上。

9.2.4.2 离心机

固体杯蜗杆排泥离心机曾被某些工厂采用，其剖面及工作原理如图9-10b所示。

泥浆从离心机一端进入，因为固体较重，其在离心力的作用下被抛到旋转的杯状壁上。内部的螺旋以稍低于杯的速度转动，把固体耙到卸出端。在进入离心机之前向泥浆加复合电介质，这样就能获得含水量小于 33% 的泥饼，与转鼓过滤器的平均效能相当。由于磨损及脱水过程在旋转杯内进行，操作时对于积垢、磨损等较难发觉，可能导致效能不稳定。

9.2.4.3　真空过滤机

真空过滤机的工作原理与转鼓布带过滤器类似，其结构如图 9-11 所示。

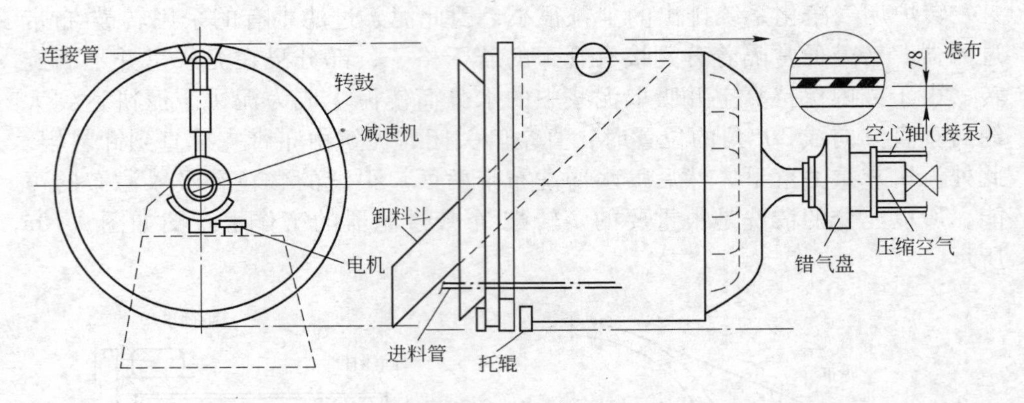

图 9-11　真空过滤机示意图

真空过滤机由转筒、滤布、错气盘、进料管、卸料斗、托辊、驱动机构等部分组成，并有压缩空气管道及真空泵等。转筒按等份分为若干个格子，每个格子相当于一个气室，气室的内壁是一层过滤布（帆布或尼龙布），用角钢等固定在筒壁上，每个气室由一根管道接到错气盘的内端，错气盘的外端绝大部分通过空心轴接到真空泵，只有上部接到压缩空气管道上。当启动电机，通过减速器带动筒体绕本身的中心线缓慢旋转时，浓缩后的泥浆由泥浆泵打出，经进料管送入筒体内，此时下部接触泥浆的格子都是通过错气盘与真空泵相接的，由于真空泵产生的负压约为 4000 ~ 6500Pa，故将泥浆中的水分经滤布吸入气室并通过空心轴经真空泵返回浓缩池。而尘泥则由于真空作用被吸附在滤布上，随着筒体的转动，吸附有尘泥的格子不断上升，水分不断被吸走，当该格子转动到卸料槽正上方时，由于错气盘的作用，该格子气室管道与真空泵断开，取而代之的是充入压缩空气的管道，由于泥饼的自重及压缩空气的吹入，泥饼从滤布上脱离，进入卸料槽而滑出筒体。如此周而复始的进行，将浓缩后的泥浆过滤，脱至含水量为 30% 左右。

该机的过滤效果主要受真空泵的能力及滤布的性能所约束。由于转炉泥尘中小于 1mm 的颗粒很多，因此滤布极易密死，故需经常冲洗，否则，过滤后的泥尘含水量会高于 30%，甚至会达到 50% 左右。运行中要经常检查滤布是否破损，因为一旦出现破损，不但会影响过滤效果，还会造成连接管堵塞。

9.2.4.4 布袋挤压机

这种泥浆脱水装置的工作原理很简单，将浓缩后的泥浆装入一个类似于手风琴那样的长方形并能伸缩的袋子里，然后通过压板挤压，排出水分，再打开布袋将脱水后的泥饼漏出。对于每一节布袋来说是间断作业的，因此必须有许多节布袋连在一起才能不断地进行泥浆脱水处理。国外有的转炉厂就应用这种装置处理浓缩泥浆。

9.3 污水磁净化设备和装置[4]

转炉污水的泥尘中铁的总重约占60%，所以污水中的悬浮物也可以称为铁磁性悬浮物。这样，利用磁凝聚的作用可以强化污水的净化效果。其原理就是在污水经过的途中人为地增加外界磁场，使污水中的铁磁性悬浮物磁化而相互吸引，加速凝聚。国外的一些转炉炼钢厂对污水的磁净化进行了开发和应用，实践表明，磁聚化可以使旋流磁网捕集器、浓缩池的工作效果显著增加。故本节将对磁滤旋流器、磁网捕集器和磁滤沉淀池进行简单的介绍。

9.3.1 磁滤旋流器

本设备和磁滤沉淀池一样，在开口式水力旋流器中完成滤铁和净化两个过程。磁滤旋流器的工作原理如图9-12a所示。

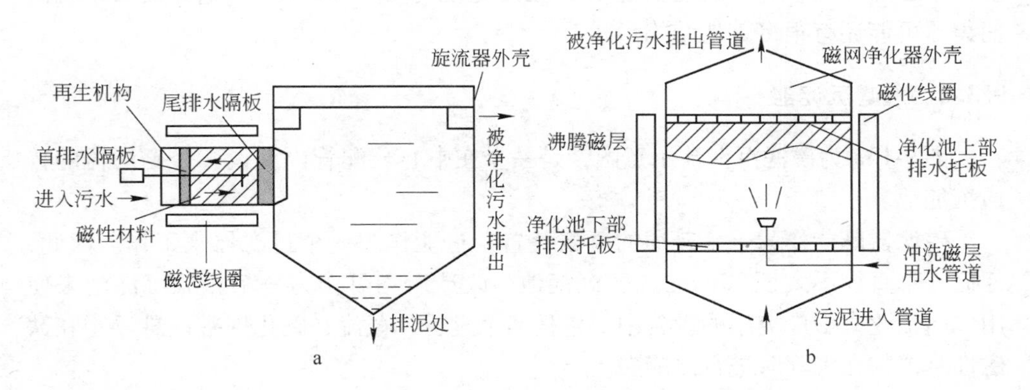

图9-12 磁滤旋流器及磁网捕集器结构示意图

磁滤旋流器由具有圆柱部分（上部为敞开的）和圆锥部分（锥顶带排水口）的磁滤器组成。通过磁滤器向水力旋流器的圆柱部分的切线供给污水，也可向圆锥部分供给污水，被净化的污水通过溢流堰板排出。

作用在旋转流体中的磁化粒子和凝聚体上的力将比重力大很多倍，粒子的沉降速度也将比它们的自由沉降速度大很多倍。因此，磁化悬浮物被抛向水力旋流器的器壁，并沿器壁向下沉入锥体部分。磁滤器的结构、滤料的尺寸和其他工艺指标与磁滤沉淀池过滤器的指标相类似。

9.3.2　磁网捕集器

含铁磁悬浮物的污水可利用悬浮磁层净化，如图 9-12b 所示。这种悬浮磁层由空心金属球和外加磁场组成，亦可用带磁性填充料的塑料球。因为磁层移动方便，所以在它清洗期间内很容易再生。设计采用的磁层高度不应大于净化室高度的三分之二。净化室直径不应超过 1.2～1.5m。

含铁悬浮物的污水进入磁净化器的下面锥体部分。水流上升的同时，流面扩大，水速在悬浮磁层内减小到使球处于悬浮状态的数值，以便形成带铁磁粒子的磁层。在磁净化器内实现两个工艺过程：一是磁凝聚和捕捉已凝聚成粗大的凝聚体的铁磁粒子，二是将这些凝聚体从被净化水中分离出来。根据积泥程度必须定期冲洗悬浮沉淀室，在有外磁场时，应先切断设备和磁化线圈的电源后再进行冲洗。为减少冲洗水量，采用能强制从磁层中排除沉积物的磁网捕集器。但在这种情况下，不能利用空心球建立固定磁层。

这种设备对净化含油和氧化铁皮的污水是有前途的。在使用部分为永久磁铁残料填充的空心塑料球作滤料时，可不必加外磁场。

磁网捕集器的直径可达 3m，高达 6m。这种滤料可用悬浮滤料过滤器所用的多聚苯乙烯球代替。水流通过磁层区域的速度为 80～200m/h，毫无疑义，磁网捕集器可能还有很多其他结构形式。

9.3.3　磁滤沉淀池

图 9-13a 为磁滤沉淀池示意图，是一个在中心分配管内埋设一个磁滤器的普通沉淀池。

磁滤器既能作为一个普通的凝聚装置，也能作为一个过滤器来工作。因此，任何一个直径不大于 20m 的辐射沉淀池，改造后均可作为一个磁滤沉淀池来使用。向工业中推广应用的设备中都包括两个过程，截流并磁化铁磁性悬浮物和铁磁性悬浮物在沉降时进行磁凝聚。

磁滤沉淀池中的磁滤器的结构是一个上部密封的圆柱体，在圆柱体内装有磁性滤料、排水托板、螺管线圈型电磁铁、振动再生机构和污水进入管道。滤料采用钢球。滤料通过螺旋管电磁铁进行磁化。根据磁滤器的淤积程度应进行冲洗和再生，再生是用电动振动机构来实现的。过滤器的排水托板由厚 30～50mm的钢板做成并带有三角形孔眼。为了控制过滤器，设置了管路上自动截止阀、磁化线圈的开关装置、向磁化线圈供电的电流换向装置（为滤料去磁）、再生机构开动和停止装置以及用时间继电器调整到规定工况的中央控制盘。

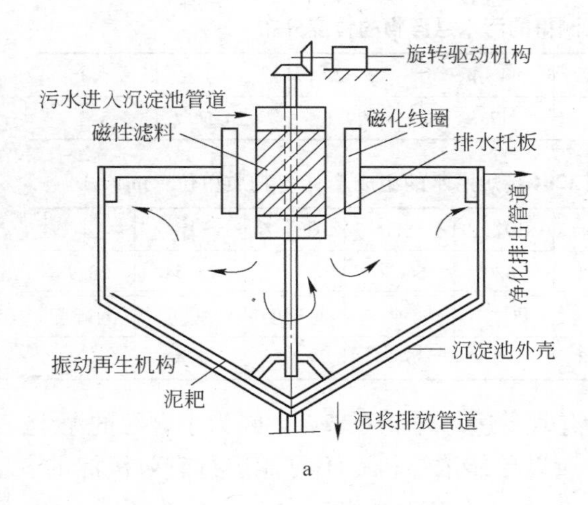

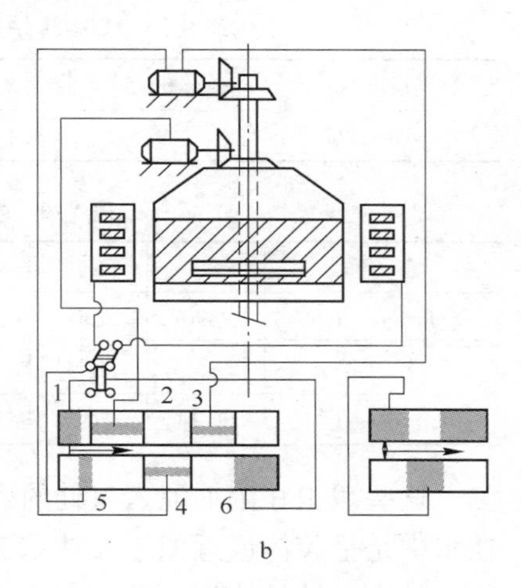

图 9-13 磁滤沉淀池及其过滤器制定控制原理图

1—切断过滤器；2—接通再生机构；3—再生机构下移；4—再生机构上移；5—过滤器去磁；6—接通过滤器

自动控制装置中的主要部件是中央控制盘。因为它能使磁滤沉淀池在所要求的条件下进行工作。中央控制盘是由两条母线组合起来的触点系统，其中一条用来启动电机，而另一条供停机用。为使滤料去磁，向磁化线圈通以反向电流。电机的启动与停止通过滑动触点来实现，触点以给定的速度滑动，而这个给定滑动速度要与磁滤器所要求的工作条件相适应。磁滤沉淀池过滤器的自动装置的工作原理图如图 9-13b 所示。

当冲洗磁滤器时，用时间继电器提前自动接通再生机构。

现在控制系统一般都改为 PLC 自动控制。

再生机构的轴应设计成能上下移动。再生机构的叶轮长度不应小于过滤器直径 d 的四分之三，以便能够很好地松动球滤料。轴的转动速度不应小于 1r/min。轴向一个方向转动一周的时间不应超过 1min。当过程改变时，制动住再生机构的时间不应大于 0.1min。磁滤沉淀池的直径不大于 20m，磁滤料层厚为 0.5 ~ 0.8m。当磁滤器作凝聚器用时，滤料直径应为 20 ~ 26mm，而作过滤器用时，滤料直径为 6 ~ 10mm。

9.4 应用高分子絮凝剂净化转炉除尘污水

前面已经讲过，转炉采用湿法烟气净化工艺所排出的除尘污水中含有大量的泥尘，其粒度很小，多以悬浮物状态存在于污水中。表 9-3 为 120t 转炉厂所测得的污水中悬浮物的粒度分布。表 9-4 为实测 120t 转炉污水的组成。

表 9-3 120t 转炉厂所测得的污水悬浮物的粒度分布

粒度/μm	6 ~ 5	5 ~ 4	4 ~ 3	3 ~ 2	2 ~ 1	<1
分布/%	9.5	13.9	17.8	29	24.5	5.3

表 9-4 实测 120t 转炉污水的组成 （各物质单位：mg/L）

名 称	SS	F^-	SiO_2	SO_4^{2-}	ΣFe	CO_3^{2-}	SO_4^{2-}	Cl^-
数量/$mg \cdot L^{-1}$	9890	130	45	7820	666.6		25.54	28.98
名 称	Ca^{2+}	Mg^{2+}	OH^-	PO_4^{3-}	油	总碱度	总硬度	暂硬度
数量/$mg \cdot L^{-1}$	11.14	微	33.48		364.4	2.95	2.4	1.4

这些泥尘在浓缩池入口处的含量有时高达每升上万毫克。因为小颗粒的泥尘在水中是呈胶体或近似于胶体状态，所以单靠浓缩机是不可能进行有效沉淀的。特别是由于转炉炼钢所用原材料种类繁多，故除尘污水中含有大量的离子（见表 9-4），离子之间的相互排斥作用更加妨碍了悬浮物的相互凝聚和沉淀。

通过向转炉除尘污水加药可以促进水中悬浮物的絮凝和沉淀，对改善水质有显著的效果。有关部门的试验和生产实践表明，向转炉污水中投加高分子絮凝剂聚丙烯酰胺（PAM），可以使污水净化效率提高到 95% 以上，如果再配加含有无机絮凝剂的复合药（PAC），则可使转炉除尘污水的净化效率提高到 98% 左右，水质变清，使净化后污水含悬浮物量低至 50 ~ 100mg/L，水的黏度降低，泥浆经过滤机后的含水量也有所下降，使过滤机效率提高 6.9% ~12.8%。

9.4.1 絮凝机理

国内试验成功的将聚合氯化铝（$[Al_2(OH)_nCl_{6-n}]_m$）或硫酸铝（$[Al_2(SO_4)_3 \cdot 18H_2O]$）和聚丙烯酰胺（$CH_3—CH_2—CONH_2$）一起使用时，澄清水的效果很好，其机理如下所述。

如水中先加了硫酸铝或氯化铝，铝离子能压缩固体悬浮物表面的双电层，加速悬浮体混凝并缩短絮凝过程。由于水解作用和氢氧化铝的形成，氢氧化物本身极易形成绒粒，聚合物分子被吸附在浑浊物和氢氧化铝分子的表面上，将这些绒粒变成大的、坚固的聚集体。聚合物吸附和聚集体形成的过程很快，主要分两个阶段进行。

第一阶段是凝聚。在胶质粒子的原水中，如加入无机絮凝剂，金属离子的氢氧化物附在胶质粒子上，成为一个凝结颗粒。由于粒子相互碰撞，凝结颗粒凝聚成一定大小的絮团，在其絮凝初期阶段是附着面积大，活性力强的凝结粒子。

第二阶段是吸附、架桥。加入高分子絮凝剂后，这些粒子与其接触，将以凝结的粒子间的官能团为主，利用氢键及其他离子键的范德华引力进行吸附交联反应，使之形成结合力强的絮团。凝聚过程及凝聚模型如图 9-14 所示。

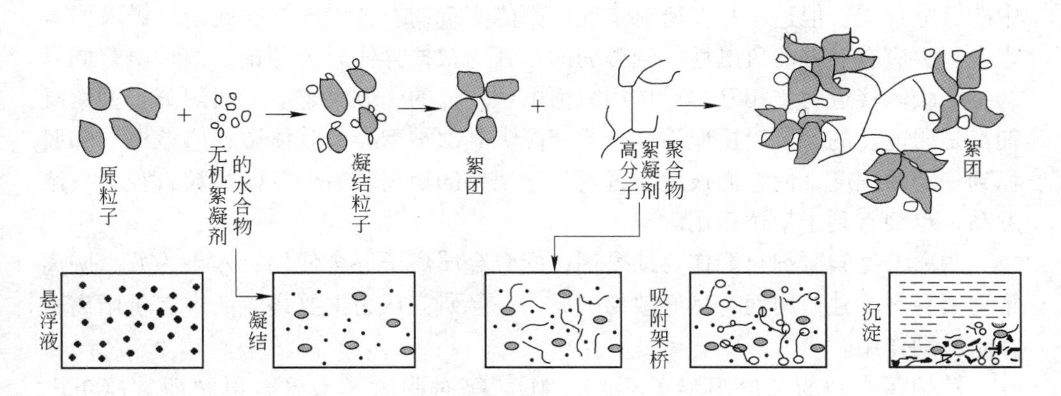

图 9-14　凝聚过程及模型示意图

当污水中加入($[Al_2(OH)_nCl_{6-n}]_m$)时，所有的金属阳离子在水中都被水解，更多的是以水的配合物状态存在。铝离子与水中的氢氧根离子作用，反应式如下：

$$Al^{3+} + 3OH^- \longrightarrow Al(OH)_3 \tag{9-1}$$

$$Al(OH)_3 + OH^- \longrightarrow AlO_2^- + 2H_2O \tag{9-2}$$

铝离子在混凝机理中起着极其重要的作用。在酸性溶液中，比较稳定的单元配合物($[Al_2(OH)_nCl_{6-n}]_m$)称为单体，pH 值升高，随着 OH^- 浓度的增高，进行配位的水解离，在 OH^-之间起缩聚反应，直到 $Al(OH)_3$ 沉淀，同时它的绒絮体带下大量的污浊物。在铝上配位的 H_2O 解离，同时使 H^+ 放出配合体，而变成 OH 基，再与邻近铝的水分子中的氢结合，接着失去水分子，增大其多元配合体。

在碱液中可使 PAM 的部分活性基团——酰胺基（$CONH_2$）水解变成羧酸钠盐（COONa）。羧基（—COOH）带负电荷，沿分子链长度上同号电荷的相斥作用可使分子展开成直形链状，如图 9-15 所示。

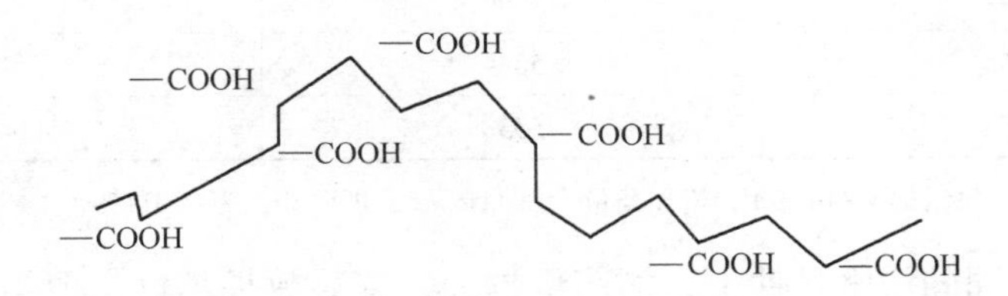

图 9-15　羧基直形分子链

羧基直形分子链的伸展程度主要取决于分子链上的电荷位数，即离解基团数目和离解度（即水解度）越大，伸展也越大，也就越有利于吸附架桥。

PAM 为阴离子型絮凝剂。阴离子型絮凝剂在一定条件下可以絮凝工业废水中的负电杂质。但这不是在所有情况下都能实现的。首先聚合物或杂质微粒两者之中至少应有一方的负电性是较微弱的。因为根据异体凝聚理论，两种电荷同号的不同胶体接近时，相互排斥作用只由电位较低的一方决定。一般阴离子型絮凝剂都是弱电性的，可以适应不同杂质情况。其次被絮凝的胶体微粒应该电中和脱稳到一定的程度，使它们彼此靠近到易于架桥的距离。另外胶体微粒直径大及浓度高，也会有利于架桥作用。

阴离子型絮凝剂只能作为助凝剂，配合金属离子混合使用，效果为好。阴离子型絮凝剂单独使用而有良好效果的原因，经研究认为主要是溶液中二价阳离子在起辅助作用。

转炉污水中的二价阳离子 Ca^{2+}、Mg^{2+} 等对阴离子型聚合电解质絮凝负电胶体微粒有好处。二价离子压缩微粒扩散层，降低相互排斥力，也降低聚合物和微粒之间的排斥力，降低被吸附各聚合物之间的排斥力，这些都有利于吸附架桥，使絮凝效果较好。因此水中的二价阳离子在絮凝过程中是起很重要的作用的。

9.4.2　影响絮凝的因素

9.4.2.1　加药量及投药参数

对于成分复杂而又经常变化的转炉污水来说，确定合理的药量只能是相对而言的。表 9-5 为某厂不同加药量的絮凝效果对比。

表 9-5　某厂不同加药量的絮凝效果对比

加药量/mg · L^{-1}	进水悬浮物/mg · L^{-1}	出水悬浮物/mg · L^{-1}
0.22	2569	175
0.29	2510	129
0.33	3042	116
0.44	4594	125
0.55	5684	147
0.66	5533	140

注：污水中 SS 每增加 1000mg/L，增加药量为 0.11mg/L，即固相比为 0.011%。

可见在相同的污水条件下，加药量越大，絮凝效果越好。但当原水中 SS 超过 10000mg/L 时，即使按表 9-5 备注中有比例地增大药量也得不到理想效果。实践也证明，过多剂量的药剂对混凝效果具有反作用。这种现象与表面活性剂形成胶体的现象相似，过剩的聚合电解质分子有防护作用，反而阻碍了混凝作用，如图 9-16 所示。

当 SS 超过 10000mg/L 时，最好是有机、无机高分子絮凝剂联合使用，以保证

图9-16 过多药剂妨碍混凝示意图

达到预期效果。PAM 的药量一般 0.21 ~ 0.33mg/L，PAC 的药量取 5 ~ 6.6mg/L 即可。

9.4.2.2 pH 值对絮凝效果的影响量

在转炉炼钢所用造渣剂中白灰的用量和粒度决定净化污水 pH 值的高低，凡是白灰用量多，没有过筛，粒度细，则被烟气带入水中白灰的粉末也就多，污水中悬浮物的含量高，悬浮物中氧化钙的含量也就高。氧化钙溶于水生成氢氧化钙，使污水 pH 值上升，一般在 9.40 ~ 12.57 之间。

从生产实测的结果看，进水 pH 值没有大变化时，看不出对絮凝效果有太明显的影响。但根据国外资料介绍，非离子型 PAM（水解度 30%）适用于处理 pH 值为 6 ~ 10 范围的污水。而国产的非离子型 PAM 一般在污水的 pH 值为 11 ~ 12 的情况下，按合理的剂量加入，效果仍然很好。而在加 PAM 之前又加了阳离子无机絮凝剂 PAC，它适用的范围更广。

试验表明，国产的絮凝剂适用的 pH 值在 9.40 ~ 12.57 之间，故不需加酸或加新水将污水的 pH 值调至 7，只要药量合理，就能收到良好的絮凝效果。

9.4.2.3 水温、黏度对絮凝效果的影响

转炉污水吹炼期与平时的温差为 10 ~ 15℃，冬夏的水温波动最大，在 35 ~ 60℃，但多数在 38 ~ 48℃。随水温的升高，黏度降低。水温越高，悬浮微粒运动的阻力越少，因而增加了彼此的碰撞机会。同时也有利于药剂和污水的迅速反应，随水温的升高，絮凝效果也相应地提高。

9.4.2.4 絮凝剂本身对净化效果的影响

具体如下：

(1) 絮凝剂的类型。絮凝剂的类型对絮凝效果关系极大，多数情况下它往往起决定性作用，因此，选定合适的絮凝剂类型是至关重要的。通过实践证明，阴离子型的 PAM 与阳离子型的 PAC 联合使用处理转炉污水效果最佳。

(2) 相对分子质量。通过对相对分子质量在 100 万 ~ 1000 万之间的选择性试验，认为 500 万 ~ 600 万的相对分子质量效果好，为最佳范围，而且在此范围内溶解也较快。在相对分子质量为 100 万 ~ 300 万之间时，虽然溶解快，但效果差些。而相对分子质量在 800 万 ~ 1000 万之间时，效果自然好，但溶解太慢，因

黏度大，对过滤机的效率有一定的影响。

（3）稀释度。黏度随着相对分子质量的大小而变化，相对分子质量越高黏度越大，因此稀释度也要求大些好。溶液的稀释度直接影响到絮凝效果。过稠，使药剂加到水中成块状，不能使药剂与水充分混合，不能充分发挥药效，浪费大量的药剂。

工业试验表明，当稀释度为五百分之一或千分之一时，浓度均太高，在出水中偶尔见黏条状物。这说明有些药剂尚没有与污水混合，浪费一定的药剂。在实际生产运转过程中，当稀释度为二千分之一时，出水效果很好，较稳定。在这个浓度，药剂和水才能达到充分混合，充分发挥药效。

（4）水解度。水解度和药剂的水溶性有着直接的关系。一般水解度大的水溶性好。水溶性好的药剂溶解速度快，有利于药剂效能的发挥。为充分发挥架桥絮凝作用，絮凝剂的分子的长度应尽量大。一般认为长度在 200μm 以上才有效。分子团的尺寸在 100μm 左右时，絮凝效果不良。聚合物分子的伸展形状主要取决于分子键上电荷位的数目，即离解基团的数目及离解度，沿分子长度上的同号电荷彼此有相互排斥作用，可以使分子形状伸展开来，聚合物的离解程度越大，分子的伸展程度就越大。上述分析可以从 PAM 在不同水解度时的絮凝作用说明，参看图 9-17。

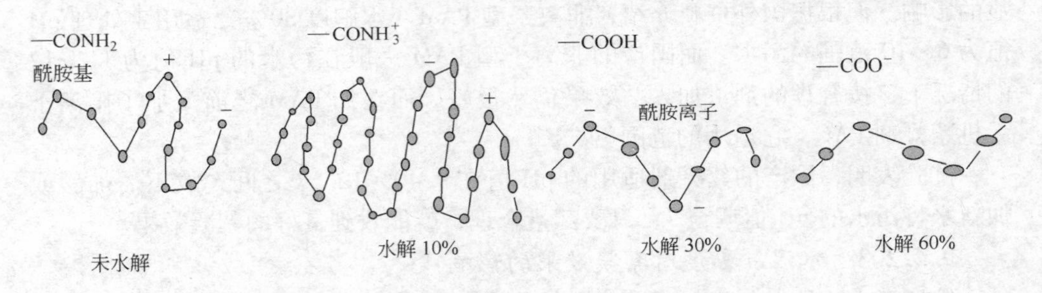

图 9-17　水解 PAM 的形态变化

9.4.2.5　污水成分对絮凝效果的影响

具体如下：

（1）原水的碱度和 pH 值的影响。原水的碱度和 pH 值偏高时，将使混凝剂的耗用量增高。如加了 PAC，因氢氧化铝是双性化合物，pH 值偏高时，铝盐呈（AlO_2^-）离子状态，未能形成不溶性的水解物，为此必须多增加剂量，以中和水中碱度，否则效果不良。

（2）硫酸根、二氧化硅的影响。转炉污水中含有硫酸根和二氧化硅，当这两项共存时，氢氧化铝的 pH 值范围明显地向酸性侧移动，其中硫酸根离子的凝聚 pH 值范围虽然向酸性区移动，但其作用则很微弱。

有硅酸共存时，则将吸附并中和氢氧化铝的正电荷。如果二氧化硅量再多，氢氧化铝要更多地吸附硅酸，电荷就倒过来，使粒子不起凝聚作用了。二氧化硅在一定 pH 值时效果最好，而超过或不足此量时都不能获得好的效果。

（3）钙、镁离子的影响。水中二价阳离子压缩微粒扩散层，降低相互的排斥力，也降低聚合物和微粒子之间的排斥力，也降低被吸附各聚合物之间的排斥力，另外钙离子可以在聚合物微粒之间生成配合物，在转炉污水中由于钙、镁离子的存在，给絮凝创造了良好条件。单独使用 PAM 阳离子型絮凝剂时，也能获得良好效果，这是由于污水中二价阳离子在起辅助作用。

9.4.3 药剂的投入

9.4.3.1 药剂投入的种类、数量和方法

转炉吹炼的不同时期污水中悬浮物的数量是变化的，因此要根据具体情况决定药剂的投入。试验表明，为达到满意的净化效果，无机絮凝剂（如聚合氯化铝、硫酸铝等）的加入量约为 5×10^{-8}，有机絮凝剂（如聚丙烯酰胺）约为 0.33×10^{-8}。无机絮凝剂要在进入浓缩池之前的管道中加入，随后加入有机絮凝剂。

药剂分胶体、干粉两种。胶体药剂需事先用水溶解，加温到60℃，搅拌 4h 进行水解，停放三天以后方能使用。采用干粉药剂操作时间短，不需加温水解，马上可以使用。但如果投放不好，则会出现粉剂成团。其表面被水膜覆盖包裹，长期搅拌不开，致使投药不均，药效不能充分发挥，降低净化效果。但是，如果采用瞬时分散器，并有无级变速控制转速的圆盘给料机与之配套，便能有效地投入干粉。

水质净化的加药设施及仪器主要有有机絮凝剂 PAC 的振动给料器，有机絮凝剂 PAM 的分散机以及污水排放口的自动记录监测装置——水质浊度变送器。

9.4.3.2 加药设备系统

如图 9-18 所示，加药设备由漏斗、圆盘给料器、下料漏斗、分散器、密封漏斗、溶解槽、储罐以及给料驱动装置等组成。

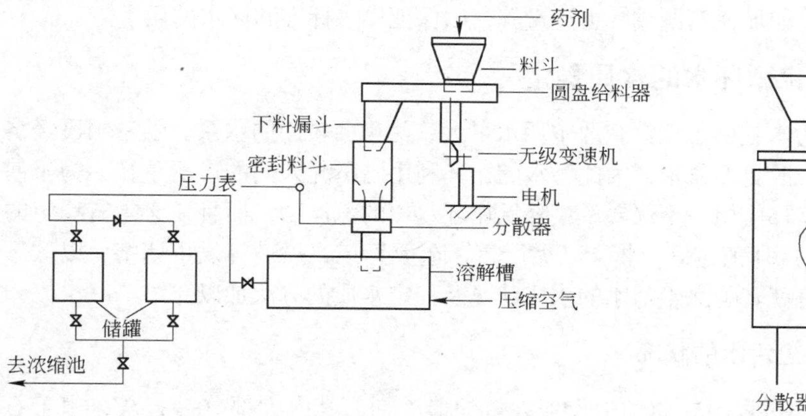

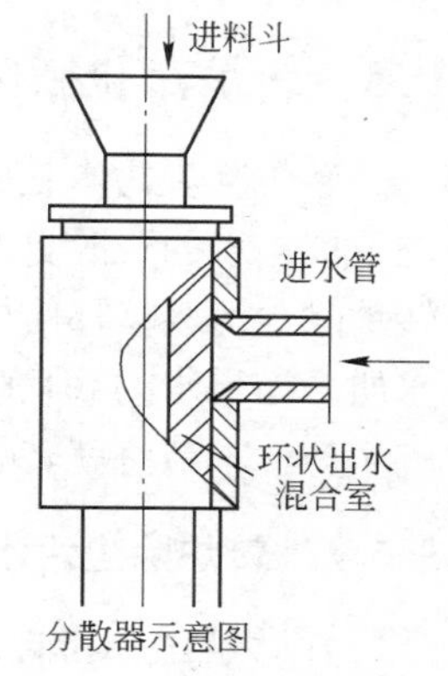

图 9-18 分散器加药工艺流程图

（1）给料器的直径为300mm，高300mm，底部为锥体。溶解槽的尺寸为1000mm×1200mm×600mm，上部进水管装设压力表（0.5MPa）控制水压。右为分散器，它能在几分钟内使药剂和水进行充分的混合并溶解。如果药剂溶解不够充分，可加压缩空气（0.05MPa）吹5~10min，有助于药剂的溶解，溶解后的药剂可按剂量由储罐直接投入到污水管中与污水直接混合。

（2）分散器。分散器又称为自动溶解装置。粉状高分子絮凝是难于溶解均匀的，这种连续自动溶解装置，又叫瞬时分散机。因为高分子絮凝剂的相对分子质量大，又强烈亲水，故溶解过程中，易遇水形成疙瘩，为防止产生这种现象，可以用分散机来解决。这种装置的作用原理如图9-18所示，干粉由人工连续地加入（指生产试验），水由侧管进入，水压为0.15MPa，借助高速水流的引射作用产生负压，药剂被吸入导药管，再进入混合室，迅速混合并扩散，然后混合液进入溶解槽中进一步进行溶解。水和药剂在混合室内混合得越充分，溶解得就越迅速，在10min内就可溶解一个班的用药。溶解后可马上使用，不必存放，均可达到预期效果。通过工业试验得出分散器示意图中取如下参数效果最好：

药水比：1∶500；

空气压力：0.05MPa；

选择混合室：$d=0.8$mm；

进水流速：25m/s；

流量：2.9m^3/h。

（3）水质浊度变送器。浊度变送器是安放在污水排放口处的净化后污水浊度自动记录监测装置。它由监视装置和记录装置两部分组成。它可以对污水的浊度进行自动监测，通过表盘显示出浊度的数据，并可以把在表盘显示出来的字通过记录仪用曲线的形式自动记录不同时间浊度的变化情况，还可以通过曲线找出浊度的变化规律。由于浊度仪随时可反映出浊度的变化情况，如果浊度超标或接近超标，可随时进行补救，如加大药量或减少流量等，以保证出水标准和回水的质量。

9.5 转炉净化循环水的水质稳定

转炉除尘污水是属于钢铁企业中用水量大、污染面较广的水系。随着国民经济的发展，水的资源更加紧张，因此污水的循环利用已引起人们的广泛重视。为了使转炉除尘污水循环使用，不仅要尽量降低循环水中的悬浮物，而且还必须有稳定的水质。如果水的pH值过高，将会结垢严重，造成管道、喷嘴等发生堵塞，以致影响生产。本节将就转炉除尘污水的水质状况及稳定水质的方法加以介绍。

9.5.1 转炉除尘污水的状况

在转炉炼钢过程中要向炉中投加大量的造渣剂，其中大部分是石灰，由于石灰中含有一些粉末，特别是没有经过筛选的石灰，含有的粉末就更多，在向炉中投加石灰的时候，必然会有大量的粉末被烟气带出，然后进入除尘污水中生成氢氧化钙。又因为转炉烟气中含有二氧化碳，不同的工艺由于空气系数不同，二氧化碳的含量在10% ~30%之间波动。这些二氧化碳气体在用水洗涤烟气时部分地溶解于水，与氢氧化钙反应又会生成碳酸钙沉淀。这些碳酸钙沉积在系统的管路、喷嘴里就会使其结垢，严重时发生堵塞。

在吹炼过程中转炉除尘污水的水质也随着吹炼周期的变化而变化。图 9-19 为某转炉厂（采用湿法烟气净化除尘工艺）在吹炼过程中实测的转炉除尘结垢成分及污水的碱度、硬度、pH 值变化情况。表 9-6 给出了某厂转炉烟气净化系统结垢的化学组成。

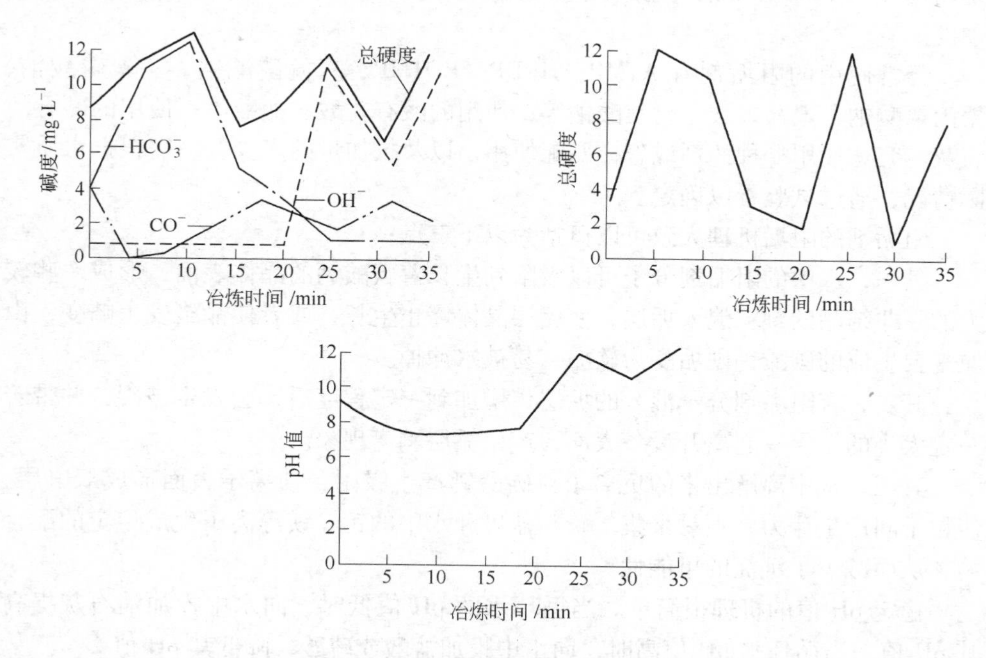

图 9-19 某厂转炉炼钢过程中水质的变化测定值

表 9-6 某厂转炉烟气净化系统结垢的化学组成 （%）

部 位	CaO	MgO	FeO	S	F	SiO_2	P	Al_2O_3
浊环泵出口	30.51	2.15	15.48	0.08	0.08	0.72	0.03	1.10
清水泵叶轮	54.90	0.85	2.69	0.08	0.09	0.10	0.03	0.65

从图 9-19 可以看出，吹炼期间沉淀池进水水质变化较大，较客观地反映了一文、二文、湍流塔的水质情况，同时也可以看出沉淀池出水水质比较稳定。从表 9-6 可知，结垢的主要成分是碳酸钙，其次是氧化铁。当然，由于加入转炉的原材料种类、质量的不同，垢的组成也不同，故表 9-6 所示的实测数据仅作

参考。

副原料（主要是石灰、轻烧白云石等）中粉末含量越大，浊环水中碳酸钙就越多，水中悬浮物含量越高，结垢越严重。

9.5.2　水质稳定

为了维持转炉的正常生产，必须实时注意除尘污水的水质变化，并采取适当措施以保持水质的稳定。据有关资料介绍，国外的转炉炼钢厂一般采用高梯度磁过滤，通过加阻垢剂、调 pH 值等方法来保持水质的稳定。国内普遍采用的方法是向循环水中加阻垢剂防止结垢，向循环水中投入酸或碱来调整其 pH 值及硬度。

经常使用的阻垢剂有 ATMP、HEDP、EDTMP、六偏磷酸钠、三聚磷酸钠、聚丙烯酸钠、聚马来酸、腐殖酸钠等；使用的酸有硫酸、盐酸等；使用的碱有消石灰。究竟使用哪种药剂或怎样匹配使用，以及投加量的多少等，需根据水质实际情况，通过试验予以确定。

阻垢剂的阻垢机理大致可以概括为以下三点：

其一，水中的阻垢剂分子可以吸附到生长着碳酸钙的晶体表面，形成一些较大的、非结晶的颗粒混入垢层，使垢层晶体停止生长，或者使晶格发生畸变，由原来要生成的碳酸钙硬垢变为软垢，易被水冲掉。

其二，有阻垢剂分子混入的垢层，增加到一定程度后，会发生破裂，并带着一定大小的垢层一起离开设备表面，产生垢层剥离现象。

其三，水中离解出来的负离子对碳酸钙产生吸附，使离子表面形成双电层，使粒子间产生斥力，不易聚集。磷酸盐可和水中的钙、镁等离子生成稳定的配合物，从而减少了沉淀的可能性。

稳定 pH 值的机理很简单。当循环水的 pH 值低时，向水中投加消石灰提高其 pH 值。当循环水 pH 值高时，向水中投加盐酸或硫酸，降低其 pH 值。

由于管理不善或水质原因，已经造成管道结垢，并直接影响循环水的压力流量时，应采用向系统中强制注入热盐酸的方法除垢，这样可以消除结垢，使系统畅通。但是对于使用的酸的温度、浓度循环时间等必须通过试验慎重确定。

9.6　尘泥的应用

随着铁矿资源的紧张及价格的飞涨，人们越来越重视对含铁料资源的综合利用，相应开发出许多含铁料再利用的工艺技术。

由于原材料条件及吹炼工艺的不同，转炉炼钢产生的尘泥（尘灰）组成也有所不同，但是都含有大量的铁。这些铁以铁的颗粒状或以氧化物（主要是氧化铁，也有部分氧化亚铁）状态存在。尘泥（尘灰）还有一定量的氧化钙、氧化镁以及少量的磷、硅等。典型的转炉炼钢回收尘泥的组成如第1.2.4节所述。表9-7为某炼钢厂近期取样化验尘泥的组成。

表9-7 某炼钢厂近期取样化验尘泥的组成 (%)

编号	CaO	MgO	SiO_2	ΣFe	P	S
1	16.41	3.61	2.47	51.32	0.654	0.137
2	16.41	3.4	2.4	51.36	0.664	0.136
3	16.59	3.54	2.5	51.32	0.662	0.136
4	16.03	3.36	2.27	51.17	0.632	0.148

显然，无论是用作烧结，还是炼钢造渣剂，其中的Fe、CaO、MgO等都是优秀的材料。这不仅回收了资源，降低了生产成本，还减少了废物排放，实现了环境友好，又是循环经济的重要内容。

9.6.1 顶替矿粉做烧结的原料

干法除尘系统中由蒸发冷却器回收的灰尘可直接或经过磁选送到烧结工序顶替部分矿粉使用，因为灰尘中含有一定量的氧化钙、氧化镁，对于保证烧结矿的碱度还有好处。

湿法除尘回收的尘泥含水约25%~30%，可直接加入烧结的混料机，作为原料使用。

近年来，人们注意到金属锌对高炉耐火材料寿命的影响，由于转炉炼钢回收的尘泥（灰）含锌，建议尘泥（灰）用于烧结之前应进行脱锌处理。干法除尘的“西门子”法的特点就是在转炉炼钢过程中将干灰中的锌单独提取出来。

9.6.2 制作转炉炼钢用造渣材料

9.6.2.1 制作脱磷剂

由于铁矿粉资源与价格的关系，各炼铁厂生产的铁水含磷量较高，一般为0.08%~0.15%。由于各钢种都对钢材中的磷含量提出严格的要求，特别是特殊钢对磷含量的要求更加苛刻，给转炉脱磷带来很大的负担。

转炉脱磷的三个条件是低温（1350~1400℃）、炉渣高碱度、炉渣高氧化亚铁量，可是，在转炉冶炼过程中，当后两个条件满足时，温度已经升高了，过了转炉脱磷的最佳温度时期。这势必得采用吹炼后期高温脱磷的措施，或者采用“二次造渣”工艺。这都会给转炉炼钢带来很大麻烦并增加生产成本。

为了强化转炉炼钢的脱磷效率，可在吹炼前期向炉内投入铁酸钙之类的脱磷剂。铁酸钙中氧化亚铁与氧化钙之比为3∶1，为了降低其熔点，可以加入3%~5%氧化钠之类的低熔点物质。其熔点低，约为900~1100℃，故熔化速度快。

加入铁酸钙从而成渣快、炉衬熔损轻，在熔池温度较低时就能促进炉渣中碱度和氧化亚铁含量的提高，吹炼铁损小，脱磷效率高。而尘泥是生产铁酸钙的好原料。

9.6.2.2　转炉炼钢化渣促进剂

为了促进转炉快速化渣，也可以根据尘泥的组成配加部分石灰面、轻烧白云石面等制成造渣剂，促进化渣，回收尘泥中的铁，降低原材料消耗，减少炉衬耐材的损耗，提高冶炼效率。

9.6.2.3　脱磷剂、化渣促进剂的生产工艺

脱磷剂、化渣促进剂的生产工艺流程如图 9-20 所示。将造渣材料经配料后挤压成球状，干燥后使用。

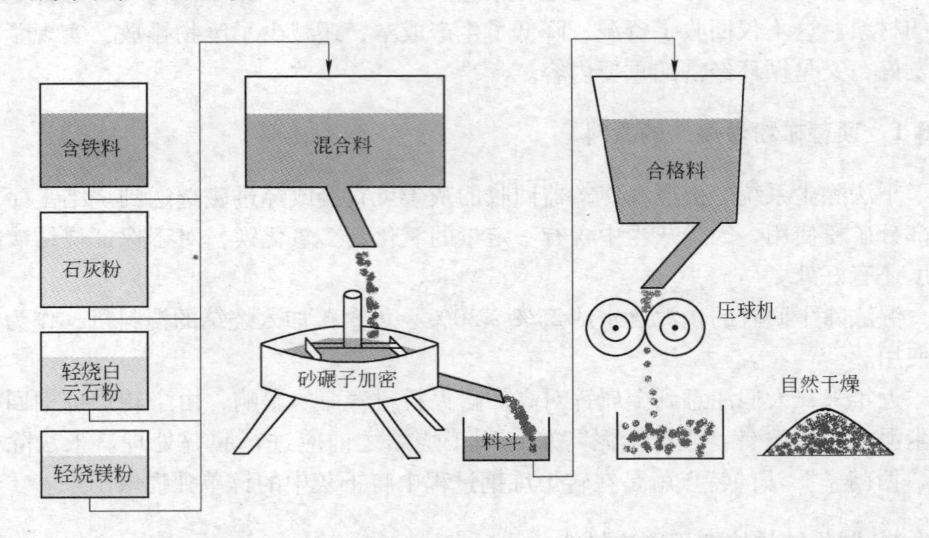

图 9-20　脱磷剂、化渣促进剂的生产工艺流程示意图

参 考 文 献

[1] 金亚飚．转炉煤气 LT 干法除尘水处理设施设计[N]．世界金属导报，2013-3-19.
[2] 马春生．转炉烟气净化与回收工艺[M]．北京：冶金工业出版社，1985.
[3] 大连绿诺环境工程科技股份有限公司．转炉除尘水处理系统初步设计方案[R]．2005.
[4]《氧气转炉烟气净化及回收设计参考资料》编写组．氧气转炉烟气净化及回收设计参考资料[M]．北京：冶金工业出版社，1975.

10 典型转炉烟气净化与回收工艺流程

在第 4 章已经详细介绍了转炉烟气净化与回收工艺的发展历程。全世界钢铁企业中有各式各样的转炉烟气净化与回收工艺流程，目前普遍应用的典型工艺流程有三大类，即全湿式烟气净化与回收工艺、全干式烟气净化与回收工艺、干湿结合式烟气净化与回收工艺流程。

全湿式烟气净化与回收工艺中以 OG 法和新 OG 法为代表。而传统的 OG 法存在着三大致命缺陷：

一是耗水量大，这在全世界水量资源都缺乏的今天，是一个任何人都不能回避的问题。二是传统的泥浆处理工艺流程长，占地面积大，容易形成二次污染。三是烟气净化效果差，排放烟气中尘含量高于 100mg/m^3，无法达到环保政策要求的标准。这三大难题不解决，势必将传统 OG 法带入“被列入关、停、并、转的行列”的死胡同。但是，由于目前还有许多炼钢厂仍在应用该工艺，所以在本章还是要详细的介绍。

由于国内转炉炼钢厂，特别是 20 世纪建成的转炉炼钢厂基本上都是采用传统 OG 工艺，一下子“扒了重来”不太容易，故近年来开始针对上述的三大难题进行一系列的改造，譬如在泥浆处理上用斜管沉淀罐替代传统的大沉淀池，在粗除尘上用高效喷淋塔取代溢流饱和文氏管等，从而产生了转炉烟气净化与回收系统的新 OG 法。所以说，新 OG 法就是为了解决传统 OG 法存在的三大难题而出现的。故本章对此也要作介绍。

全干式烟气净化与回收工艺以鲁奇法、西门子法、新西门子法为代表。西门子法、新西门子法只是在鲁奇法基础上进行一些改进，由于干式烟气净化与回收工艺在国内新建的转炉炼钢厂已得到普遍应用，并正在完善生产工艺，提高操作水平，减少“泄爆”等方面不断取得进展，故本章对此也要作介绍，主要是介绍鲁奇法。

传统 OG 法转炉烟气净化与回收工艺急需改造，全干式烟气净化与回收工艺中的“泄爆”问题也必须解决，湿法、干法取长补短，前后结合就派生出干湿结合转炉烟气净化与回收工艺，为传统的 OG 法改造提供了一个很好的借鉴。故本章对此也要作介绍。

在第 3 章中介绍过，转炉烟气净化回收工艺流程都是由烟气收集部分、余热回收部分、烟气冷却部分、烟气净化部分、煤气回收及放散部分、污水处理部分及污泥或干除尘灰处理回收部分等组成的，一个部分都不能缺少。

其中的烟气收集部分、余热回收部分、风机后的煤气回收及放散部分的工艺装备已经成熟、固定，不管是哪一种转炉烟气净化回收工艺流程，基本是相同的。不同的转炉烟气净化与回收工艺的主要区别在于烟气的冷却和净化部分。

在第 5 章中介绍了很多转炉烟气的净化工艺设施，对它们进行不同的排列组合，就形成了不同的烟气净化回收工艺流程。如将溢流饱和文氏管、可调喉口文氏管、洗涤塔组合起来就成了 OG 法；将高效冷却塔、可调喉口文氏管、喷淋塔组合起来就成了新 OG 法；将蒸发冷却器、静电除尘器、煤气冷却器组合起来就成了干法除尘系统；将蒸发冷却器、可调喉口文氏管、煤气冷却器组合起来就成了半干法（干、湿结合法）除尘系统。这是现阶段流行的四种转炉烟气的净化工艺。当然还能组合出其他一些转炉烟气净化工艺，这里就不一一介绍了。

本章将详细介绍湿法(包括原始 OG 法、新 OG 法)、干法(鲁奇法)及干湿结合法的全部工艺系统和较详细的操作工艺规程、安全生产规程、设备的维护和检修规程。但必须说明的是，所有这些规程都是某些转炉炼钢厂根据自身的原料、工艺、设备及生产品种的具体情况而制定的，只适合于他们自己。把这些规程的详细版本推荐给读者的目的是让各厂能以此为借鉴，制定适合于本厂实际的各种规章制度。

10.1 湿法烟气净化与回收工艺流程

10.1.1 工艺流程

典型的湿法烟气净化与回收工艺有两种，即原始 OG 法和新 OG 法。在原始 OG 法中泥浆的处理又分为沉淀池法和斜管沉淀罐法。

10.1.1.1 原始 OG 法（泥浆处理采用沉淀池法）

原始 OG 法转炉烟气净化与回收系统全工艺流程示意图如图 10-1 所示。

该工艺流程中烟气的走向是：汽化冷却烟道—溢流饱和文氏管—重力脱水器—弯头脱水器—可调喉口文氏管—弯头脱水器—洗涤塔—风机。

烟气经过活动烟罩、固定烟罩、汽化冷却烟道后温度为 900 ~ 1050℃，进入溢流饱和文氏管后温度降至 72℃，进行了粗除尘，通过重力除尘器、弯头脱水器脱水后进入可调喉口文氏管进行精除尘，并将烟气温度降至 67℃，烟气含尘量降至 100mg/m^3，经弯头脱水器、洗涤塔后进入风机。

烟气在风机以后不回收时通过三通阀放散，回收时也是通过三通阀进入煤气回收系统。

由于蒸汽回收系统的工艺流程和煤气回收系统的流程分布在第 5 章和第 7 章中都作过详细介绍，而且不管是什么转炉烟气净化与回收工艺流程，在这两方面都是基本相同的，故在本章中不再赘述。

10.1.1.2 原始 OG 法（泥浆处理采用斜管沉淀罐法）

原始 OG 法（泥浆处理采用斜管沉淀罐法）的转炉烟气净化与回收全工艺流程示意图如图 10-2 所示。

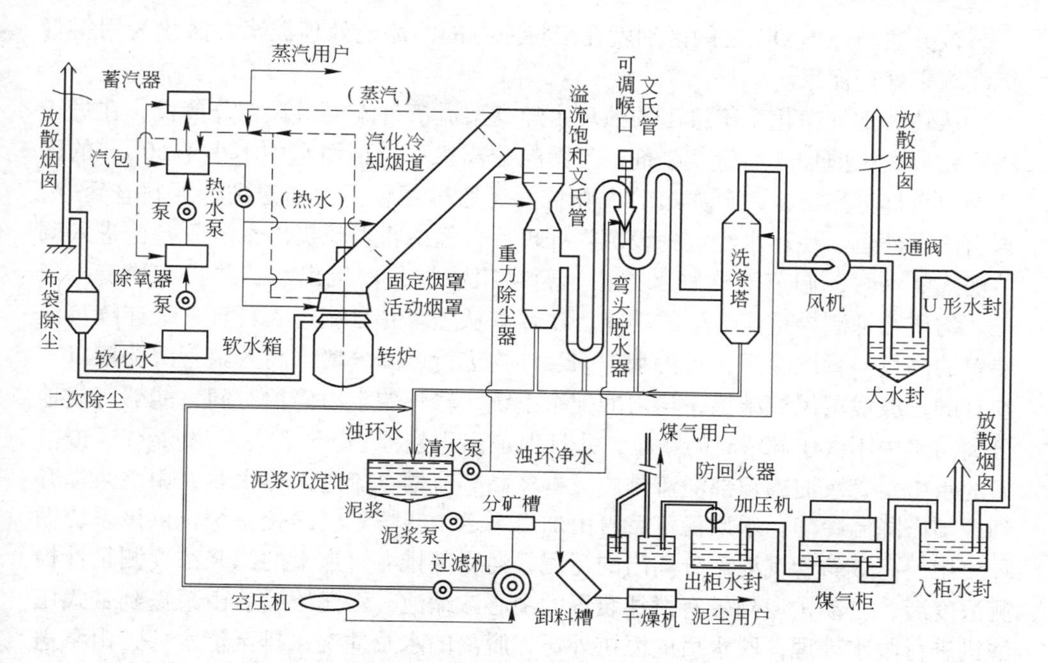

图 10-1 原始 OG 法转炉烟气净化与回收系统全工艺流程示意图（沉淀池处理泥浆）

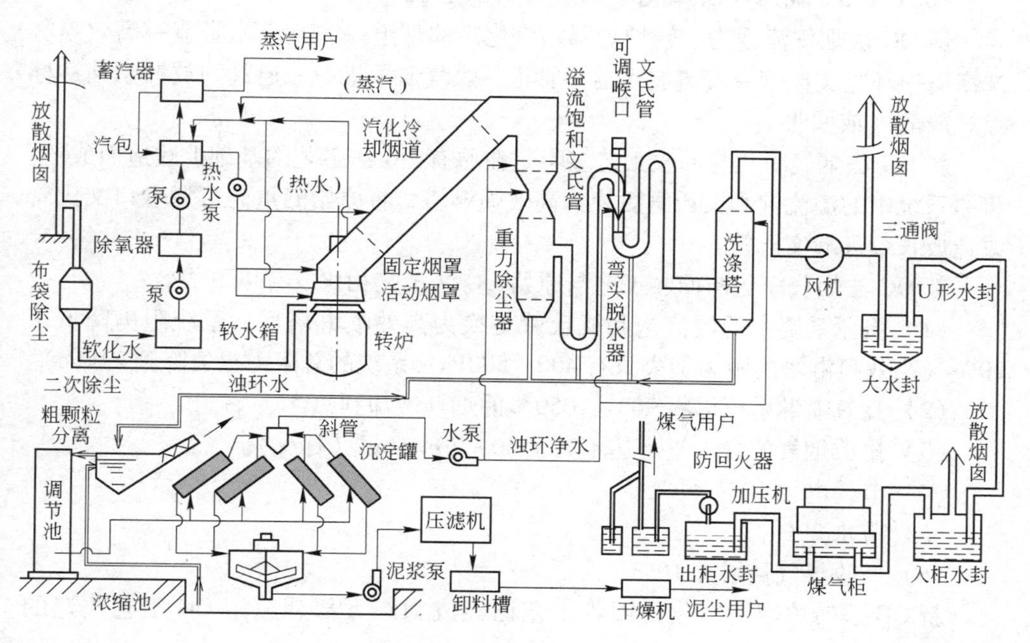

图 10-2 原始 OG 法转炉烟气净化与回收全工艺流程示意图（沉淀罐处理泥浆）

该方法与原始 OG 法的区别就在于将原有的沉淀池处理泥浆方法改为用斜管沉淀罐来处理泥浆。

从转炉烟气净化系统排出的浊环水经高架流槽自流至粗颗粒分离机，在进入粗颗粒分离机前加入适量絮凝剂，粗颗粒分离机可以把污水中不小于 60μm 的固体颗粒全部分离出来，分离出的大颗粒污泥通过溜管重力输送到污泥料仓暂存，再由汽车外运。浊环水经过一级沉降处理后，经由粗颗粒机出水总管自流进入调节池式竖水井，调节池式竖水井用于暂存粗颗粒分离机出水，并具有稳流、稳压、均质和抑制异重流产生的功能，浊环水从竖水井自流进入具有三级连续沉淀装置的高效斜管沉淀罐，对污水中的悬浮物进行沉降分离。高效斜管沉淀罐以其独有的三级浅层沉淀结构，均匀的配水系统，较长的水力停留时间，能够有效地分离出水中不大于 60μm 的颗粒，并且保证出水悬浮物 SS 不大于 70mg/L。澄清后的水由斜管沉淀罐顶部溢流排出，再经高架流槽自流进入热水井，用水泵提升到冷却塔降温冷却，水质稳定后再由加压泵送至转炉烟气净化系统，供该系统循环使用。高效斜管沉淀罐分离出的污泥，经底部排泥管道上的泥浆浓度测量计检测浓度后，自动排泥到带有搅拌装置的中心浓缩池，污泥浓缩后由泵送到带式压滤机进行脱水处理，脱水后的泥饼外送，脱离的水及冲洗水排至汇水井，由泵送到高架流槽重新处理。

10.1.1.3 新 OG 法烟气净化与回收工艺流程

新 OG 法烟气流程为：转炉炉罩→汽化冷却烟道→非金属膨胀节→高效喷雾洗涤塔→环缝文氏管→旋流脱水器→管道→煤气鼓风机→三通阀→放散烟囱达标点燃放散（或回收）。

新 OG 法烟气净化与回收工艺多半是在原有 OG 法工艺的基础上改造而成的。将原系统中的溢流饱和文氏管更换为高效喷淋塔，将原始的重砣可调喉口文氏管改造成长颈环缝文氏管。

新 OG 法烟气净化与回收工艺与原始 OG 法工艺相比，有以下成效：

（1）将原系统中的溢流饱和文氏管更换为高效喷淋塔后，系统阻力降低了 20%（高效喷淋塔的阻力损失只有 400～500Pa，系统的总阻力损失降到 24kPa）。

（2）高效喷淋塔可以将 900～1050℃的烟气冷却到 70℃左右。

（3）排放烟气的含尘量可达不大于 40～70mg/m^3（标况）。

（4）节约电力 10%。

（5）节水 20%。

（6）回收煤气量增加 10%。

新 OG 法转炉烟气净化与回收工艺已经成为绝大部分原始 OG 工艺改造的首选。

全系统的工艺流程如图 10-3 所示。

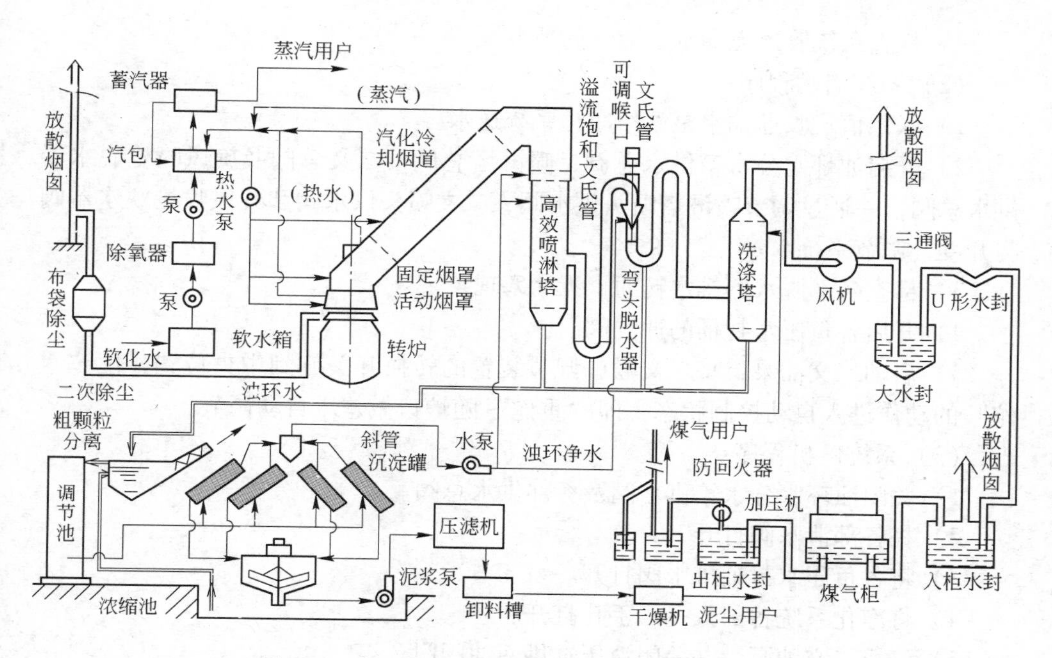

图 10-3 新 OG 法烟气净化与回收工艺流程示意图

10.1.2 湿法净化与回收系统设备的使用、维护与检修规程

10.1.2.1 文氏管、弯头脱水器等设备的使用、维护与检修规程

本节内容是借鉴某 180t 转炉湿法烟气净化系统的有关规程而编写的。各转炉炼钢厂可根据本厂的工艺设备具体情况编制。

(1) 启动前检查:

1) 检查净化系统中所有管道、二级文氏管、90°弯头脱水器、旋风喷枪脱水器及各部水封桶内无杂物。

2) 检查各部阀门开关灵活好使，填料充足；各部人孔、手孔和检查孔封闭完好。

3) 检查水封槽内壁无积泥，槽内无杂物，开启水封槽供水阀，关闭水封槽泄水阀。

4) 关闭浊环水分水箱泄水阀。

5) 检查校验二级文式管重砣装置动作灵活，现场手动操作二文提升机构多遍后，再联系主控室远程手动操作多遍，确认正常。

6) 检查炉口微差压自动调节系统的执行机构，确认正常。

7) 将 90°弯头脱水器排水水封桶注满水。

8) 关闭各负压水封桶排污阀。

9）检查系统管道无漏水、漏气的地方。

（2）系统启动程序：

1）联系值班长通知水泵站给净化系统送水。

2）开启浊环水分水箱供水总阀，喷淋塔总阀，二文总阀及旋风喷枪脱水器供水总阀，并通过调节喷淋塔喷头供水阀、二文喷头供水阀和旋风喷枪脱水器阀门开度，调节系统水量。

3）检查各部脱水器排水畅通，无堵塞现象。

4）开启各负压水封桶的冲洗阀门。

5）启动二文油泵，将二文喉口调节装置的转换开关旋到中央位置，使“重砣”的动作进入自动控制状态，即“重砣”随炉口做差压自动调节。

（3）系统停机程序：

1）关闭浊环水分水箱供水阀及各部供水总阀。

2）将各部泄水阀打开。

3）将各负压水封桶排水阀打开。

4）将净化系统各部人孔、手孔打开。

5）停止二文油泵，并关闭液压缸供回油阀门。

（4）运行中的注意事项：

1）观察净化各部分入口烟气温度变化情况。

2）检查水封槽供水情况，保持水封严密。

3）检查一文、二文、弯头和旋风脱水器供水情况，压力、流量符合技术要求。

4）检查各排水管路运行情况，水封严密，排水畅通。

5）检查系统管路、阀门、人孔、法兰应无泄漏。

6）观察二文液压系统压力和温度正常，二文重砣运行正常。

7）定期检查文氏管内壁结垢情况和各喷嘴的喷水状态。文氏管内壁结垢会改变烟气的流速，喷嘴的喷水不畅会影响水的雾化形状和效果，两者都会降低对烟气的降温、灭火和净化除尘的功效。

8）定期清理文氏管、二级文氏管、90°弯头脱水器、旋风喷枪脱水器等设施的内壁结垢。

9）必须强化转炉烟气净化系统喷嘴的维护，要定期更换，换下来的喷嘴必须认真清理，清理后在试验台上校对好其通水流量和喷水及雾化形状后存放备用。

（5）严禁事项：

1）严禁对设备技术性能不熟、有关规程不懂的人员操作，无操作证禁止上岗。

2）严禁系统管路、法兰等泄漏，防止煤气冒出和空气进入。

3）严禁急速改变可调喉口文氏管重砣的位置，系统压力的迅速改变可能造成风机喘振或系统管路抽瘪。

（6）系统设备维护：

1）严格执行巡回检查制度，发现异常及时处理和汇报，并做好记录。

2）岗位工人每半个月对阀门丝杆加标准润滑油一次。

3）对设备及现场定期清扫，保持好环境卫生。

4）系统（包括管路）定期清垢除锈。

（7）系统设备检修规程：

1）设备检修周期：

①小修：根据设备实际缺陷定。

②中修：按炉役维修周期进行，一般为 12 ~15 个月。

③大修：六年。

2）设备检修范围：

①管路裂纹、砂眼、各连接部位泄漏现象的处理。

②各设备的腐蚀、变形、泄漏和裂纹等的处理。

③各水位表、平衡容器漏点处理和更换。

④设备阀门、压力表、法兰及垫片更换。

⑤各部管路、阀门及喷头防堵塞进行疏通。

⑥系统清垢除污。

⑦二文系统漏油、压力不足、温度高、动作等进行异常处理。

3）验收标准：

①各设备的部件、附件齐全，各类仪表、仪器完好准确。

②各设备及管道无裂纹、砂眼，焊口无缺陷。

③各法兰、密封等连接部件无泄漏。

④各喷头喷水量满足生产需要。

⑤二文重砣动作灵活，液压系统各换向阀动作灵活并无泄漏。

4）设备检修注意事项：

①根据检修的内容提前查阅资料，查出检修需要的技术参数，并准备好备品备件，检修工具。

②与运行人员联系停止设备，挂上“检修操作”牌后，方可施工。

③必须携带一氧化碳检测仪，发现报警立即撤离现场。

④密闭空间内作业要密切关注氧气含量，发现报警及时撤离。

⑤高空作业要佩戴安全带并拴绑牢固。

⑥更换垫片必须将法兰表面清理干净再回装。

⑦工作告一段落或结束时，必须清理现场，做到工完场净。

10.1.2.2 洗涤冷却塔的使用维护检修规程

A 启动运行检查

（1）塔内及相关部位检查清理，不得停留人员和存留异物。

（2）塔内填料摆放规整。

（3）收水器定位牢固，片距均匀，方向正确。

（4）检查门关闭，沟井盖板可靠。

（5）电机绝缘良好，接地保护装置完好。

（6）减速箱油位油质符合标准，油路畅通。

（7）风筒壁连接牢固，风机叶片尖端与桶壁的间隙为5～30mm之内。

（8）风机输出端止动保险灵敏可靠。

（9）机械连接紧固部位完好、齐全、无松动。

（10）手盘风机叶轮整机运转轻重正常，点动电机确定叶片正方向旋转。

B 维护（保养）

（1）塔体、塔壁有漏水或渗漏时及时做密封处理。定期清除进水槽内残渣、污垢、杂物。

（2）及时更换受堵喷头，疏通布水管，修复淋水装置。

（3）浊环水浑浊浓度超标时要及时进行技术处理。

（4）塔内外各部位每年进行一次清理和清洗。定期清理更换填料及收水器。寒冷地区冬季及时对填料、风窗部位进行化冰。

（5）及时清理叶片上的结垢，保证叶片平衡旋转。

（6）电机轴承每年进行一次检查和更换润滑油。

（7）减速箱使用通用工业齿轮油20～50号润滑，连续运转半年换油，根据油位油质变化情况随时补充和换油。

（8）及时处理漏油点及疏通供油管。风机传动轴连接部位每月加油润滑脂。

（9）机械联通紧固部位，连续运转15～30天定检1～2次。

（10）设备区域卫生清洁，标准着色。

C 检修

（1）小修。小塔壁泄漏，喷头局部疏通更换；填料局部补充更换，收水器调整；风机叶片除垢；配水、供水阀法兰垫更换，阀门更换；供油管疏通，漏点处理。

（2）中修。中修内容包括塔壁漏水处理及喷头更换；配水槽除垢清淤；风机叶片更换，角度调整；供油管更换，减速油箱清洗，轴承更换及加油；走桥护栏局部更换。

（3）大修。大修内容包括塔壁面板更换；供水管、配水管路更换；填料、收水器更换；填料、收水器框架防腐或更换；减速机揭盖检修或更换；走桥、护栏防腐或更换。

10.1.2.3 斜管沉淀罐的使用、维护、检修规程

A 运行前检查

（1）加药设备设施、浊水溜槽、粗颗粒机及消能槽、配水井、斜罐本体、配水管路和各部阀门、法兰接口处于完好状态。

（2）各部支架、托架合理并牢固，地脚螺栓和连接部件齐全紧固。

（3）溜槽、消能槽、配水井、斜罐内部无杂物，前区域作业面无障碍物。

（4）阀门本体、密封元件齐全完好，开关灵活，行程到位可靠。

（5）润滑油位符合标准、油脂清洁、密封良好。

（6）各表及信号指示完整、准确。

（7）所有阀门处于关闭状态。

（8）确定设备运行方式、备用关系。

（9）加药设备运行正常，药剂溶解符合标准。

B 斜罐使用

（1）启动粗颗粒机。

（2）开启加药工作箱出口投药阀门。

（3）开启粗颗粒机入口阀门。

（4）开启配水井入口阀门。

（5）开启配水管路阀门。

（6）开启斜罐入口阀门。

（7）调节消能槽入水，达到水位平衡。

（8）调节配水井液位，保持平衡。

（9）调节斜罐入口阀门，使罐的上清液出水均匀。

（10）开启斜罐排料手动阀门。

（11）按工艺技术规范进行排放泥浆。

C 斜管沉淀罐维护规程

（1）所有阀门部位每月补加一次润滑油。

（2）所有阀门密封处保持无泄漏，及时补加或更换填料。

（3）阀门出现关闭不到位，及时排查检修。

（4）操作中注意电动阀门的行程状态，及时调整。

（5）保证机械部分润滑质量。

（6）清泥器卡阻、电机温度超标、振动等现象出现时，及时检修。

（7）每月进行一次斜罐内部反冲洗，减轻罐沉泥积压。

（8）每半年对斜罐内部进行一次检查，保持内部构件完好。

(9) 运行中，斜罐流量小于正常流量的90%时，停止运行进行检修。

D 斜罐沉淀罐的检修规程

(1) 小修。小修周期为一个月，主要内容有清泥器机械部分零部件更换，传动、连接部位检查、紧固，有卡阻、电机温度高、振动等故障排除，排污、排泥阀门故障排查检修，设备地脚螺栓紧固。

(2) 中修。中修周期为两年，主要内容有清泥器整体更换，入口阀门更换，支撑框架加固，罐内部结构局部更换式加固，管路局部更换。

(3) 大修。大修周期为六年，主要内容有支撑框架局部以上更换，罐内部结构全部更换。

10.1.2.4 转炉泥浆浓缩处理操作规程

A 启动前检查

(1) 泥浆泵的检查：

1) 润滑油油位正常，油质清洁。

2) 压兰不偏斜，盘根不干枯。

3) 各阀门开关灵活好使并在正确位置。

4) 电机绝缘合格。

(2) 浓缩机启动前检查：

1) 减速机齿轮箱内油位正常，油质清洁。

2) 电机和减速机联轴器螺丝紧固齐全。

3) 电机的绝缘性符合要求。

4) 浓缩池内无塑料、破布等杂物。

5) 过转矩、限位行程开关好使。

(3) 带式压滤机启动前检查：

1) 各部螺栓紧固齐全，各部设备润滑良好，密封严密。

2) 上、下驱动辊刮刀手动灵活，定位准确，确保卸料功能。

3) 各部挡板与滤带间隙符合要求，禁止出现严重磨损滤带现象。

4) 给料系统、排水系统及网带间无杂物，各辊表面无积泥，机组和周围卫生清洁。

5) 气动控制装置（涨紧和调偏系统）应正常。

6) 各部阀门开关应灵活好使，并在关闭位置。

7) 各开关应在切断位置。

8) 电机接地线接触良好，通知电工测绝缘，合格后送电。

B 系统启动顺序

(1) 启动浓缩机。

(2) 启动泥浆泵。

(3) 启动带式压滤机：

1) 开启空压风总阀，调整各部气囊压力（涨紧压力 0.15MPa，调偏压力 0.2MPa）。

2) 开启冷却水总阀，开启上、下带喷嘴入口阀及泄水阀，冲洗喷嘴 2 ~ 3min 后关闭泄水阀。

3) 启动主机，新带要求低转速空负荷运行 24h。

4) 启动布料筒。

5) 空负荷运行正常后，开启来料一次阀、二次阀，开启加药阀，投料运行。

C　正常运行检查事项

(1) 检查浓缩机，运转声音正常，无振动。

(2) 检查泥浆泵，运转声音正常，无振动。

(3) 检查带式压滤机：

1) 检查滤带的磨损情况，发现有撕裂、划破等现象，及时停车处理。

2) 检查卸料装置是否完好，发现有刮带或滤带粘泥等现象，及时调整刮刀位置。

3) 检查各辊表面是否完好，运行是否灵活，并及时清除辊面积泥。检查滤带冲洗情况，及时冲刷喷嘴，保证上、下带喷嘴无堵塞现象，确保滤带清洗效果。

4) 检查上、下带运行情况，发现滤带有跑偏、打折等现象，及时调整处理。

5) 检查各轴承、电机、减速器的运行情况，发现异常及时汇报处理。检查调偏、涨紧装置动作是否灵活，各部有无泄漏，减压阀定压是否准确。

6) 检查各部润滑情况，及时注油，保证润滑良好。检查各部排水情况，保证排水畅通。检查传动系统的工作情况，主电机如有噪声、振动等异常现象，应立即停车处理。

7) 及时调整给料量及用药量，保证滤饼厚度并达到理想的絮凝效果。

8) 保证压滤机各部运行良好，各参数达到要求，按时做好记录。

9) 窜动车皮时停料停药，降低速度，进行冲带，不停机。待车皮到位时再缓慢调至正常速度，给料给药正常运行。

10) 正常放料无法装车皮空位时，应及时运行皮带机放料，避免停机影响正常生产。

D　系统停车顺序

(1) 停浓缩机。

(2) 停泥浆机。

(3) 停压滤机。

10.2　干法烟气净化与回收工艺流程

10.2.1　干法烟气净化与回收工艺流程

转炉在吹炼过程中产生的高温烟气首先由活动烟罩捕集，然后经过汽化冷却烟道，在回收热能的同时对烟气进行初次降温。汽化冷却烟道出口烟气温度约为900~1050℃。

为满足电除尘器的工作条件，干法净化回收系统采用蒸发冷却的方式进行烟气的灭火降温，同时捕集粗颗粒粉尘。在汽化冷却烟道出口侧安装汽雾喷嘴，根据蒸发冷却器内烟气的含热量精确控制喷水量，蒸汽将水完全雾化后将烟气温度降至200~300℃左右，烟气中约30%~50%（粗颗粒）粉尘沉降至灰斗内通过内置链式输灰机排出，并通过外部链式输灰机等装置送至粗灰仓。

粗除尘后的烟气进入圆筒形电除尘器进一步精除尘。电除尘器设四个电场，采用高压直流脉冲电源，根据系统运行的不同阶段控制电压，进入的烟气进行精除尘，使烟气中含尘量达到10~40mg/m^3，出静电除尘器的烟气温度为150℃左右。

电除尘器收集下的粉尘通过内置链式输灰机排出，并通过外部链式输灰机等装置送至细灰仓。

除尘后的烟气再经除尘风机送至切换站，实现煤气放散或回收的快速切换。为适应转炉烟气的变化，轴流风机采用变频调速，以达到调节流量的目的。在切换站前设有气体分析仪，可根据气体分析仪检测烟气中的一氧化碳、氧浓度来控制切换站，当烟气中氧含量及一氧化碳气体含量达到回收条件时，煤气通过切换站的回收钟阀进入煤气冷却器，经煤气冷却器冷却至不大于65℃，并通过管网送入煤气柜。不合格的煤气（或气柜已满）则通过切换站的放散杯型阀进入放散烟囱点火放散。

考虑到煤气系统的安全性，在电除尘器的进出口分别设置4个安全泄压阀，在粗灰系统、细灰系统均设有充氮保护装置；在管路系统、煤气冷却器设有检修氮气吹扫、压缩空气吹扫装置。

干法除尘系统所使用的风机为子午加速煤气风机，风机型式为子午加速风机。

干法除尘系统的蒸发冷却器的用水为直供的普通工业水或经沉淀、过滤后的工业回用水。其水质要求为：SS不大于10mg/L，杂质的颗粒粒径不大于0.1mm。煤气冷却塔的用水分上下两层，均是循环用水。

从煤气冷却塔出来的浊水进入热水池，经热水泵上冷却塔，进冷水池。冷水池的水经过旁滤器、高速过滤器处理后再回到冷水池，同时补进新水。冷水池的水油泵再送到煤气冷却器的喷头。

要求煤气冷却器循环水供水温度不大于31℃，出水温度约为65℃，压力为0.7～0.8MPa。

煤气冷却器也有一定降尘的作用，据介绍，能将烟气中的含尘量由15mg/m³降到10mg/m³，降了5mg/m³（标准状态）。干法烟气净化与回收工艺系统流程图如图10-4所示。

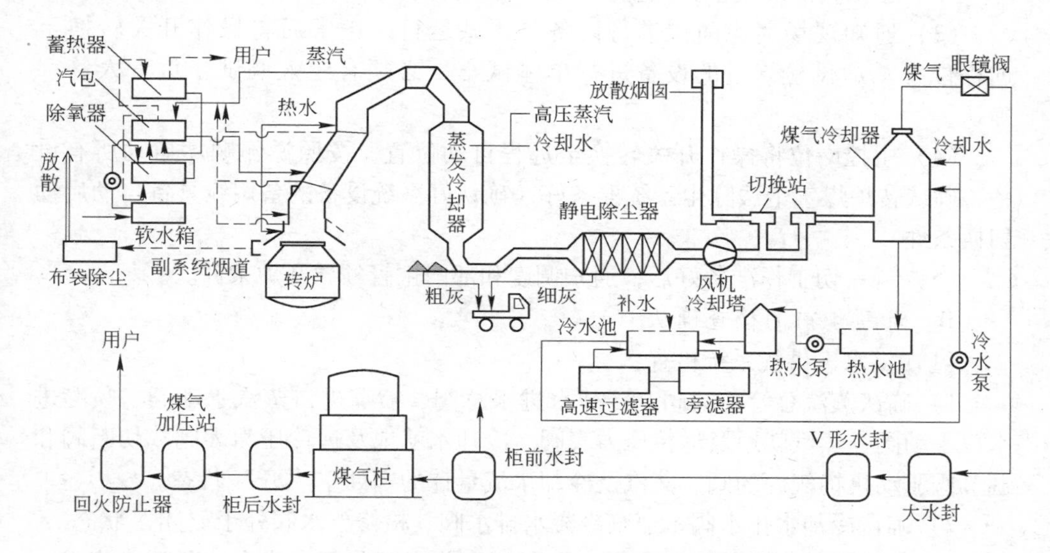

图10-4 干法烟气净化与回收工艺系统流程图

10.2.2 干法烟气净化与回收系统设备的使用、维护与检修规程

本节内容是借鉴某120t转炉干法烟气净化系统的有关规程而编写的。各转炉炼钢厂可根据本厂的工艺设备具体情况，按本规程的结构版本进行详细编制并全面贯彻认真执行。

10.2.2.1 工艺要求

具体如下：

（1）泄漏率。除尘和回收系统设备密封严密，泄漏率不大于1%。

（2）温度。系统温度要求如下：

进入蒸发冷却器/℃	出蒸发冷却器/℃	静电除尘器/℃	煤气冷却器/℃
850～1000	180～350	120～180	<65

（3）工艺压力控制要求。炉口微压为10～-10Pa；蒸发冷却器冷却水压力为0.5～1.0MPa，喷汽压力为0.6～1.2MPa。

（4）烟气成分回收条件：

$\varphi(O_2)<1.5\%$；$\varphi(CO)\geqslant 24\%\sim30\%$。

（5）电场参数。电场二次电压为30～72kV，电场二次电流为100～600mA。

10.2.2.2 使用规程

A 开炉前准备及操作

开炉技术操作要求为：

(1) 接到调度开炉通知后，马上将电除尘器绝缘子加热至40~80℃之间。

(2) 通知转炉煤气干法除尘水泵房岗位具备启泵条件。

(3) 通知现场巡检岗位进行设备单体试运行，正常后将操作开关转换至远程位置。炉役检修过的设备进行单体试车，必须有专人调试，负责人签字确认。

(4) 主控岗位将操作开关转换至远程自动位置，按照操作顺序启动所有设备，确认转炉煤气干法除尘系统准备好（确认好系统设备的备用线具备自动启动切换条件）。

(5) 待一切工作准备好后，通知调度和部门主管领导开炉条件。

B 开新炉前的检查确认

(1) 供水、供气系统检查：

1) 确认蒸汽总管手动阀、冷却水进水总阀、喷嘴进口蒸汽手动阀、喷嘴进水口手动阀、蒸汽就地及远传压力表阀、冷却水就地及远传压力表阀、切断阀和调节阀驱动机构气源的阀、蒸汽及冷却水流量计的阀处于“开”状态。

2) 确认冷却水排水阀、蒸汽冷凝水排水阀、检修放水阀处于“闭”状态。

3) 确认冷却水调节阀、冷却水切断阀、蒸汽调节阀、蒸汽切断阀、蒸汽的压力及冷却水的压力处于“自动”正常状态。

(2) 粗灰系统检查：

1) 确认仪表压缩空气阀门正常，气动插板阀、事故气动插板阀、气动双摆阀处于“打开”状态。

2) 确认氮气正常；气动插板阀、气动双摆阀、灰仓氮气进及出口阀、灰仓氮气压力阀、灰仓流态化阀、灰仓顶除尘器氮气阀阀门处于“打开”状态。

3) 确认应该关闭的氮气阀门处于“关闭”状态。

4) 确认底部链式输送机、正常气动插板阀、事故气动插板阀、气动双摆阀、灰仓底部插板阀及旋转阀等输灰设备运行正常。

(3) 电除尘器检查：

1) 电源的检查。确认高压主电源有电，高压供电设备准备运转；确认电加热器在工作状态。

2) 确认绝缘子氮气密封阀、氮气供气总阀、压缩空气总阀处于“打开”状态。

3) 振打装置检查。确认振打减速机、阴极振打减速机、阳极振打减速机、分布板振打减速机电源“有”；油位正常；确认振打减速机与电除尘器壳体的密封正常。

4）集中油泵、刮灰装置检查。确认集中干油泵油罐内有油脂，电源“有”，工作正常，无杂音，油管无泄漏，油管与电除尘器壳体连接处的密封氮气正常并无煤气泄漏。刮灰装置电源“有”，减速机油位正常，轴承运转正常，无杂音，限位开关正常。

（4）链式输灰机检查：

1）确认卸灰气动插板阀、双摆阀、紧急卸灰气动插板阀、紧急卸灰气动双摆阀等阀门仪表净化压缩空气源处于“打开”状态。

2）确认卸灰气动插板阀、卸灰气动双摆阀、紧急卸灰气动插板阀、紧急卸灰气动双摆阀等阀门处于“自动”状态。

3）确认灰仓氮气罐进出口阀氮气阀、灰仓氮气罐压力表阀、灰仓空气炮插板阀、灰仓顶除尘器氮气阀、中间链式输灰机密封氮气阀、螺旋输灰机密封氮气阀等处于“打开”状态。

4）确认静电除尘灰仓氮气罐底部排水阀氮气阀门处于“关闭”状态。

5）确认底部链式输灰机、中间链式输灰机转动正常，斗式提升机、螺旋输灰机、灰仓底部插板阀及旋转阀等运转正常。

（5）风机检查：

1）确认切换阀处于“放散”状态，冷却风机处于“远程”状态并准备启动，风机显示无故障（轴承温度小于85℃，振动小于4mm），稀油油位正常，风机轴承氮气密封正常，风机轴承甘油密封正常，风机电源“有”等条件。然后启动风机，确认风机（电流、振动正常、无杂音）正常。

2）冷却风机检查，确认电源“有”，启动冷却空气风机，确认冷却空气风机（电流正常、无异声）正常。

（6）煤气冷却塔检查：

1）塔内及相关部位检查清理，不得停留人员和存留异杂物。

2）塔内填料摆放规整。

3）收水器定位牢固，片距均匀，方向正确。

4）检查门关闭，沟井盖板可靠。

5）电机绝缘良好，接地保护装置完好。

6）减速箱油位油质符合标准，油路畅通。

7）风筒壁连接牢固，风机叶片尖端与桶壁间隙为5～30mm之内。

8）风机输出端止动保险灵敏可靠。

9）机械连接紧固部位完好、齐全、无松动。

10）手盘风机叶轮整机运转轻重正常，点动电机确定叶片正方向旋转。

（7）切换站系统检查：

1）确认油箱冷却器冷却水进出口阀、油泵进出口阀、蓄能器进出口阀等处于“开”状态。

2）确认油冷却器旁通阀、去煤气冷却器管道氮气保压阀、煤气回收钟形阀后氮气保压阀、煤气回收钟形阀后气体取样阀等处于“闭”状态。

3）确认油箱油位正常，无报警。

4）启动油泵油压正常，出口压力在设计范围内，无异响。

（8）烟囱氮气喷射检查：

1）检查确认仪表压缩空气阀门、燃气手动阀门、氮气吹扫手动阀门等处于“开”的状态。确认煤气气动切断阀、氮气吹扫手切断阀等处于“自动”状态。确认点火装置工作正常。

2）确认水封器补充水阀、烟囱及管道冷凝水排水阀处于“打开”状态。水封器排污阀、水封器防冻蒸汽阀（冬季需打开）处于“关闭”状态。确认溢流管有溢流水溢出。

（9）煤气冷却器的检查：

1）确认仪表气阀门处于“打开”状态。

2）确认冷却水进水总阀门、各喷嘴进水阀、排水总阀前后的手动阀处于“打开”状态。

3）确认上层喷嘴气动给水切断阀、下层喷嘴气动给水切断阀自动状态开闭到位。

4）确认下部水箱排水切断总阀（气动）、下部水箱排水切断总阀的旁通阀、下部水箱氮气吹扫阀、下部水箱压缩空气置换阀、出口管道放散阀、出口管道放散管上的取样阀处于“关闭”状态。

（10）眼镜阀检查。煤气冷却器进出口眼镜阀处于“打开”状态。

（11）系统正常运行准备好的条件为：

1）蒸发冷却器供水压力高于 0.5MPa（连锁解除），蒸汽压力高于 0.6MPa（连锁解除），供水泵高速运行，入、出口温度正常，粗灰系统工作。

2）分析仪准备好。

3）静电除尘器卸爆阀全关，四个高压电场工作正常，电场氮气流量正常，细灰系统工作，系统运行。

4）风机远程控制，ID 风机运行，风机无故障。

5）冷却风机运行。

6）液压站系统工作（连锁解除）。

7）无提枪条件。

（12）烟气净化与回收岗位人员正常操作要求为：

1）正常监控时，要集中精力密切注意画面的技术参数，出现问题及时发现并解决，做好生产中的联系确认记录；勤与炼钢工、调度、巡检岗位、转炉煤气干法除尘水泵房、气柜保持联系，要及时了解生产情况和相关的岗位运行情况，有问题要记录清楚；监控时注意力要集中，密切监控转炉煤气干法除尘系统，电气、仪表信号的变化，发现问题，及时联系解决。

2）凡是远程手动操作后和现场检修完毕进行第一炉冶炼时，要密切监控信号的变化；出现紧急情况要沉着冷静，采取及时有效的方法，通知相关人员协助排查故障。

3）做好运行记录报表，要求及时准确，一炉记录一次。

4）注意干法除尘系统对转炉操作的要求，尽量避免泄爆；密切注意运行中氧气含量的变化，及时与炼钢工联系，避免系统出现泄爆损坏电场的内部件。

5）密切注意蒸发冷却器出口及电除尘器进口温度的变化，及时调整喷水量，避免粗灰系统及灰仓大量积水，在检修时，禁止用喷淋水冷却烟道，防止烟道内大量积水。

6）运行过程中，密切注意烟气中氧含量、一氧化碳含量、二氧化碳含量的变化，做到安全、准确地回收煤气。

当需要回收煤气时，操作人员只需选择煤气回收按钮，程序将根据条件自动判断回收还是放散。当发生快速放散或者液压紧急放散时，画面中相应的按钮将变为红色，操作人员可点击按钮查看引起放散的原因，确认原因后点击“复位”按钮。发生快速放散或紧急放散后，之前选择的回收模式将自动切换为放散，如果要继续回收，操作人员需要重新选择煤气回收按钮。

煤气回收过程中，密切注意氧气含量的变化，控制好回收时间和煤气回收量，发现回收不正常及时与转炉操作工联系调整，确保煤气回收正常。当煤气回收不正常时，必须对煤炉进行分析，查找原因。

7）运行中密切监控电场中电压、电流的变化，风机转速的高低，出现炉口大量返烟，可根据实际情况调整风机转速。

8）对电除尘器内部轴承每周进行手动润滑，每个轴承供油 2 ~ 3min，确认轴承的过油情况。供油压力超过 28MPa 时，视为轴承油路堵塞。

9）运行中密切监控煤气冷却器系统的运行状态，严格控制煤气的温度。输灰系统采用断续运行，要密切注意输灰机的运行状况，保证正常运行。

10）液压系统启停方式与其他系统相同，操作人员在启动液压系统前应注意先选择 1 号高压泵还是 2 号高压泵为工作泵。当操作人员要在就地模式操作钟形阀或煤气冷却器入口眼镜阀时，需要在液压画面上点击“允许就地”按钮，按钮变绿后，方可在就地操作钟形阀或煤气冷却器入口眼镜阀。注意：“允许就地”按钮在点击 15min 后将自动复位。如想继续在就地操作，需要在画面上再次按下“允许就地”。操作煤气冷却器入口眼镜阀时注意，就地操作箱上的远程选择开关仅仅代表眼镜阀液压泵的远程就地，跟眼镜阀无关，煤气冷却器入口眼镜阀只允许就地操作。操作人员操作时需将眼镜阀液压泵选择开关打到远程，此时在就地操作箱上操作开阀、关阀动作，眼镜阀液压泵会自动启动停止。

10.2.2.3　巡检制度

认真贯彻执行设备巡检制度是保证设备正常运转的首要条件，发现问题及时处理，既能保证生产，又能将设备事故消灭在萌芽之中。

A　蒸发冷却器的巡检要点

（1）检查泄漏点。检查非金属补偿器、壳体、筒体人孔有无泄漏，香蕉弯管上的人孔、气动插板阀（包括紧急插板阀）、各汽缸及连接软管、插板阀阀杆处、双摆阀与中间输灰机之间的橡胶软连接处等部位有无开焊及泄漏现象。

（2）气源检查。检查气源管线上的过滤减压装置、压力表是否正常，检查气源管线上的过滤减压装置是否正常，壳体上密封氮气的流量是否正常。

（3）插板阀检查。检查插板阀开、关的限位器是否松动，检查双摆阀开、关的限位器是否松动。

（4）输灰机减速机轴承检查。检查底部的声音、温度是否正常。

（5）灰仓仓顶检查。检查灰仓仓顶除尘器的积灰清扫情况，仓顶真空卸压阀的密封垫情况，中间输灰机与灰仓之间的软连接有无泄漏。

（6）输灰机检查。检查输灰机链条及刮板是否正常。底部链条、导向轮有无变形、开裂，检查链条松紧度（要求链条膨胀不超过一节），链节两端与壳体间隙是否有摩擦现象，首轮、尾轮轴承座润滑是否缺油，滑道和链条的磨损情况，导向压轮是否变形等。

（7）检查出灰机。检查出灰机减速机油位（保持在油窗的2/3位置），轴承的声音、温度是否正常，壳体有无开焊，检查孔密封有无漏风现象。

（8）喷枪系统检查。检查喷枪系统的喷枪枪体有无泄漏；金属软管有无泄漏；相关手动阀门压盖有无泄漏；气动调节阀、切断阀压盖有无泄漏；供水、供汽管道上的压力表、温度表是否正常，并与主控画面核对；供水、供汽管道的连接法兰有无泄漏。

（9）蒸发冷却器出口烟气温度。随时观察蒸发冷却器出口烟气温度的变化，及时调整喷嘴供水量。

（10）干灰清理。每一炉结束后都要及时清理蒸发冷却器下部积灰。每班要通过观察口检查下部和上部积灰情况，发现问题及时处理。

（11）检查喷嘴：

1）每班至少检查一次蒸发冷却器喷嘴的蒸汽、水的压力，管路、软管、阀门、仪表的运行状态。喷头有无结垢和堵塞。

2）每天要更换一个经保养、检测合格的喷嘴，依次顺行，保证喷嘴的更换周期为10～12天。

3）每天从现场上更换下来的喷嘴必须有专人进行清理维修，并在试验台上检测其流量、夹角、雾化状态，合格后封存备用。

B 电除尘器巡检要点

（1）分布板、阴极、阳极振打减速机巡检内容包括：分布板、阴极、阳极振打减速机润滑是否正常，是否漏油；轴承的声音、温度是否正常，振打装置传动轴连接是否可靠；传动轴与电除尘器壳体连接处是否泄漏；泄爆阀是否密封严密（补炉时进行，风机处于高速状态）。

（2）扇形刮灰器减速机的巡检内容包括：扇形刮灰器减速机油位是否保持在油窗的2/3位置，机轴承的声音、温度是否正常，左、右摆动行程限位器是否松动。

（3）气动插板阀（包括紧急插板阀）的巡检内容包括：气动插板阀汽缸、连接软管有无泄漏，插板阀阀杆处有无漏煤气（注意防止煤气中毒），气源管线上的过滤减压装置是否正常，插板阀开、关的限位器是否松动。

（4）气动双摆阀的巡检内容包括：汽缸、连接软管有无泄漏，气源管线上的过滤减压装置是否正常，开、关的限位器是否松动，与中间输灰机之间的橡胶软连接有无泄漏。

（5）底部输灰机、中间输灰机、斗提机和螺旋输灰机巡检内容包括：底部链条、导向轮有无变形、开裂；检查链条松紧度，要求链条膨胀不超过一节；链节两端与壳体间隙是否有摩擦现象；首轮、尾轮轴承座润滑是否缺油；内部滑道和链条的磨损情况；导向压轮是否变形；减速机油位保持在油窗的2/3位置；减速机轴承的声音、温度是否正常；壳体有无开焊，检查孔密封有无漏风现象；壳体上密封氮气的流量（注意事项：必须与主控人员联系，现场手动操作在出钢间隙或补炉时进行，风机处于高速状态）。

（6）灰仓的巡检内容包括：仓顶除尘器的积灰清扫情况；仓顶真空卸压阀的密封垫情况；中间输灰机与灰仓之间的软连接有无泄漏。

（7）电除尘器维护标准为：电除尘器本身清洁、整齐、无明显滴漏现象；各部位润滑保持良好；各部位连接螺丝、销子等齐全无缺，全部紧固无松动现象；认真填写电除尘器运行记录。

C 风机的巡检内容

（1）检查风机进口轴承、出口轴承是否漏油。

（2）检查风机轴承的油位是否正常，油质是否浑浊。

（3）根据油位、油质情况或润滑周期进行换油、加油。

（4）检查主风机和冷却风机的地角螺栓有无松动。

（5）现场检测电机、风机轴承的振动，并与主画面校对。

（6）现场检测电机、主风机轴承的温度，并与主画面校对。

(7) 检查冷却风机轴承润滑情况。

D 切换站的巡检内容

回收侧钟形阀、放散侧钟形阀的油缸有无漏油，回收侧钟形阀、放散侧钟形阀的开关限位器是否松动，手动试验回收侧钟形阀与眼镜阀之间的放散管上的安全阀动作是否灵活（安全阀要进行定期校验），油管线及连接接头是否有漏油现象。

E 煤气分析仪的巡检内容

分析仪氮气吹扫的连接软管有无漏气，气源管线上的过滤减压装置是否正常。

F 液压站的巡检内容

液压站油箱油位及油质（要根据换油周期进行定期更换）；油泵、切换阀之间的连接油管有无漏油现象；油箱的电加热器（冬季）是否正常；冷油器（夏季）的水压、温度是否正常，有无堵塞；检查高压供油泵，低压循环，阀站的回油过滤器是否堵塞；油箱、阀站的各阀门、压力表、温度表是否正常；蓄能器的压力是否正常；油泵的地脚螺栓是否松动。

G 煤气冷却器的巡检内容

供水管道及相关手动阀门有无泄漏，供水管道压力表是否正常，回水管道及相关手动阀门有无泄漏，气源管线上的过滤减压装置是否正常。

H 煤气干法除尘水泵房的巡检内容

各水泵轴承的声音、温度、振动、润滑是否正常；各水泵的轴端密封是否漏水；各水泵的电机轴承的声音、温度、振动、润滑是否正常；各水泵供水管道上的压力表、温度表是否正常，并与主控画面校对；检查水池的水位，并校对水位计与实际水位是否相符；各水池的水质，并根据水质情况及时处理。

操作人员对各自控系统发出的显示和报警以及设备发生的各类事故及时进行分析和排除，重大问题及时报告，并做好记录。

I 润滑

根据不同的设备选择不同的润滑油，其给油部位、润滑油种类、给油周期、润滑方法见表10-1～表10-3。

表10-1 提升机润滑

给油部位	油的种类	给油周期	润滑方法
轴承	2号锂基润滑脂	7天	涂抹
滚子传动链	2号锂基润滑脂	7天	涂抹
防逆转装置	2号锂基润滑脂	6个月	涂抹
减速机	N220号中极压齿轮机油	12个月	倾注

表 10-2 刮板机润滑

润滑部位名称	润滑材料	润滑周期	润滑方法
各传动轴承	2 号锂基润滑脂	100min	自动集中给油器
松紧装置的导轨	2 号锂基润滑脂	800h	涂抹
松紧装置调节螺杆	2 号锂基润滑脂	800h	涂抹
开式传动链	2 号锂基润滑脂	1.5 个月	涂抹
减速机	N220 号中极压齿轮机油	12 个月	倾注

表 10-3 电除尘器润滑

给油部位	油的种类	给油周期	润滑方法
扇形刮灰减速器	N220 号中极压齿轮机油	12 个月	倾注
阳极振打电机轴承	2 号锂基润滑脂	7 天	涂抹
阴极振打电机轴承	2 号锂基润滑脂	100min	自动集中给油器
风机轴承	46 号机油	6h	倾注

10.2.2.4 检修规程

A 蒸发冷却器的检修规程

在接到停炉通知后，主控人员通知维修人员做好检修准备。

(1) 停机操作顺序：

1) 接到转炉停炉通知。

2) 主控人员将供水、供汽自动操作切换为手动操作，并通知转炉煤气干法除尘水泵房停供水泵。

3) 现场人员关闭分汽缸处供汽管的总阀门。

4) 现场人员关闭供水管的门，打开管道上的排水阀。

5) 现场人员关闭供汽管的总阀门（手动阀），打开管道上的蒸汽冷凝水排水阀。

6) 现场人员联系主控人员，风机转速保持在低速状态。

7) 现场人员要求转炉炉口冲炉后方向，主控人员将“有人工作，禁止摇炉”检修牌挂在摇炉操作手柄上。

8) 通知主控人员降低风机转速，保持在 700r/min 左右（或根据现场温度情况调整），现场人员打开检修人孔。

(2) 现场人员确认：

1) 现场人员将 EC 部位就地操作盘上远程切换至手动状态，并通知主控人员。

2) 联系确认转炉煤气干法除尘主控人员挂牌情况。

3) 确认供水、供汽总阀关闭情况。

4）确认ID风机转速情况。

5）确认回收侧钟形阀关闭情况，放散侧钟形阀打开情况。

（3）现场检查：

1）检查喷枪系统的双流喷嘴的结垢情况，喷枪枪体有无泄漏；供水、供汽金属软管及相关手动阀门有无泄漏；气动调节阀、切断阀有无泄漏及内漏（听取主控人员的意见）。

2）检查蒸发冷却器桶体内壁的结灰及厚度情况，香蕉弯管内壁的结灰及厚度情况，根据结灰及厚度结合检修时间确定清理。

3）现场操作气动插板阀（包括紧急插板阀）开关5次，保证开关灵活；汽缸、软管有无漏气；插板阀阀杆处的密封情况良好；供气过滤减压装置是否正常。

4）检查气动双摆阀开关到位及积灰情况，汽缸、软管有无漏气，供气过滤减压装置是否正常。

5）检查底部输灰机链条、导向轮有无变形、开裂；检查链条松紧度，要求链条膨胀不超过一节；链节两端与壳体间隙是否相等；检查首轮、尾轮及其轴承座润滑情况；减速机油位保持2/3。

6）检查机头链轮与主动轮链轮、从动轮链轮是否在一条直线上；有无开焊，检查孔密封有无漏风现象；机头与机尾壳体是否水平（拉线测量）；内部滑道的磨损情况如何；上部支撑滑道有无变形，螺栓固定牢固；上部角铁滑道有无变形，沉头螺栓是否固定牢固；壳体上密封氮气的流量是否正常；输灰链的断链检测装置是否好使。

7）检查灰仓内壁的结灰情况（停炉前必须保证灰仓内卸灰完毕）；插板阀（包括紧急插板阀）现场操作试验开关5次，保证开关灵活；旋转卸灰阀开关是否到位及积灰情况；仓顶除尘器的积灰清扫情况；仓顶真空卸压阀的密封垫情况。

（4）蒸发冷却器内壁的清理：

1）清理前联系、确认风机转速保持在低速状态；转炉炉口冲炉后方向，主控人员将“有人工作，禁止摇炉”检修牌挂在摇炉操作手柄上；供水、供汽总阀门处于关闭状态，其管道上的排水阀打开；现场照明灯接好就位。

2）清理前的准备工作包括：高压清洗机、水管道、清洗枪的连接就位；检查清洗机的油位，水箱的水位；通知电工送电，启动高压清洗机时，加压阀必须处于全开状态，压力保证最低，并注意观察启动电流和润滑油位。

3）过程清理工作包括：根据结构的硬度，调整加压阀加压；清理时压力不能超压，内壁彻底清理干净。

4）清理结束时的工作包括：高压清洗机卸压、停机、断电；清洗机水箱供水阀门关闭，停止供水，储水箱放水；拆卸水管道、清洗枪；水管道、清洗枪摆放至指定位置；带入的工具、剩余的备件材料全部清到蒸发冷却器外，确认进入的检修人全部出来，再封闭人孔；底部链、插板阀、双板阀在现场运行正常后，再将控制开关打到"远程"；确认底部链、插板阀、双摆阀控制开关打到现场运行，并通知主控人员（以防大量灰堆积在底部链，启动时过载跳电）；将所有检修人孔封闭严密；上述工作完成后，巡检人员通知操作工检修完毕，可以启动。

（5）启动顺序：

1）现场启动中间输灰机。

2）现场启动底部输灰机。

3）现场启动双摆阀和插板阀。

4）现场关闭管道上的排水阀，打开供水管的总阀门（手动阀）。

5）关闭管道上的蒸汽冷凝水排水阀，打开供汽管的总阀门（手动阀）。

6）打开分汽缸处供汽管的总阀门（手动阀）。

7）通知主控人员联系水泵房启泵。

8）维修工在现场确认启动运行一切正常后，将就地操作切换为远程操作，通知主控人员具备生产条件；并将现场清理干净，方可离开现场。

（6）准备炼钢。上述工作结束后，主控人员摘检修牌，并通知调度该部分具备炼钢条件。

B　电除尘检修规程

a　停机操作顺序

（1）接到转炉停炉通知，转炉煤气干法除尘员将自动操作切换至现场就地操作。

（2）现场人员联系转炉煤气干法除尘主控人员进行电除尘器电场断电，通知电工进行电场阴极线放电；绝缘子加热器断电。

（3）停炉 30min 后，现场人员停电除尘器阴极、阳极振打系统；停振打 30min 后，停扇形刮灰器。

（4）现场人员停底部输灰机，中间输灰机，斗提机，螺旋输灰机。

（5）现场人员进行细仓卸灰，必须保证卸灰完毕。

（6）现场人员停集中润滑泵，并断电。

（7）现场人员联系主控人员，风机转速保持在低速状态（或根据现场温度情况调整），打开输灰机人孔。

（8）现场人员联系主控人员，要求转炉炉口冲炉后方向，主控人员将"有人工作，禁止摇炉"检修牌挂在摇炉操作手柄上。

（9）现场人员通知主控人员降低风机转速，保持在 700r/min 左右（或根据现场温度情况调整），现场人员打开电除尘器检修人孔。

b 现场人员确认

(1) 现场人员将 EP 部位就地操作盘上远程切换至就地手动操作状态，并通知主控人员。

(2) 现场人员联系确认转炉煤气干法除尘主控人员挂牌情况（转炉挂牌）；

(3) 现场人员确认 ID 风机转速情况；

(4) 现场人员确认回收侧钟形阀、眼镜阀关闭情况；

(5) 现场人员联系主控人员确认电场断电、阴极线放电情况。现场人员到电气室与电工同时确认断电，并挂牌（电气室挂牌）（放电：电工断开高压电后，检修工将绝缘棒接地后，另一端接在阴极上，对地放电。放电完毕，电工要对阴极上的电压进行检测，保证电压为零）。

(6) 进电场前检查确认以下内容：将 ID 风机的转速降至 700r/min 左右（或根据现场温度情况调整）；入口温度低于 30 ~ 40℃左右（或根据现场温度情况调整）。

开底部输灰机的检查孔进行通风吹扫残留煤气，约 20min，联系安全员确认电场内 CO 的含量，浓度为“零”。

阴-阳极振打停止，并将开关切换至“禁止”位（要通知操作工确认）。

扇形刮灰器停止，并将开关切换至“禁止”位（要通知操作工确认）。

准备好临时检修照明灯，电压不大于 36V。

以上条件具备方可进 EP 电场检修，进入人员要佩戴 CO 报警仪，检修时要有人监护。

c 现场检查

(1) 检查分布板的振打锤的磨损及落点情况，有无脱落、松动、缺损，运转是否灵活；分布板吊挂支撑有无开焊；环形梁、分布板、连轴杆积灰情况；振打装置传动轴连接是否可靠。

(2) 检查阴极的阴极线有无断线、包灰，框架有无变形；振打锤的磨损及落点情况，有无脱落；驱动凸轮装置转动是否灵活，缓冲器有无磨损；支撑绝缘子、吊挂绝缘子有无裂纹、积灰，吊挂套管有无积灰；支撑绝缘子加热器是否正常；阴极吊挂梁有无积灰，吊挂连接是否可靠；阴极框架有无变形、挂点是否牢固，同极间距为 400mm ± 10mm。

(3) 检查阳极振打锤磨损及落点情况、有无脱落、运转是否灵活；阳极板有无积灰、变形，阳极板腰带是否弯曲、断裂；阳极板同极间距为 400mm ± 10mm；阳极板定位块有无磨损、变形；阳极板支撑框架有无变形。

(4) 检查扇形刮灰器的刮刀（包括环梁部位刮刀）有无开焊、变形；扇齿段轴销磨损情况，有无变形；左右运行行程是否到位、有无杂音；齿轮磨损情况，联轴器柱销是否紧固，有无磨损；扇形刮灰器吊挂轴瓦和支撑轴承润滑是否畅通，轴承座固定是否牢固。

在电场内部开启振打或用手锤振打积灰、运行扇形刮灰器时，一定要确认底部输灰机、插板阀、双摆阀控制开关打到现场运行，并通知操作工。以防大量灰堆积在底部链，启动时过载跳电。

（5）干油润滑检查。将干油控制系统转到现场连续运行（转换前要通知主控人员），检查各分配器运行情况；各供油管线是否畅通。

（6）检查气动插板阀（包括紧急插板阀）：现场操作试验开关5次，保证开关灵活；汽缸、软管有无漏气；插板阀阀杆处的密封情况：供气过滤减压装置是否正常。

（7）检查气动双摆阀（包括紧急插板阀）开关到位情况，积灰情况：汽缸、软管有无漏气；供气过滤减压装置是否正常。

（8）检查底部输灰机和中间输灰机的底部链条、导向轮有无变形、开裂；检查链条松紧度，链条松紧度不得超过一节；链节两端与壳体间隙是否相等；检查首轮、尾轮及其轴承座润滑状态；减速机油位是否保持2/3；机头链轮与主动轮链轮、从动轮链轮是否在一条直线上；设备有无开焊情况；机头与机尾壳体是否水平（拉线测量）；检查内部滑道的磨损情况；上部支撑滑道有无变形，螺栓是否固定牢固；上部角铁滑道是否变形，沉头螺栓是否固定牢固；检查壳体上氮气密封、氮气的流量；检查输灰链的断链检测装置。

（9）检查斗提机、螺旋输灰机的链条、导向轮，提斗有无变形、开裂；检查首轮、尾轮及其轴承座润滑情况；减速机油位是否保持2/3；壳体有无开焊，检查孔密封有无漏风现象；检查内部滑道的磨损情况；壳体上氮气密封是否良好。

检查输灰链的断链检测装置。

螺旋输灰机机头与机尾壳体是否水平（拉线测量）。

（10）检查灰仓内壁的结灰情况（停炉前必须保证灰仓内卸灰完毕）。检查插板阀（包括紧急插板阀），现场操作试验开关5次，保证开关灵活。

检查旋转卸灰阀开关到位情况，积灰情况。

检查仓顶除尘器的积灰清扫情况，检查仓顶真空卸压阀的密封垫情况。

d 检查收尾

（1）检查完成后，带入的工具，更换的、剩余的备件材料全部清到电除尘器外，确认进入的检修人员全部出来，再封闭人孔。

（2）将所有的检修人孔封闭密封，确认无泄漏。上述工作完成后，维修人员通知操作工检修完毕，可以启动。

e 电除尘器维护标准

（1）电除尘器本身清洁、整齐，无明显滴漏现象。

（2）电除尘器各部位润滑保持良好。

（3）电除尘器各部位连接螺丝、销子等齐全无缺，全部紧固无松动现象。

（4）电除尘器的安全防护装置齐全，性能可靠。

（5）认真填写电除尘器运行记录。

f 维修完后的启动顺序

（1）通知主控人员给绝缘子加热器送电，对绝缘子进行加热。

（2）现场启动螺旋输灰机、斗提机、中间输灰机、底部输灰机、双板阀、插板阀（启动各设备时，两设备之间必须间隔 5 ~ 10min）。

（3）维修工在现场确认启动运行一切正常后，将就地操作切换为远程操作，通知主控人员具备生产条件；并将现场清理干净，方可离开现场。

（4）主控人员摘检修牌，并通知调度该部分具备炼钢条件。

C 煤气冷却器检修规程

在接到停炉通知后，主控人员通知维修人员做好检修准备。

（1）停机检修操作顺序：

1）通知调度、转炉、煤气柜煤气冷却器进行检修，不进行煤气回收。

2）主控人员切换站将远程自动操作切换为就地手动操作；通知转炉煤气干法除尘水泵房停煤气冷却器供水泵，要求转炉煤气干法除尘水泵房主控人员断电、挂牌。

3）现场人员将就地手动操作切换为“零”位；确认回收侧钟形阀处于关闭状态，放散侧钟形阀处于打开状态；关闭对应转炉回收侧的眼镜阀；关闭对应煤气冷却器出口。

4）现场人员打开煤气冷却器上部水箱排水阀排水；打开煤气冷却器底部排水阀排水；打开回收侧钟形阀与眼镜阀之间的放散管阀门；打开煤气冷却器顶部放散管阀门；打开煤气冷却器出口眼镜阀入口处的放散管。

5）现场人员依次开回收侧钟形阀与眼镜阀之间、煤气冷却器上部水箱、煤气冷却器桶体内部、出口眼镜阀入口的氮气阀进行吹扫。

6）氮气置换时间约 50min，并确认 CO 含量为“零”。

7）关闭 N_2 吹扫阀，打开对应的压缩空气吹扫阀进行置换，时间为 50min（检修过程中可开少量压缩空气）。

8）以上条件全部完成，方可进行检修。

（2）现场人员确认：

1）联系确认转炉煤气干法除尘主控人员停泵挂牌情况。

2）确认回收侧钟形阀、眼镜阀、煤气冷却器出口眼镜阀的关闭情况。

3）确认煤气冷却器供水阀的关闭情况。

4）现场人员打开煤气冷却器检修人孔，确认煤气冷却器内部 CO 含量为

"零"。

（3）现场检查：

1）喷枪系统的检查内容包括：喷嘴的结垢情况，喷枪枪体有无泄漏；供水管道及相关手动阀门有无泄漏；气动切断阀有无泄漏及内漏（听取主控人员的意见）。

2）煤气冷却器内壁检查内容包括：煤气冷却器上部水箱的积泥情况及有无漏水；桶体内壁的结灰及厚度情况；煤气冷却器底部积泥情况。

3）检查完后，带入的工具、剩余的备件材料全部清到煤气冷却器外，确认进入的检修人全部出来，再封闭，并确认人孔密封良好。

（4）维修完后的启动顺序：

1）现场人员关闭对应的压缩空气吹扫阀。

2）现场人员关闭煤气冷却器上部水箱排水阀。

3）现场人员关闭煤气冷却器底部排水阀。

4）现场人员打开煤气冷却器进水管总阀门。

5）现场人员通知主控人员联系转炉煤气干法除尘水泵房启泵供水，检查喷嘴的喷水情况。

6）现场人员检查完喷嘴后，停泵；封闭人孔并确认人孔密封情况。

7）现场人员依次开回收侧钟形阀与眼镜阀之间、煤气冷却器上部水箱、煤气冷却器桶体内部、出口眼镜阀入口的阀进行氮气置换，时间为50min。

8）现场人员通知主控人员联系转炉煤气干法除尘水泵房启泵供水。

9）现场人员确认启动运行一切正常后，将切换站就地操作切换为远程操作，并将现场清理干净，方可离开现场。

10）主控人员摘检修牌，并通知调度该部分具备炼钢条件。

D ID风机检修规程

（1）操作停机顺序。在接到停炉通知后，操作人员通知维修人员开始检修。

1）接到转炉停炉通知后，主控人员将自动操作切换至现场就地操作。

2）主控人员将主风机的转速降至最低，并将主电机断电，联系电工在电气室拉闸断电，挂牌。

3）主风机停机后30min，停冷却风机。

（2）检修人员确认：

1）现场人员将就地操作盘上远程切换至就地手动操作状态，并通知主控人员。

2）现场人员联系确认主控人员挂牌（转炉挂牌）；电气室拉闸断电，挂牌情况（电气室挂牌）。

3）现场人员确认回收侧钟形阀关闭情况，眼镜阀关闭情况，放散侧钟形阀打开情况。

4）现场人员打开检修人孔，用氮气吹扫内部的残留煤气，测 CO 的含量。

5）现场人员确认风机入口温度不高于45℃左右。

（3）检查内容：

1）检查风机转子的叶片磨损情况，并做好记录。

2）检查风机转子叶片结灰情况；根据结灰情况或风机轴振情况进行吹扫清理（轴承振动不大于4mm/s）。

3）检查风机进口前轴承、出口后轴承的漏油情况并进行处理。

4）检查轴承的油位、油质；根据油位、油质情况或润滑周期进行换油、加油（换油周期为2个月；油为专用润滑油，不得用其他油代替；换油时保证油桶干净，不得有杂物；换油时先打开加油孔，再打开放油孔放油；放油完毕接氮气管吹扫残留油；加入少量油冲洗一下再放掉，再加满油，油位保持在油窗60%的位置）。

5）检查主风机和冷却风机的地角螺栓有无松动。

6）出口消声器的堵塞情况。

7）检查冷却风机轴承润滑情况。

（4）维修完后的启动顺序：

1）通知主控人员摘转炉检修牌。

2）主控人员联系电工送高压电后，现场人员到电气室摘牌。

3）现场人员启动运行试车一切正常后，将就地操作切换为远程操作，通知主控人员具备生产条件；并将现场清理干净，方可离开现场。

4）现场人员再次从画面上确认各点控制开关是否在“远程”位置。

5）主控人员通知调度，该部分具备炼钢条件。

E 切换站检修规程

（1）检修准备。在接到停炉通知后，主控人员通知维修人员做好检修准备。

1）关闭煤冷器出口眼镜阀。

2）关闭煤气柜入口眼镜阀。

3）开煤气柜入口眼镜阀处的放散管阀门。

4）开煤冷器出口眼镜阀后的 N_2 吹扫阀门，置换煤气，确认 CO 的浓度为0；时间为60min。

5）开煤冷器出口眼镜阀后的压缩空气吹扫阀，置换 N_2，时间为60min。

6）以上条件具备方可检修，检修时不少于两人（互相监护）。

7）检修完毕后开 N_2 吹扫阀，置换压缩空气，时间为60min。

8）关闭放散管阀门及 N_2 吹扫阀，打开煤冷器出口眼镜阀，打开煤气柜入口眼镜阀。

（2）检修人员确认和操作顺序：

1）接到转炉停炉通知后，主控人员将自动操作切换至现场就地操作。

2）联系主控人员按规程停主风机。

3）现场人员将就地操作盘上远程切换至就地手动操作状态，并通知主控人员。

4）现场人员联系确认主控人员挂牌（转炉挂牌）。

5）现场人员确认回收侧钟形阀关闭情况，回收侧钟形阀后眼镜阀关闭情况，放散侧钟形阀打开情况。

6）确认打开回收侧钟形阀与眼镜阀处的放散管。

7）开回收侧钟形阀处的 N_2 吹扫阀进行煤气置换（时间约 20min），检测 CO 含量为零。

8）关闭 N_2 吹扫阀，开压缩空气阀置换管道内氮气，时间约 20min（检修时也可微开压缩空气阀）。

9）N_2 置换完毕后，方可打开人孔检修，现场人员检测 CO 的含量；检修时，必须有两人监护，作业人员带 CO 报警仪。

（3）检查内容：

1）检查切换阀。试动回收侧钟形阀动作是否灵敏，检查有无漏油；试动放散侧钟形阀动作是否灵敏，检查有无漏油；试动回收侧钟形阀与眼镜阀之间的放散管上的手动阀和安全阀动作是否灵活（安全阀要进行定期校验）。

2）检查煤气分析仪。

3）检查液压站的油箱油位、油质（要根据换油周期进行定期更换）；检查液压站油泵、切换阀之间的连接油管有无漏油现象；油箱的电加热器（冬季）是否正常；检查冷油器（夏季）的水压、温度，有无堵塞；检查高压供油泵，低压循环，阀站的回油过滤器是否堵塞；油箱，阀站各阀门是否正常；油泵的地脚螺栓是否松动。

（4）维护（保养）：

1）塔体塔壁有漏水或渗漏时及时做密封处理。定期清除进水槽内残渣、污垢、杂物。

2）及时更换受堵喷头，疏通布水管，修复淋水装置。

3）浊环水浑浊浓度超标时要及时进行技术处理。

4）塔内外各部每年进行一次清理和清洗。定期清理更换填料及收水器。寒冷地区冬季及时对填料、风窗部位进行化冰。

5）及时清理叶片上的结垢，保证叶片平衡旋转。

6）电机轴承每年进行一次检查和更换润滑油。

7）减速箱使用通用工业齿轮油 20～50 号润滑，连续运转半年换油，根据油位、油质随时补充和换油。

8）及时处理漏油点及疏通供油管。风机传动轴连接部每月加润滑油脂。

9）机械连通紧固部位，连续运转 15 ~ 30 天定检 1 ~ 2 次。

10）设备区域卫生清洁，标准着色。

（5）检修结束程序：

1）检修完毕后，关闭压缩空气阀，开 N_2 阀置换压缩空气，时间为 20min，然后关闭放散管的阀门及 N_2 吹扫阀。

2）将检修人孔封闭密封，确认无泄漏。

3）关闭回收侧钟形阀与眼镜阀处的放散管，打开回收侧眼镜阀，具备煤气回收条件。

4）通知主控人员摘转炉检修牌。

5）现场人员启动运行试车一切正常后，将就地操作切换为远程操作，通知主控人员具备生产条件；并将现场清理干净，方可离开现场。

6）现场人员再次从画面上确认各点控制开关是否在“远程”位置。

7）主控人员通知调度，该部分具备炼钢条件。

10.3 半干法转炉烟气净化与回收工艺

10.3.1 半干法转炉烟气净化与回收工艺流程

在 4.6 节中已经介绍过，由于全湿法（OG）除尘和干法（鲁奇）除尘都有各自的优缺点，加上过去的全湿法（OG）除尘需要进行全面改造，人们发明了半干法转炉烟气净化与回收工艺。

该工艺的特点是采用干法除尘系统中的“蒸发冷却器”作为一级粗除尘设施，将原全湿法除尘中的“可调喉口文氏管”作为二级精除尘设施。与全湿法转炉烟气净化与回收工艺相比，在一定程度上减少了建设用地，减少了水的耗量，减轻了污水处理、泥浆处理的负担，排放烟气的含尘量也有所降低。与干法转炉烟气净化与回收工艺相比，节省了投资，消除了“泄爆”的烦恼，减轻了吹炼工艺的负担。

特别是一些原来采用全湿法转炉烟气净化与回收工艺的工厂，改造起来更为省钱、更为方便。

近年来，半干法转炉烟气净化与回收工艺越来越受到人们的青睐。

该工艺流程是：转炉烟气经活动烟罩、固定烟罩、汽化冷却烟道进入蒸发冷却器粗除尘后，进入可调喉口文氏管进行精除尘，后续的煤气冷却、风机、煤气回收等设施与全湿法转炉烟气净化及回收工艺的相同。由于用蒸发冷却器取代了原有的溢流饱和文氏管，系统的阻力显著地减小了，故风机变小了。半干法转炉烟气净化与回收工艺流程如图 10-5 所示。

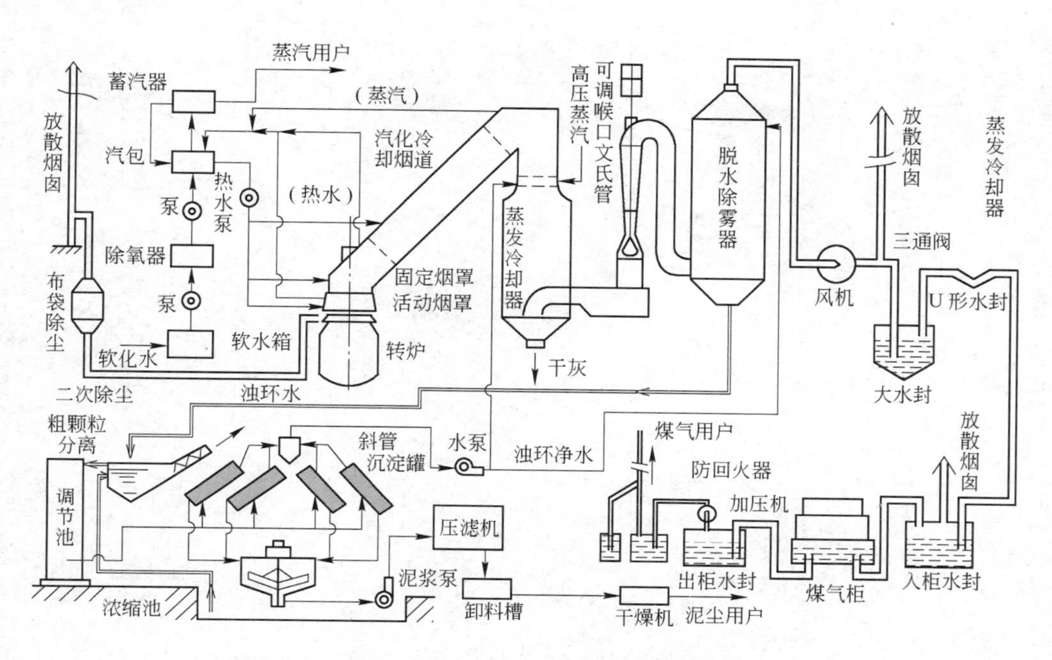

图 10-5　半干法转炉烟气净化与回收工艺流程示意图

10.3.2　半干法转炉烟气净化与回收工艺的设备

蒸发冷却器的使用、维护、检修规程请见干法转炉烟气净化与回收工艺一节。可调喉口文氏管的使用、维护、检修规程请见湿法转炉烟气净化与回收工艺一节。